农业鼠害防控技术及杀鼠剂科学使用指南

全国农业技术推广服务中心 编

中国农业出版社

编写人员

NONGYESHUHAIFANGKONGJISHUJISHASHUJIKEXUESHIYONGZHINAN

策　　划：魏启文　王凤乐
主　　编：郭永旺　施大钊
副 主 编：王　勇　冯志勇　王　登　王凤乐　熊延坤
委　　员（按姓氏笔画排序）：

卜小莉	马庭矗	王　勇	王　硕	王弗望
王显报	王雅丽	王　登	冯志勇	吕跃星
朱先敏	伍亚琼	刘炳辉	刘晓辉	江　策
李　波	李卫伟	李新苗	杨再学	束　放
邹　波	张　帅	张　伟	张美文	张振铎
陈越华	陈斌艳	邵振润	范兰兰	林正平
周远曦	周新强	宛新荣	赵　清	施大钊
姚丹丹	袁志强	郭　聪	郭永旺	黄立胜
梁帝允	覃保荣	熊延坤	戴爱梅	

序

　　鼠害是一个世界性问题，其对人类的影响涉及多方面，如农业生产、鼠传疾病、生态环境等。据国际水稻研究所 2003 年的统计，仅在亚洲，每年鼠害对水稻的危害损失约为水稻总产量的 6%，总计近 3 600 万 t，可供 2.15 亿人食用 12 个月。我国也是一个农业鼠害发生十分严重的发展中国家。2009—2015 年，由全国农业技术推广服务中心主持的"主要农作物鼠害调查综合分析与研究"课题组，联合中国科学院、中国农业大学、中国农业科学院植物保护研究所、四川省农业科学院植物保护研究所、广东省农业科学院植物保护研究所、山西省农业科学院植物保护研究所、河北昌黎果树研究所等从事鼠害研究的科研单位，以及全国 31 个省级植保站和 264 个县级植保站开展主要农作物鼠害种类普查，完成了农田主要鼠类区划、鼠害对粮食作物的危害损失研究和主要优势鼠种的发生趋势研究工作。基本摸清了我国主要作物种植区的鼠类发生种类及状况，查明对主要农作物有危害的鼠形动物近 67 种，分属 3 目 8 科。调查发现，鼠类对所有的农作物均有不同程度的危害，鼠类种群的发生趋势呈年际间波动，一般 10 年为一个暴发周期。

　　21 世纪以来，全国每年农田鼠害的发生面积均在 0.27 亿～0.33 亿 hm² 次，农户年均发生 1 亿～1.3 亿户次，平均每年造成田间及农户储粮损失超过 100 亿 kg。全世界因鼠害造成储粮的损失约占收获量的 5%，发展中国家储藏条件较差，平均损失 4.8%～7.9%，最高达 15%～20%。褐家鼠、黄胸鼠、小家鼠等既危害田间作物，也是农舍的主要害鼠，这些啮齿动物在农田和农舍之间往返迁移，造成"春吃苗、夏吃籽、秋冬回家咬袋子"的现象。全国农业技术推广服务中心于2012—2013年在全国11个省份就我国农村害鼠对储粮造成的危害损失和防治情况进行了大规模的调查。从调查结果来看，粮食仓储期间鼠害损失率为1.14%，低于全世界因鼠害造成储粮的损失占收获量5%的比率。但由于我国粮食生产量世界第一，2013年达6亿t，按1.14%的仓储损失率计算，鼠害造成的损失总量为68.4亿kg，其绝对损失量依然惊人。各省份实地调查的数据也显现出鼠害对仓储粮食造成的危害损失较大，但各地的危害量呈现出一定的差异性。我国农户储粮的方式有堆放、简易粮仓及专用粮仓、其他方式，不同储粮方式鼠害损失率也不同。其中采用堆放的农户最多，占总储粮方式的45.80%；简易粮仓占29.22%；专用粮仓占19.62%；其他方式储粮占5.36%。堆放方式的鼠害损失率最高，达5.51%；简易粮仓次之，为3.79%；专用粮仓损失率为1.08%；其他方式储粮损失率为1.49%。

我国非常重视农区鼠害的防控工作。鼠害的防控工作在不同历史时期都取得了明显的成效，特别是随着科学控制鼠害技术的研究与应用推广，使我国农区鼠害严重发生的情况得到了有效控制，在防灾、防病、保产、保安全、保生态方面都取得了显著成绩。21世纪以来，随着国家全面治理和整顿"毒鼠强"等非法剧毒急性杀鼠剂市场，科学灭鼠知识与技术得到了广泛的推广应用，经过农业植保部门的全面宣传与培训，抗凝血杀鼠剂在农村得到了普遍应用，已经被广大农民群众所接受。同时，以毒饵站灭鼠技术、TBS（围栏＋捕鼠器）技术、生物防治技术为主的鼠害绿色防控技术在科研、教学、推广等相关单位的共同参与下也取得重大突破，并在各地建立了一批示范区，为今后我国农区鼠害的可持续治理提供了技术保障。

为了更好地传播科学防控鼠害的知识与技术，将有关研究成果尽快应用到实践中，我们组织有关专家对近十年来我国农业鼠害监测与防控技术进行了全面的梳理，编写了这本《农业鼠害防控技术及杀鼠剂科学使用指南》。同时，我们还将拍摄到的鼠类田间发生和危害照片一并放到书中，供广大读者参考。本书具有通俗易懂、形象直观、方便实用、图文并茂的特点，可供基层广大植保技术人员、农民以及农业院校相关专业学生参阅使用。

在本书编写的过程中，中国科学院动物研究所马勇先生帮助各地鉴定了鼠种，同时还帮助基层技术人员进行了鼠种分类及鉴定方面的培训，在此表示衷心的感谢！

编　者

2017 年 7 月

目　录

序

第一章　鼠类的危害 ·· 1

　第一节　鼠类对农业生产的危害 ································· 1

　第二节　鼠类对草原植被的危害 ································· 5

　第三节　鼠类对养殖场的危害 ···································· 6

　第四节　鼠类对林业生产和水利设施的危害 ················· 7

　第五节　鼠类对工业、商业的危害 ···························· 7

　第六节　鼠类在传播疾病方面的危害 ························· 8

　第七节　鼠类的利用 ·· 10

第二章　我国农区主要鼠种 ···································· 15

　第一节　松鼠科（Sciuridae） ·································· 15

　　一、岩松鼠 ··· 15

　　二、花鼠 ··· 16

　　三、长尾黄鼠 ··· 17

　　四、达乌尔黄鼠 ·· 17

　　五、赤颊黄鼠 ··· 19

　第二节　仓鼠科（Cricetidae） ································ 20

　　一、黑线仓鼠 ··· 20

　　二、大仓鼠 ··· 21

　　三、长尾仓鼠 ··· 22

　　四、短尾仓鼠 ··· 23

　　五、灰仓鼠 ··· 24

六、昭通绒鼠 …………………………………………… 25

七、藏仓鼠 …………………………………………… 25

八、东方田鼠 …………………………………………… 26

九、根田鼠 …………………………………………… 27

十、白尾松田鼠 …………………………………………… 28

十一、社田鼠 …………………………………………… 28

十二、鼹形田鼠 …………………………………………… 29

十三、莫氏田鼠 …………………………………………… 30

十四、长爪沙鼠 …………………………………………… 31

十五、子午沙鼠 …………………………………………… 32

十六、布氏田鼠 …………………………………………… 34

十七、棕色田鼠 …………………………………………… 35

十八、黑腹绒鼠 …………………………………………… 36

十九、大绒鼠 …………………………………………… 39

二十、棕背䶄 …………………………………………… 40

第三节　鼹形鼠科（Spalacidae） ……………………… 41

一、中华鼢鼠 …………………………………………… 41

二、罗氏鼢鼠 …………………………………………… 42

三、东北鼢鼠 …………………………………………… 43

四、秦岭鼢鼠 …………………………………………… 44

五、草原鼢鼠 …………………………………………… 46

第四节　鼠科（Muridae） …………………………… 47

一、褐家鼠 …………………………………………… 47

二、黄胸鼠 …………………………………………… 48

三、大足鼠 …………………………………………… 50

四、黄毛鼠 …………………………………………… 51

五、社鼠 …………………………………………… 52

六、小家鼠 …………………………………………… 53

七、卡氏小鼠 …………………………………………… 54

八、板齿鼠 …………………………………………… 55

九、黑线姬鼠 …………………………………………… 56

十、高山姬鼠 …………………………………………… 57

十一、朝鲜姬鼠 ……………………………………………… 59

十二、针毛鼠 …………………………………………………… 60

十三、巢鼠 ……………………………………………………… 61

第五节　跳鼠科（Dipodidae）………………………………… 62

一、五趾跳鼠 …………………………………………………… 62

二、三趾跳鼠 …………………………………………………… 63

第六节　林睡鼠科（Zapodidae）……………………………… 64

林睡鼠 …………………………………………………………… 64

第七节　鼩鼱科（Soricidae）………………………………… 64

一、臭鼩 ………………………………………………………… 64

二、灰麝鼩 ……………………………………………………… 65

三、短尾鼩 ……………………………………………………… 66

第八节　鼠兔科（Ochotonidae）……………………………… 67

高原鼠兔 ………………………………………………………… 67

第三章　鼠类种群数量预警监测 …………………………… 70

第一节　鼠类数量动态 ………………………………………… 71

第二节　种群数量调节理论 …………………………………… 72

一、生物因素影响学说 ………………………………………… 72

二、气候因素影响学说 ………………………………………… 73

三、综合因素影响学说 ………………………………………… 74

四、种群调节学说 ……………………………………………… 74

五、自然调节的进化意义 ……………………………………… 75

第三节　鼠类种群预测 ………………………………………… 75

第四节　生命表 ………………………………………………… 77

第五节　种群数量趋势指标（I）的分析 …………………… 87

第六节　Leslie 转移矩阵 ……………………………………… 87

第四章　鼠害的物理控制技术 ……………………………… 94

第一节　鼠夹类 ………………………………………………… 94

一、踏板夹 ……………………………………………………… 94

二、弓形夹 ……………………………………………………… 95

三、环形夹 ……………………………………………………… 95

第二节 鼠笼 ………………………………………………………… 96

一、捕鼠笼 ……………………………………………………… 96

二、倒须式捕鼠笼 ……………………………………………… 96

三、踏板式连续捕鼠笼 ………………………………………… 97

第三节 弓箭 ………………………………………………………… 97

一、竹弓 ………………………………………………………… 97

二、暗箭 ………………………………………………………… 98

三、丁字形弓箭 ………………………………………………… 98

四、三角架踏板地箭 …………………………………………… 98

第四节 板压 ………………………………………………………… 99

第五节 圈套 ………………………………………………………… 99

一、枝条法 ……………………………………………………… 99

二、绳套法 ……………………………………………………… 100

第六节 剪具 ………………………………………………………… 100

第七节 钓钩类 ……………………………………………………… 101

第八节 设障埋缸法 ………………………………………………… 101

第九节 电子灭鼠器 ………………………………………………… 101

第十节 超声波驱鼠器 ……………………………………………… 102

第十一节 粘鼠胶板法 ……………………………………………… 102

一、松香类粘鼠胶 ……………………………………………… 103

二、"四合一"粘鼠胶 ………………………………………… 103

三、101-粘鼠胶 ………………………………………………… 103

第十二节 爆破灭鼠法 ……………………………………………… 103

一、烟炮灭鼠 …………………………………………………… 103

二、LB 型灭鼠雷管 …………………………………………… 104

第十三节 其他捕鼠方法 …………………………………………… 104

一、灌水法 ……………………………………………………… 104

二、挖洞法 ……………………………………………………… 104

三、烟熏法 ……………………………………………………… 105

四、洞外守候法 ………………………………………………… 105

五、灯光捕捉法 ………………………………………………… 105

六、跌洞法 …………………………………………………………… 105

七、竹笪围捕法 ……………………………………………………… 106

八、人工捕打法 ……………………………………………………… 106

九、盆扣法 …………………………………………………………… 106

十、陷鼠法 …………………………………………………………… 106

十一、吊桶法 ………………………………………………………… 106

十二、翻柴草堆灭鼠法 ……………………………………………… 106

第五章　主要化学杀鼠剂及其应用 ………………………………… 107

第一节　杀鼠剂的性质 ……………………………………………… 107

一、经口杀鼠剂 ……………………………………………………… 107

二、杀鼠剂的载体 …………………………………………………… 110

三、毒饵的投放 ……………………………………………………… 111

第二节　常用经口杀鼠剂 …………………………………………… 112

一、常用经口杀鼠剂 ………………………………………………… 112

二、非抗凝血剂类灭鼠药 …………………………………………… 117

三、停止或禁止使用的杀鼠剂 ……………………………………… 117

第三节　杀鼠剂中毒诊断与抢救措施 ……………………………… 118

附表　化学杀鼠剂 ……………………………………………… 118

第六章　毒饵站灭鼠技术 …………………………………………… 123

第一节　毒饵站的种类及使用方法 ………………………………… 123

一、毒饵站的种类及制作方法 ……………………………………… 123

二、毒饵站的使用方法 ……………………………………………… 126

第二节　毒饵站灭鼠的优点 ………………………………………… 127

第三节　毒饵站灭鼠试验研究与推广 ……………………………… 129

一、毒饵站灭鼠试验研究 …………………………………………… 129

二、毒饵站灭鼠技术推广应用 ……………………………………… 139

第七章　鼠害的生物控制技术 ……………………………………… 143

第一节　鼠的捕食性天敌 …………………………………………… 143

一、捕食性兽类 ……………………………………………………… 144

二、爬行类捕食天敌 ……………………………………………… 150

三、捕食性鸟类 ……………………………………………………… 156

四、鼠类的其他天敌 ……………………………………………… 167

第二节 天敌在鼠害控制中的作用与应用 ……………………… 168

一、天敌对鼠类的捕食活动 ……………………………………… 168

二、捕食性天敌控制鼠害的应用 ………………………………… 169

第三节 病原微生物控鼠 ………………………………………… 174

一、微生物灭鼠介绍 ……………………………………………… 174

二、微生物灭鼠的特点 …………………………………………… 175

三、微生物灭鼠的应用 …………………………………………… 176

四、微生物灭鼠的其他探索 ……………………………………… 177

第四节 植物源毒素控鼠 ………………………………………… 178

一、驱鼠植物及其应用 …………………………………………… 178

二、毒鼠植物及其毒性机理的研究 ……………………………… 180

三、导致鼠类产生不育作用的植物及其
研究现状 ……………………………………………………… 182

第五节 肉毒梭菌毒素的应用 …………………………………… 183

第八章 鼠害的不育控制技术 …………………………………… 186

第一节 不育控制的理论基础 …………………………………… 186

第二节 不育控制技术 …………………………………………… 188

一、手术不育 ……………………………………………………… 188

二、化学不育剂 …………………………………………………… 188

三、植物不育剂 …………………………………………………… 189

四、免疫不育 ……………………………………………………… 190

五、不育剂潜在的问题 …………………………………………… 193

第三节 棉酚的不育效果 ………………………………………… 193

第四节 雷公藤制剂的不育效果 ………………………………… 195

第五节 左炔诺孕酮的不育效果 ………………………………… 199

第六节 炔雌醚的不育效果 ……………………………………… 203

第七节 不育控制的实践 ………………………………………… 206

第九章 围栏＋捕鼠器（TBS）控制鼠害技术 ·············· 212

第一节 TBS概述 ··············· 212

一、TBS定义 ··············· 212

二、TBS技术原理 ··············· 212

三、TBS技术的意义 ··············· 213

第二节 TBS技术应用规范 ··············· 214

一、样地条件 ··············· 214

二、技术要求 ··············· 214

三、调查方法 ··············· 215

第三节 TBS技术研究进展 ··············· 216

一、内蒙古自治区正蓝旗 ··············· 216

二、四川省彭山县 ··············· 222

三、新疆温泉县 ··············· 225

四、吉林省公主岭市 ··············· 228

第四节 TBS技术的评价 ··············· 232

一、捕获率高，防治效果显著 ··············· 232

二、监测数据全面，扩大了监测效果 ··············· 232

三、环保、无公害、经济控鼠性强，扩大了自然控鼠的能力，
实现人与自然和谐发展 ··············· 232

附录 ··············· 234

附录一 农区鼠害监测技术规范（NY/T 1481—2007） ··············· 234

附录二 农区鼠害控制技术规程（NY/T 1856—2010） ··············· 246

第一章

鼠类的危害

啮齿动物对许多人来讲是比较专业化的名词，更加通用的词是鼠类。鼠害则是针对生产、生活评估鼠类所造成危害的社会经济学观点。当啮齿动物对人类的生产、生活以及生态环境或生存条件造成直接和间接的经济损失或产生了负面的影响时，即发生了鼠害。通常只有当害鼠的发生超过一定数量时才会对农业生产、生态环境有害。一般而言，啮齿动物的密度越高，分布范围越大，所造成的损失越重。根据受害的对象，可将鼠害分为农业鼠害、林业鼠害、城市鼠害、卫生鼠害等类型。在我国通常也将食虫目和兔形目等外形与啮齿目相似的物种称为鼠形动物。本书中所提到的鼠类也包括了几种食虫目和兔形目的物种。

第一节 鼠类对农业生产的危害

据联合国粮食及农业组织（FAO）1975 年统计，全世界每年因鼠害造成的农作物损失占总产值的 10%～20%，特别是在比较温暖的气候条件下或生产管理相对薄弱的情况下鼠害造成的损失更为突出，如非洲、中东及东南亚的一些国家，鼠害的损失常常超过植物病害、虫害、草害的损失总和。1975 年世界各国的农业因鼠害造成的损失，约为 170 亿美元，相当于世界上 25 个最贫穷国家的年国民生产总值之和。仅以粮食而言，每年即达 500 亿 kg 之多，足够 1.5 亿人一年的口粮。在一般情况下，鼠害可使农田谷物减产 5%～10%。2010 年在南非布隆方丹召开的第四届国际啮齿动物生物学与治理研讨会（4nd ICRBM，International Conference Rodent Biology and Management）上，科学家认为发展中国家由于鼠害造成的农业损失约为农产品总值的 5%～17%（表 1-1）。

在我国，约有 80%以上的啮齿动物不同程度地对我们的生存环境造成现实的危害或潜在的威胁。其中，对农作物构成危害的主要有 30 多种，发生面积大（图 1-1）、危害重的种类有 10 余种，主要是褐家鼠、小家鼠、黑线姬鼠、黄毛鼠、黑线仓鼠、大仓鼠、鼢鼠、沙鼠、达乌尔黄鼠、花鼠、板齿鼠、黄胸鼠、东方田鼠等。然而，啮齿动物作为生态系统的组成部分，在能量流动和物质流动中扮演着重要角色，它们啃食农作物，有时造成了危害，但从某种意义上讲又因其采食有害昆虫，并对所啃食的植物有一定的生长刺激作用，或有助于生物群落的自我调节；它们掘洞虽然可造成堤坝决口或破坏草场，但对农耕或草原土壤也有一定的改良作用。

表 1-1　热带、亚热带地区啮齿动物对一些作物的危害直接造成的损失

（引自朱恩林等，2001）

作物	地区	鼠害损失（%）
甘蔗	牙买加	5
	巴巴多斯	6
水稻	菲律宾	10
	爪哇	40
	印度	6～9
椰子	科特迪瓦	10～15
	斐济	5～13
	牙买加	5～36
可可	所罗门群岛	1～9

啮齿动物对农业的危害几乎涉及所有的农作物及其整个生育期。水稻、小麦、玉米、甘蔗及豆类、瓜果和蔬菜等主要作物均是害鼠啃食的对象（表1-2）。20世纪80年代以后我国鼠害发生面积呈上升趋势，轻者减产10%～20%，重者达30%以上。特别是2000年以来，保护地蔬菜发展迅速，而鼠害对保护地蔬菜生产已构成严重威胁，如辽宁丹东调查，保护地蔬菜被害率为20%～40%，以茄果类、瓜类和豆类蔬菜受害为重，此外，甘蔗、花生、果树等经济作物也受害频繁。据估计，20世纪90年代中后期，全国每年因鼠害造成的粮食和经济作物的损失折人民币达100亿元。1997年宁夏16.7万 hm² 作物发生严重鼠害，损失粮食达 4 200 万 kg，有些农民辛苦 1 年的收获不如挖鼠洞获得的多。因此，个别农民消极种田，干脆靠挖鼠洞收集粮食（《报刊文摘》，2001 年 6 月）。1999 年 11 月 30 日《工人日报》报道黑龙江 1/5 土地遭受鼠害，粮食损失 10 亿 kg 以上，许多地区鼠捕获率达到 8%～20%，孙吴县部分农田鼠密度超过 3 000 只/ hm²，造成粮食颗粒无收。福建省对稻田的调查表明，鼠害造成的损失相当于同期虫害造成损失的 5～10 倍。据估计，仅台湾每年损失的谷物即达 20 000 万 kg。1967 年，新疆北部小家鼠数量猛增，粮食损失达 15 000 万 kg（图 1-1）。

表 1-2　我国主要害鼠对农作物的危害程度

（引自朱恩林等，2001）

鼠种	水稻	小麦	玉米	甘薯	豆类	瓜果 （含干果）	蔬菜	甘蔗
小家鼠	+	+	++			+	++	
褐家鼠	++	++	++	+		++	++	
黄胸鼠	++	+	++	+		++	++	+
黄毛鼠	++			+		+	+	++
黑线姬鼠	+	++	++		+	++	++	
黑线仓鼠	+	++	++		++	++	++	
大仓鼠		++	++			+		
板齿鼠	+	+	+	+				++
社鼠		+	+					
巢鼠	+	+	+		+	+		
大足鼠	++							
棕色田鼠		++			+	+	+	
中华鼢鼠		++	+	+		+		
长爪沙鼠		+	+		+			
东方田鼠		+	+			+	+	
草原黄鼠		++	+		+			
达乌尔黄鼠		+	+		+			
岩松鼠			+		+	++		

　　鼠害不仅在田间发生，对农户储粮造成的损失也相当严重。全世界因鼠害造成储粮的损失约占收获量的 5%。发展中国家储藏条件较差，平均损失 4.8%～7.9%，最高达 15%～20%。褐家鼠（*Rattus norvegicus*）、黑家鼠（*Rattus rattus*）、黄胸鼠（*Rattus flavipectus*）、小家鼠（*Mus musculus*）等既危害田间作物，也是农舍的主要害鼠，这些啮齿动物在农田和农舍之间往返迁移，造成"春吃苗、夏吃籽、秋冬回家咬袋子"的现象。据农业部调查，一

图 1-1 1980—2010 年全国农田鼠害发生与防治面积

注：1980—1982 年为 18 省（自治区、直辖市）统计资料，1983—1987 为 20～24 省（自治区、直辖市）统计资料，1987—2000 年为 27 省（自治区、直辖市）统计资料，2001—2002 年为 29 省（自治区、直辖市）统计资料，2003—2004 年为 30 省（自治区、直辖市）统计资料，2005—2010 年为 31 省（自治区、直辖市）统计资料（含新疆生产建设兵团）。

个农户年损失储粮少者 10～20kg，多者 50～60kg，有的地方高达 100kg 以上。我国有 2/3 以上的农户遭受鼠害，其中仅被啮齿动物吃掉的稻种每年达 5 000kg 以上。甚至出现因稻种损失不得不将部分稻田改种晚稻的情况（图1-2）。

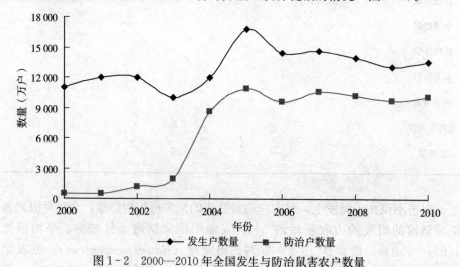

图 1-2 2000—2010 年全国发生与防治鼠害农户数量

我国农区害鼠种类多、繁殖快、适应性强，一些地区的害鼠种群密度基数高，且处于数量上升阶段。各种经济作物种植比例上升，免耕土地与设施农业的面积增加，加之田间农作物混播，农户储粮较多等因素均有利于害鼠数量的增长。农田环境鼠类天敌的数量锐减，生态调控能力减弱，加上各地灭鼠工作不平衡，特别是未开展大面积统一灭鼠的地区，容易出现局部暴发鼠灾。

第二节　鼠类对草原植被的危害

啮齿动物对草原植被及草原畜牧业的危害相当严重。

我国每年发生草原鼠害的面积为 1 500 万～2 000 万 hm^2，不仅影响牧草产量，而且对草地植被造成破坏，进而加剧了草场的沙化。啮齿动物对牧业的危害有两个方面：其一是直接采食牧草，影响载畜量；其二是破坏草场。高原鼠兔在采食鲜草的 4 个月中，每只鼠平均耗减牧草 9.5kg，按照平均鼠密度 247.5 只/ hm^2 计算，牧草共耗损约 2 351kg，接近于同一时期半只羊的食量。1995 年青海全省因鼠害损失牧草达数十亿千克，相当于 500 万只羊 1 年的食草量。此外，由于鼠类的挖掘导致洞穴星罗棋布，鼠道纵横交错，不仅减少生草面积，破坏生草层，而且影响草原植被的更新，严重时会导致草原沙化或荒漠化。在西藏的某些地方，鼠兔的洞穴和土丘侵占草原面积的 8.8%，并造成植物组成改变，使以茂密的蒿草为主的草甸草原变成杂类草为主的稀疏草场，植被总覆盖度由 95% 下降到 45%。内蒙古布氏田鼠秋季在洞中的窝草和存草平均达 7.2kg/洞系，按鼠洞密度为 1 981 个洞系/hm^2 计算，每年损失牧草 14 263kg/ hm^2，可供 5 124 只蒙古羊吃 1d，或 14 只羊吃 1a。啮齿动物不仅消耗大量的牧草，甚至连草根都吃光。严重时草场上形成一块块斑秃或大片寸草不生的"黑土滩"，导致草原沙化或荒漠化，失去放牧价值。据候希贤等（1991）报道，锡林郭勒草原布氏田鼠鼠洞密度可达 2 000～4 000 个/ hm^2，个别地段可达 6 000 个/ hm^2 以上。青海省盘坡地区草场调查显示，高原鼢鼠土丘平均数为 2 683 个/ hm^2，高原鼠兔有效洞口数为 752 个/hm^2，破坏面积约占草场面积的 53.55%，其中危害严重的地段已沦为大面积次生裸地，基本丧失放牧价值。2003 年，内蒙古科尔沁沙地的长爪沙鼠的洞口密度达到 2 000 个/ hm^2，使沙地植被遭到严重破坏，并造成大量牧民被迫搬迁。

在美国，犬鼠（*Cynomys* sp.）、加州田鼠（*Microtus pennsylvanicus*）等啮齿动物对草原植被和畜牧业生产的危害也十分突出。澳大利亚的野兔也是畜牧业生产的重要破坏因素。而我国草地的主要害鼠均为小型群居鼠种或地下生活的种类（鼢鼠），其生态特点是种群数量波动剧烈，不同年份之间数量波动剧烈，有些年份数量猛增，高数量期与低数量期间的差距达几十倍甚至上百倍。

当前，虽然生物防治控制草原鼠害的比例不断上升，但大面积控制鼠害的主要手段仍为药物灭杀。因而，对环境安全（包括对非靶标动物及草地生态系统）仍有一定的负面作用，也不利于高效持续地控制鼠害。当群居性鼠类种群数量增高时，持续不断的啃食及挖掘活动导致草地生产力的降低，为杂类草滋生创造了条件，养分较高的土层被翻抛至地表，易遭风蚀、水蚀，导致土壤肥力及水分大量损失，形成沙漠化。

在自然情况下，各种生物在草原环境中相互作用、相互依存使之保持着动态的平衡，鼠类与各种生物之间形成了复杂的草原生物群落。长期以来，受短期经济利益所驱动增加了对草原植被和资源的利用强度，并由此改变系统内包括鼠类及其天敌动物赖以生存的条件。植被高度和覆盖度明显下降；随着放牧践踏的加剧，土壤坚实度增加，含水量下降，植被向旱生化物种组成方向发展，进一步诱发了鼠类数量的增长。

我国对畜产品需求的持续大幅度增长，加上牧区人口增加、牧民粗放的放养方式未能及时转变等因素使草原的放牧强度普遍过高，造成草原大面积退化。退化的草场植被为害鼠种群提供了适宜的栖息环境。而鼠害的发生又进一步加速了草原的沙化和荒漠化，从而形成恶性循环。草原鼠害防治不能仅为了挽回"经济损失"，而需要协调草—畜—鼠的生态关系，获得促进草地畜牧业良性循环的持续效益。改变草原退化的根本对策是摆脱传统的粗放式畜牧业，通过发展饲草饲料生产，实施草场轮牧和规模养殖，提高家畜和畜产品质量，增大种植牧草的比例，减少草场载畜量，达到减轻鼠害、恢复草场植被的目的。

第三节　鼠类对养殖场的危害

在饲养场，啮齿动物不仅盗食禽畜饲料，还常猎袭雏鸡、雏鸭和禽蛋、奶品。据报道，北京红星鸡场鼠害严重的年份，每年被鼠咬死雏鸡数万只，毁掉鸡蛋数千千克。广东佛山东方鸡场的雏鸡，有5%～10%被鼠咬死。山东济南市种鸡场，年养鸡3万只，被鼠盗食的鸡饲料足够再养鸡1万只。在安徽、四川、湖南、陕西等省的部分地区，由于鼠害猖獗，导致许多牲畜、家禽被咬伤、咬死。如1993年湖南省邵阳县有130多头母猪被啮齿动物咬死咬伤；1994年安徽太湖县发现上百千克重的肥猪也被啮齿动物咬得遍体鳞伤。

另一方面，鼠类传播疾病对饲养场的威胁要远大于直接啮咬和盗食。

第四节　鼠类对林业生产和水利设施的危害

　　啮齿动物还危害林木，盗食树木种子，咬断树根，毁坏幼苗，从而影响人工造林及林木更新。危害严重的可造成大量毁林歉收。在 20 世纪 60 年代，山东泰山林场桃花峪分场因社鼠危害猖獗，使造林工作受到很大损失。1982 年，仅黑龙江、辽宁、内蒙古、甘肃等省、自治区的不完全统计，林区发生鼠害面积达 20 万 hm²，树木被害率为 20%～40%，严重的达 80%；树木枯死率在 20% 以上，严重的达 50%。据李彤等（1991）报道，在吉林东部山区，落叶松人工林遭受棕背䶄及东方田鼠的危害，害鼠啃食苗木的顶芽及幼树树根和侧枝。在水林林场苗木顶芽遭啃食率高达 43%。啮齿动物多危害树龄在 10 年以下的落叶松幼林。内蒙古阴山地区油松林树苗受害率为 8%～9%，其中大部分已无成活可能。只有树龄超过 10 年的树苗，才能不被鼠害。因此，真正能够长大成材者甚少。宁夏一些地区播撒树籽营造固沙林，由于跳鼠掘食，连播数年一苗未出。台湾的红腹丽松鼠对森林也造成了严重危害。

　　啮齿动物对水利设施也会造成重大损失，无论在国内还是国外，都有过因啮齿动物在堤坝上掘洞，从漏水到决堤，进而泛滥成灾的记载。此外，啮齿动物还捕食鱼苗，给养鱼、养禽业带来损失。

第五节　鼠类对工业、商业的危害

　　啮齿动物对工业、交通和建筑、设备方面的损害，虽然不如对农、林、牧业那样频繁，但造成的经济损失也很惊人。工业鼠害是指工矿企业的电器、仓储、生活福利设施等遭受鼠的危害，其中电器遭危害最大。一旦发生电器鼠害，不仅造成毁坏供变电设备，而且通常直接影响工作母机运转，甚至酿成停电停产，造成巨大的经济损失。经分析，工矿电器鼠害发生地点多在供电所高压室的母线、变压器、互感器、电容器等部位。当啮齿动物接近高压电器无绝缘部位时，引起电弧产生的高温弧光可烧毁供变电设备，造成短路停电，或啮齿动物直接啃咬专用电缆外护层、绝缘层，破坏绝缘引起接地放炮事故，造成短路。

　　啮齿动物危害交通的情况也屡有发生。在火车、船舶以至飞机中隐藏的啮齿动物，不仅咬坏货物，有时还毁坏通讯线路和仪表，使操纵、导航系统失灵，造成重大事故。有的地区，由于啮齿动物咬断埋于地下的通讯电缆，中断了两地的联系。

　　鼠害同样是商业部门的重大问题之一，饮食商店的各种食品、菜场的蔬菜、冷库的畜产品、粮油仓库及加工厂中的食物、库存纺织品及其他许多物品，均不同程度遭受鼠的危害。害鼠不仅取食或啃咬商品，而且其粪便污染商品，常常造成很大的经济损失。特别是许多出口物资遭到破坏，使对外贸易受到影响。

第六节 鼠类在传播疾病方面的危害

啮齿动物是多种自然疫源性疾病的宿主和传递媒介动物。对人类健康的危害主要是传染疾病、咬人致伤，骚扰人们的正常休息。

在自然界，携带病原体或发病的啮齿动物，通过媒介将病原体传给健康的动物，使疾病在动物间长期流行，反复传染，完全不依赖人类而长期存在，这类疾病称为自然疫源性疾病。据调查，目前约有 30 余种人类疾病与啮齿动物有关（表 1-3），其中包括由细菌、病毒、立克次体、螺旋体和原虫等为病原体的多种疾病。常见威胁我们健康的疾病有鼠疫、流行性出血热、钩端螺旋体病、兔热病、恙虫病、森林脑炎、蜱传性回归热等，啮齿动物对这些疾病的传播起着重要的作用。其他如地方性斑疹伤寒、鼠咬热、血吸虫病、口蹄疫、狂犬病、流行性乙型脑炎、流行性感冒和某些肠道传染病等疾病也与啮齿动物有一定关系。

表 1-3 啮齿动物传播的人畜共患疾病

鼠种名称	涉及疾病数	鼠种名称	涉及疾病数
小家鼠	24	褐家鼠	22
褐家鼠	19	黑线姬鼠	17
小林姬鼠	17	普通田鼠	17
松鼠	14	麝鼠	14
大沙鼠	13	长尾黄鼠	12
莫氏田鼠	12	红尾沙鼠	11
蒙古旱獭	10	巢鼠	10
灰仓鼠	10	子午沙鼠	10
根田鼠	10	花鼠	10
草原黄鼠	9	普通仓鼠	9
黑线仓鼠	8	大仓鼠	8
五趾跳鼠	7	板齿鼠	7
黄胸鼠	6	黄毛鼠	5
社鼠	5	大足鼠	4
布氏田鼠	4	长爪沙鼠	3
东方田鼠	2	高原鼢鼠	1

鼠传疾病对人类的健康和生命威胁很大。据世界卫生组织（WTO）估计，有史以来死于鼠传疾病的人数，远远超过历次战争死亡人数的总和。在中世纪鼠疫的传播对欧洲的影响极为深刻，鼠疫的严重性远超过了其他动物。其感染途径主要是啮齿动物通过它的会吸人血的体外寄生虫如蚤、螨、蜱等或其他媒介，把它所携带的病原体传播给人。其次，是啮齿动物将它体内或体表携带的病原体，通过粪、尿、唾液或体表接触污染食物或用具、衣物，再传播给人。家鼠每年排粪 15 000～25 000 粒，排尿也不少，可以造成大量污染。例如，美国曾抽查约 1 000 份玉米，发现其中有 76% 被鼠的排泄物污染。啮齿动物还会直接咬人引起外伤感染，这种情况虽然不多，但也不应忽视。美国每年被鼠咬的人数在万人以上，平均被鼠咬率达 0.01%～0.02%。啮齿动物的骚扰还影响人们正常休息，对健康造成间接损害，影响工作效率。

钩端螺旋体病是和啮齿动物有密切关系的自然疫源性疾病，在我国绝大部分省（自治区、直辖市）存在，尤以南方为甚。目前，已发现近 10 种啮齿动物能携带、传播本病，有的鼠种的自然带菌率在某些地区可达 50%。啮齿动物感染钩端螺旋体后 3 周，即可不断地从尿中排出，污染水、土和食物。其带菌期可长达 3a。所以，在这些地区，灭鼠是预防本病的重要手段之一。当然，由于本病的流行形式多样，除啮齿动物外，食虫动物、食肉动物和有蹄动物也可成为传染源，灭鼠的重要性在不同的条件下很不相同。

地方性斑疹伤寒是由莫氏立克次体引起的自然疫源性疾病，啮齿动物为本病的重要贮存宿主，跳蚤为传播媒介。本病虽然症状比较和缓，病死率不太高，但有时发病率甚高，影响劳动生产率。

鼠伤寒沙门氏菌病是一种与鼠有关的肠道传染病，啮齿动物不仅可以带菌，也可经常排菌污染食物、衣被或家具。灭鼠是防治本病的根本措施。

1993—2010 年相关机构的统计表明，由于农村鼠害加重，使流行性出血热、钩端螺旋体病等鼠传人体疾病在一些地方明显回升，而且鼠疫在部分地区也出现流行趋势（表 1 - 4）。如 1993 年，湖北省流行性出血热的发病和死亡人数分别比 1992 年增加 15% 和 25%；甘肃岷县的流行性出血热发病人数比上年增长 3 倍。1994 年，1～7 月湖北省的流行性出血热发病和死亡人数又比上年同期增长 122% 和 90%；1～10 月山东省泰安市患流行性出血热病的人数比上年同期上升 1 倍。湖南省 1999 年鼠源性疾病的发病占所有法定传染病总数的 17%，其中华容县就有几千人染上钩端螺旋体病，有的农民住院治疗花费几千元而因病致贫，严重者医治无效死亡。不少农民染病后无法从事正常生产，造成田地撂荒、粮食歉收、收入下降。

表1-4　近年来我国主要鼠传疾病发病与死亡情况统计表

年份	鼠 疫		流行性出血热		钩端螺旋体病	
	发病数	死亡数	发病数	死亡数	发病数	死亡数
2002	68	0	32 897	235	2 518	83
2003	13	1	22 653	172	1 803	60
2004	22	9	25 041	254	1 389	55
2005	10	3	20 877	271	1 415	45
2006	1	0	15 098	173	627	16
2007	2	1	11 063	145	868	33
2008	2	2	9 039	103	862	18
2009	12	3	8 745	104	562	11
2010	7	2	9 526	118	677	11

第七节　鼠类的利用

　　啮齿动物虽有种种害处，但是有些种类也可被利用，甚至可以创造很高的经济价值。

　　旱獭、麝鼠、松鼠、毛丝鼠、海狸、鼯鼠、野兔等是重要的毛皮兽和狩猎动物；鼠皮柔软，绒毛细密，可制上等皮大衣、手套、帽、鞋和被、褥等。例如，驰名全球的灰鼠皮大衣，就是松鼠皮制成的。旱獭、鼢鼠皮绒毛很厚，保温性强。麝鼠皮毛丰厚，毛色柔和，有特殊的分水功能，在阳光下闪闪发光，华丽可爱，在国际市场上被视为珍品。毛丝鼠皮状若丝绒，油滑光亮，艳丽新颖，一件毛丝鼠皮大衣，在国际市场上的价值，按其重量计算比黄金还要昂贵，所以被称为"金耗子"。近年来，饲养旱獭、麝鼠、毛丝鼠等啮齿动物已成为致富的重要途径。在动物园里常展出花鼠、麝鼠、毛丝鼠等供观赏。

　　大鼠、小鼠、豚鼠（荷兰猪）繁殖快，性情温顺，容易饲养。长期以来，在医学部门已大量饲养作为科学实验的动物，进行教学和科学研究。实际上，现代的药物、手术等医疗技术研究均需要大、小白鼠（褐家鼠、小家鼠的变种）作为试验材料。

　　传统的中医学认为，某些鼠肉、鼠粪可以治疗多种疾病。古代名医李时珍曾高度评价鼠的药用价值。《本草纲目》中介绍：鼹鼠入药能解毒、理气、活血，主治螯肿、痔疮、淋病、喘息等；鼯鼠粪是著名中药"五灵脂"，对结核杆菌和皮肤病真菌有抑制作用，能缓解平滑肌痉挛、止痛，增加白细胞；松鼠的体躯焙干研末，主治肺结核、月经不调等症；竹鼠的脂肪有解毒、排脓、生肌、止痛等功能，主治烫伤、无名肿等症。

有的啮齿动物如板齿鼠还可供肉食。我国南方沿海各省有些地方有吃鼠肉的习惯，有的把鼠制成鼠肉干（鼠脯）当作精美食品。广州某餐馆以鼠肉为食，人们称为"鼠肉馆"。必须指出，食鼠肉要谨慎，防止鼠传疾病。特别是鼠传疾病疫源地，在疾病流行期间应禁止食用鼠肉。一些有害的啮齿动物，有时也取食害虫或虫卵，如小家鼠在蝗虫滋生地可以大量取食蝗虫卵。在自然生态环境中，保持少量的啮齿动物种群，即使是有少数可造成危害的啮齿动物，不仅不会对人类构成危害，而且有助于食肉类野生动物的生存，对于保持自然生态环境具有不可替代的作用。

因此，有鼠不一定就有害，啮齿动物在生态系统中的益害关系应根据实际作用而定。

▶ 参考文献

阿勒-萨内（AL - Sanei K S）等，1987. 鼠类控制最新进展［M］. 郑智民，等译. 厦门：厦门大学出版社.

景增春，等，1991. 盘坡地区草场鼠害的综合治理［J］. 应用生态学报，2（1）：32—38.

刘桐树，1993. 工业鼠害与防鼠工程设计［M］. 北京：中国科学技术出版社.

柳枢，等，1988. 鼠害防治大全［M］. 北京：北京出版社.

卢浩泉，等，1988. 害鼠的分类测报与防治［M］. 北京：农业出版社.

莫冠英，1993. 特殊环境的啮齿动物及其防制［J］. 中国媒介生物学及控制杂志，4（1）：75 - 80.

沈兆吕. 1993. 农业害鼠学［M］. 南京：江苏科学技术出版社.

施大钊，钟文勤. 2001. 2000 年我国草地鼠害发生状况及防治对策［J］. 草地学报，9（4）：248 - 252.

王正存，等. 1984. 害鼠的化学防治［M］. 北京：化学工业出版社.

赵桂芝，施大钊，1994. 农业鼠害防治指南［M］. 北京：金盾出版社.

赵桂芝，施大钊，1995. 中国鼠害防治［M］. 北京：中国农业出版社.

中国南方灭鼠科研协作组，1989. 中国南方鼠害防治［M］. 南昌：江西科学技术出版社.

朱恩林，等，2001. 农村鼠害防治手册［M］. 北京：中国农业出版社.

诸葛阳，等，1987. 鼠害防治［M］. 杭州：浙江科学技术出版社.

Vaghan T A, Ryan J M, Czaplewski N J, 1999. Mammalogy［M］. 4th ed. New York：Saunders College Publishing San Antonio Montreal London.

➤ 附录：

鼠疫是由鼠疫杆菌所致的烈性传染病，病死率30%～100%，《中华人民共和国传染病防治法》列为甲类传染病。历史上记载过三次鼠疫的世界性大流行，第一次发生在公元6世纪，几乎遍及全世界。第二次发生于14世纪，当时称为"黑死病"，波及整个欧洲、亚洲和非洲北部。第三次发生于1894年，于1900年流传到32个国家。自1940年后，较小范围的流行仍在世界上不断发生。

鼠疫（Pestis）是由鼠疫杆菌引起的自然疫源性烈性传染病，也叫做黑死病。临床主要表现为高热、淋巴结肿痛、出血倾向、肺部特殊炎症等。1793年云南师道南所著《死鼠行》中描述当时"东死鼠，西死鼠，人见死鼠如见虎。鼠死不几日，人死如坼堵"。鼠疫杆菌在低温下及有机体内生存时间较长，在脓痰中存活10～20d，尸体内可活数周至数月，蚤粪中能存活1个月以上；对光、热、干燥及一般消毒剂均甚敏感。日光直射4～5h即死，加热55℃15min或100℃1min、5%石炭酸（苯酚）、5%来苏儿、0.1%升汞、5%～10%氯胺均可将病菌杀死。继发性肺鼠疫是由腺鼠疫经血行蔓延至肺部造成。原发性肺鼠疫患者吸入其他肺鼠疫患的痰与飞沫可染病，不慎接触脓液、餐具、口罩唾液飞沫而感染。

原发性肺鼠疫的潜伏期通常为1～4d，但急性患者亦可能至数小时即发病。最初的症状有头痛、双眼充血、咳嗽，以及怠倦感。虽然与普通呼吸道疾病相似。但后期却会恶化为咽炎和颈部淋巴腺炎。

继发性肺鼠疫则可能造成肺炎、纵膈炎或引起胸膜渗液。未经治疗的肺鼠疫患者可能在1～6d内死亡，死亡率高达95%。

肺鼠疫患者亦可能因病原体侵入血液，引起败血症。

治疗

①一般治疗与护理：患者绝对卧床休息，急性期给予高热量高维生素流食，补液，保护心肺功能。

②抗菌治疗：链霉素可治疗各型鼠疫，疗效快，不易复发，使用时应同磺胺、四环素等联合使用，以防产生耐药性。成人每日2～4g，每4～6h肌注1次，对危重病例应加大剂量。疗程10～15d，或痰检连续6次阴性后停止。庆大霉素，据报道疗效优于链霉素和氯霉素。腺鼠疫用庆大霉素每日16万～32万U，分2～4次肌注，或混入5%葡萄糖液500mL内分次静脉滴注。四环素，在开始48h内用大剂量（4～6g/d），严重病例在头1～2d必须静脉滴注，如病人情况允许可辅以口服，2～4g/d。退热后减量继续使用，疗程7～10d。磺胺药，可用于严重病例时与链霉素、庆大霉素、四环素等联合用药。

③局部治疗：淋巴结肿可用5%～10%鱼石脂酒精或0.1%雷佛奴尔外敷，周围注射链霉素0.5～1.0g，已软化不能吸收时可切开排脓。眼鼠疫可用金霉素、四环素眼药水滴眼，每次3～5滴，然后用生理盐水冲洗。

防疫措施

①鼠疫是甲类传染病，疫情发生后，应以最快通讯方式向卫生主管部门和卫生防疫站报告疫情。

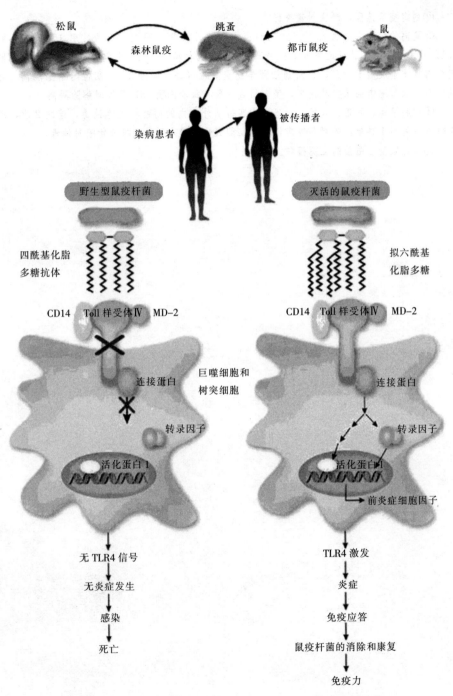

附图 鼠疫体外传播途径及致病机理和接种免疫机理示意图

②划定疫区范围，严密封锁疫区。

③隔离治疗病人：病人入、出院都应进行卫生处理，更衣、灭蚤，用1％来苏儿或0.1％升汞水擦洗。肺鼠疫患者单独隔离，疑似病例与确诊病例分别隔离。隔离期限：腺鼠疫患者症状消失后1个月，分泌物细菌学检查3次（每次间隔3d），阴性时解除隔离。肺鼠疫及败血型患者临床症状消失，痰菌检查6次（每次间隔3d）阴性时解除隔离。

④彻底消毒、灭蚤、灭鼠：对患者应实行从外到内的雨淋样喷雾消毒，连续2次，每次喷雾后关闭1昼夜，死者尸体应消毒并立即火化。病人用具或排泄物随时消毒。

⑤实行鼠疫活菌苗的应急接种。

第二章
我国农区主要鼠种

第一节　松鼠科（Sciuridae）

一、岩松鼠

学名：*Sciurotamias davidianus* Milne-Edwards。

分布：分布于我国中部与北部多岩石的地区。辽宁、河北、内蒙古、山西、陕西、河南、甘肃、宁夏、安徽、四川、湖北、贵州等省、自治区均有分布。

形态特征：岩松鼠体型中等，成体体长为200～250mm。尾粗大，长约为体长的2/3，静止时向上翘起，尾毛长而蓬松，但较稀疏。耳端无簇毛，有颊囊。掌部裸露，拇趾退化，其甲附于内侧的掌垫，第四趾长于第三趾；乳头3对，胸部1对，腹部2对。体色与亚种有关。体背多为褐黄色或黑棕色，毛基灰黑色，毛尖褐黄色或褐黑色。腹部黄灰色，毛基灰色，毛尖沙黄色。体侧、头顶、臀部及四肢外侧的毛均为褐黄色。眼与耳的基部毛色淡黄，眼眶围以白圈。耳背面有灰斑。尾背面与体背色相同但杂有带白色毛尖的针毛，在周缘形成白边；尾腹面淡黄色。头骨低平，脑颅不隆起。鼻骨宽长，眶间宽小于吻长，也小于眶上突后的脑颅宽。眶上突短小。颧骨干直。听泡较大。上门齿短而宽，垂直向下。第二上臼齿无中柱，第二上前臼齿极小，有些个体已消失。

生活习性：岩松鼠属我国温湿型半树栖半地栖种类。栖息于山地、丘陵多岩石的地方及附近的树林、果园、灌丛中，喜食坚果，如核桃、山桃、山杏等，也采食种子和浆果，也进入农田危害作物，在颊囊中曾发现过许多小麦粒。在旅游区，常进入游人憩息处，寻觅食物。食物匮乏时，甚至窜入居民住宅。体毛有季节更换现象。夏毛的颜色较灰，多针毛；冬毛偏黄，绒毛丰富。华北地区6月换为夏毛，9月初开始换冬毛，10月毛出齐；11月的毛皮质量最好，可制裘皮。肉亦可食用。

发生规律：岩松鼠通常每年繁殖 1 次，春季交尾，每胎可产 2～5 仔，最多 8 仔。6 月出现幼鼠，秋末为数量高峰期。雄鼠的阴囊从 2 月下旬至 9、10 月份均外露，5、6 月阴囊特别膨大。9、10 月雌鼠的乳头均已萎缩，说明此时已停止繁殖。寿命为 3～5 年。是山区林业、农业的重要害鼠，对干果及杏、桃等生产危害明显，农田也常受其侵害。春季刨食播种的玉米、谷子和豆类种子，秋季窜入田间啃食、糟蹋粮食造成严重减产，甚至盗食晾晒、囤藏的粮食。

二、花鼠

在农业上主要危害水果、蔬菜、向日葵、豆类、谷物等。可传播森林脑炎、兔热病等疾病。花鼠的毛皮美观，有一定的利用价值。

学名： *Eutamias sibiricus* Laxmann。

分布：我国东北、华北、西北各省、自治区以及四川北部均有分布。

形态特征：体细长，为松鼠科中体型较小的种类。成体体长 105～140mm。尾粗大，覆以向两侧展开的密毛，呈毛刷状，长约为体长的 2/3～3/4。耳壳明显露于毛外，但耳端无簇毛。有颊囊。前足掌裸露，拇趾小而无爪。后足掌前边 1/3 裸露，有清晰的足垫，跳部被毛。乳头 4 对。体背有极显著的 5 条黑褐色纵纹，其间夹有灰白或灰黄色条纹，此特征极显著。背部与体侧毛基为灰黑色，毛尖随条纹而异。腹毛前胸为污白色，腹部至鼠蹊部为浅黄色。尾上面黑色与棕黄色混杂，下面橙黄色，尾周有黑白相间的窄边。

生活习性：花鼠属亚洲北方寒湿种类，树栖或半树栖。我国黄河以北的各地山区、林地均可见到，甚至内蒙古阴山北部的荒漠草原中的剥蚀残丘亦有一定数量。它是喜湿种类中对环境适应性很强的鼠种。在山地、丘陵栖息于林间、灌木丛、草坡中，极少直接在农田做窝。

喜食各种植物果实，嗜食坚果、浆果，也吃植物茎叶和昆虫。在作物成熟期，农田附近的花鼠还会盗食庄稼。花鼠昼夜活动，以黎明至天亮和黄昏至天黑前时间段的活动最频繁，午夜期间活动减少。善攀登、跳跃。如有异常并不立刻躲藏起来，而是窜到树干、裸岩或岩隙上观望，待敌害接近时再逃窜到隐蔽处。洞穴结构简单，山林中多建于石隙、枯木、树根下，丘陵灌木丛地区多建于石缝、坝墙内。仅一个洞口，洞道长 1～2m。窝巢有少许垫草。储粮多堆积于洞道较宽处，无专用仓库，有的储粮处与洞穴不在一起。有冬眠习性，但冬眠期间可苏醒，属间断性冬眠。亦有储粮习性，鼠窝中的贮粮 3～4kg，储存松子、坚果等。

三、长尾黄鼠

长尾黄鼠侵入农田盗食作物株苗。它还传播鼠疫、土拉伦菌病、蜱传斑疹伤寒及布氏杆菌病。

学名：*Spermophilus undulatus* Pallas。

分布：在我国分布于黑龙江北部及新疆。

形态特征：长尾黄鼠是松鼠科黄鼠中尾最长的一种。体长约 300mm 以上，体重达 500g，尾长大于体长的 1/3。外耳壳不发达，成崤状。前掌裸，后掌被毛，爪黑而长。夏毛色深。背与臀毛呈褐黄杂有黑毛，并具白色的毛梢，因此形成隐约而不规则的小斑点。脊背两侧为棕黄色或棕灰色。腹部及身体两侧，由下颌至后肢内侧略呈棕色。体背和腹部的毛基灰黑色。尾腹面中央有一棕色的条纹，两侧毛梢呈白色。眼四周为白色，耳壳发黄头骨大而坚实，吻部较短，眶间部很宽，人字崤显著。

生活习性：长尾黄鼠喜栖息于山地草原、森林草原和亚高山草甸植被类型的山前丘陵及林缘、河谷地带。在耕田埂楞和耕地中亦有栖息，但数量不多。长尾黄鼠白天活动，一般在日出后及黄昏时最为活跃，中午活动较少；阴天下雨及大风天气活动减弱。长尾黄鼠的洞穴，有居住洞和临时洞之分。洞穴一般建筑于较高的坡地上，居住洞有主洞道、支洞道、盲洞道和窝巢。一般多为一个洞口，个别有两个洞口，洞口直径 80～130mm。窝巢椭圆形，巢材为杂草等。临时洞穴较简单，洞道浅短，亦没有窝巢，是遇敌避难及玩耍的场所。夏季居住洞，浅而短，冬季的深而长。长尾黄鼠冬眠。全年繁殖一次。5月下旬至 6 月上旬为繁殖盛期，每胎产仔 7～8 只，最多达 11 只，幼鼠哺乳期 25d 左右，第二年性成熟。

四、达乌尔黄鼠

黄鼠是我国北方农田和草原的重要害鼠，主要危害小麦、谷子、糜黍、莜麦、胡麻等旱田作物。在草原中对栽培牧草有一定危害。对农作物危害严重。春季刨食种子，啃咬幼苗和茎秆，造成缺苗断垄和成排的作物倒伏、断折；秋季则盗食乳熟的麦穗、谷物。危害严重的地区可使作物减产 30%～70%。此外，也可危害蔬菜、瓜果。在牧区盗食牧草，破坏植被，是牧业生产的一大害鼠。可传播鼠疫、钩端螺旋体、Q 热及野兔热等疾病。

学名：*Citellus dauricus* Brandti。

别名：草原黄鼠、达乌里黄鼠、蒙古黄鼠、禾鼠、豆鼠、大眼贼。

分布：广泛分布于东北平原、华北平原、蒙古高原、黄土高原，西至甘肃东部和青海的湟水河谷，南至黄河。

形态特征：体粗壮，成体体长 190～250mm。尾短，其长仅为体长的1/4～1/3。尾毛蓬松，向两侧展开。头圆，眼大。耳壳退化，仅留有皮褶。四肢粗短，可用后肢直立。前足拇趾不显著，但具小爪，足掌裸露，有掌垫3枚。后足部被毛，趾垫4枚。各爪尖锐，黑褐色。乳头5对。体色随亚种的不同有一定差异。一般体背黄褐色，杂有黑毛，毛基灰黑色，毛的上段土黄色，毛尖黑褐色。腹毛沙黄略带青灰色，毛基灰色。体侧与足背均为淡黄色。尾的背面与体背同色但稍深，但向两侧伸展的长毛毛基黄褐色，中段黑色，毛尖淡黄色，形成围绕尾轴的黑色毛环，这是与赤颊黄鼠的显著区别之一。冬毛色较浅，夏毛色深。幼鼠又比成鼠毛色深。颅骨呈卵圆形，前端略尖，从侧面看脑颅低平。额骨与顶骨间无明显区分，各骨间骨缝不明显。眶上突向后突出，其基部有 1 小缺口。无人字嵴。门齿孔小，长约为宽的 2 倍。听泡大，其长大于宽。门齿狭扁，锐利。前臼齿和臼齿均具丘状突。第一和第三下臼齿齿突后带不发达，或无。下前臼齿的嵴尖不发达。

生活习性：达乌尔黄鼠是东蒙温旱型鼠种。在草原、农田、荒地以及河边滩地、荒漠化灌丛均可分布。多栖息于丘陵坡麓、荒地、向阳的渠背、地边以及黄土高原的塬峁草丛。栖息环境多种多样，其数量尤以丘陵坡麓为高，岗丘的顶部一般密度很低。在黄土高原，洞穴多建于路旁、地边或塬峁草丛。铁路、公路两侧以及大墙外的小片荒地亦常成为其栖息之地。土质对其建洞也有明显影响。壤黏土、较黏重的盐碱土壤适宜黄鼠挖掘，而沙质土很少有黄鼠洞。其巢穴多建于壤土、黏土或盐碱土地带，沙地很少。喜食植物茎叶，春秋季节采食种子；有时亦捕捉昆虫。繁殖与肥育期大量盗食作物。

白天活动，大风、暴雨和暴晒的天气均躲避于洞内。冬眠；冬眠时将洞口封住，蜷缩于巢中，体温下降，心律降低，昏沉入睡。入蛰约在立冬前后；地温在 2℃ 左右出蛰，先雄后雌。

食植物性食物为主，也食少量鞘翅目昆虫。春夏季节喜食作物的绿色茎叶和幼苗。秋季肥育期大量盗食即将成熟的谷穗和杂草籽。危害小麦、谷子、糜黍、莜麦、向日葵、胡麻等。在草原环境中以食牧草为主。栖息地食物丰富程度会直接影响肥满度，从而对黄鼠的越冬数量起到制约作用（刘振才等，1990）。

达乌尔黄鼠为散居动物，一般每鼠一洞。洞系结构简单，仅1～2个洞口，洞道长约 2m，窝巢位于最深处。洞系可分为越冬洞和临时洞。越冬洞深约

150～200cm，洞道长 200～400cm，窝巢位于洞的最深处。临时洞洞道长 40～
90cm，有多个洞口，无窝巢。

白天活动为主，活动规律有季节变化。春秋两季活动高峰在中午，夏季则
避开炎热的中午。大风雨对黄鼠活动有明显的抑制作用，但雨后活动频繁。黄
鼠的活动距离在数十米至百米之内，有领域行为，领域的直径为 7～15m。当食
物条件改变或受到惊吓时，可进行数百至上千米的迁移。被鼠夹打伤或受急性
药毒饵侵害的个体大多进行迁移，并有记忆能力。有冬眠习性，冬眠前有较长
的肥育期。入蛰期与气温下降程度有关。在内蒙古北部于 10 月下旬至 11 月上旬
入洞，并将洞口封闭，蜷缩于窝巢中蛰眠；在黄土高原多在 11 月间陆续进入冬
眠。入蛰后鼠的体温下降，呼吸减弱，心跳缓慢，每分钟仅为 5 次，依靠体内积
蓄的脂肪维持生命。出蛰期与当地气温的回升有关。一般日均地温为 4℃时黄鼠
开始出蛰。其顺序是先雄后雌。从清明至谷雨为出蛰期。每年换毛 2 次。出蛰后
开始换夏毛，由背部向两侧逐步脱换，繁殖后期换齐。8 月换齐冬毛。

发生规律：黄鼠出蛰后经过 10d 左右的恢复即进入繁殖期。有些地方 4 月
下旬就可见到孕鼠，5～6 月为繁殖盛期，7 月初已很少见到怀孕母鼠。黄鼠每
年繁殖 1 次，每胎产 4～11 仔，平均为 7.9 仔。哺乳期 25～28d。幼鼠夏末与
母鼠分居，翌年可参加繁殖。正常年份，黄鼠种群的性比接近 1：1。但各年龄
组间有明显差异。幼鼠中的雄鼠比例较大，二龄鼠趋于 1：1，三龄以上则雄
少雌多（费荣中等，1975）。种群数量的季节变动较大。出蛰后即越冬鼠的保
存基数对全年密度影响甚大。在幼鼠与亲鼠分居期间，种群数量达到高峰。

五、赤颊黄鼠

学名：淡尾黄鼠（内蒙黄鼠）：*Spermophilus pallidicauda* Satunin，1902；
短尾黄鼠（阿尔泰黄鼠）：*Spermophilus brevicauda* Brandt，1841。

分类：松鼠科，黄鼠属。先前称赤颊黄鼠（*Spermophilus erythrogenys*
Brandt，1841）的鼠种，原含 2 亚种，即淡尾亚种和短尾亚种，现分别独立为
淡尾黄鼠和短尾黄鼠。

分布：淡尾黄鼠在我国分布于内蒙古西部至东南部、新疆准噶尔东北部及
甘肃；短尾黄鼠在我国分布于新疆北部的博尔塔拉谷地、额敏谷地和布克谷地
及额尔齐斯河沿岸的吉木乃、布尔津一带。

形态特征：该两种鼠体型中等，略小于长尾黄鼠；淡尾黄鼠体较大，体长
可达 260mm。共同形态特征为：耳壳退化，不明显露出毛被外；尾短，其长
为体长的 13％～24.1％；后足掌裸露，仅近踵部被以短毛。头骨颧弓前部明

显向外拱凸，鼻骨后端略超出前颌骨后端或在同一水平线上；眶上突较细弱，二眶上突后缘不在同一垂直面上；矢状嵴不发达。上颊齿列长略短于或略长于齿隙，腭骨前端平直，后端中间有一明显尖突。上颌两侧颊齿为5/4，第一前白齿较大。

两种鼠体色皆黄色。短尾黄鼠的体背与腹部毛色不同，背部毛色较深暗，呈黄褐色或锈黄色，多杂以灰黑色调，黄白色波纹较明显；腹面土黄或污白色。尾毛较稀疏，呈锈黄色，毛尖浅土黄色，无黑色近端；但成体尾侧的长毛中可有少量具黑色近端；尾背面有不甚明显的黑色端环，尾腹面有黄白色环。眉斑和夹斑明显而大，上颊齿列略比上齿隙长。

淡尾黄鼠的体色较淡，身体背、腹面同为沙黄色，微染黄褐色调，且不具波纹。尾毛密，上下一色且极浅淡，接近白色，微带淡土色调，尾背面无黑色次端环。有明显的长形赤褐色眉斑和颊斑。上颊齿列长与上齿隙相比，长短皆有。

生活习性： 淡尾黄鼠主要栖息地为荒漠与半荒漠，短尾黄鼠主要栖息生境则为半荒漠。栖息于山地草原和荒漠草原，以及撂荒地、农田周围和居民点附近的道路两旁。穴居，营严格的昼间活动，但以日出前3h和日落前3h两个时段最为活跃。喜食植物的绿色部分，花果、块根，尤嗜食鳞茎草类如根葱、蒙古葱及戈壁针茅草等。也食少量鞘翅目昆虫。在农田中常取食麦类、豆类及苜蓿的幼嫩茎叶。早春时多以枯草的根茎为食，秋季亦食少量种子。对农牧业均有危害，是内蒙古和北疆平原以及低山牧场的主要害鼠之一。在农作物区，对作物的生长亦构成严重威胁，可致大片麦田缺苗断垄，颗粒无收。它们又是布氏杆菌病和细螺旋体传染病的自然宿主，还与森林脑炎、蜱传立克次体病、土拉伦菌病、鼠疫、钩端螺旋体病、Q热等流行有关。

发生规律： 3月中旬或下旬出蛰后很快进入交配期。每年仅繁殖1次，怀孕期25～28d。1胎产仔2～8只，一般4～6只。孕鼠普遍有吸收胚胎现象。5月繁殖终止。在内蒙古，幼鼠约6月初出窝活动；至6月下旬与母鼠分居。该两种黄鼠的出入蛰时间与当地的温度有关。如内蒙古多在9月下旬开始冬眠，有的在9月上旬进入冬眠。在新疆北部地区则为7月下旬或8月上旬。出蛰时间在内蒙古为翌年3月上旬，而在北疆则约在3月中下旬。

第二节　仓鼠科（Cricetidae）

一、黑线仓鼠

黑线仓鼠为华北农牧区的主要害鼠之一。对播种和成熟期的花生、玉米、大豆、小麦危害较重，糟蹋的粮食远超过被吃掉的数量，同时，对栽培牧草危害也较重。此外，还能传播各种疾病。

学名：*Cricetulus barabensis* Pallas。

分布：其分布与大仓鼠相近，主要分布在东北和华北，向西可到甘肃河西走廊的张掖一带。南界大约为秦岭至长江一线。

形态特征：体型较小，成体体长 80～120mm。体肥壮，吻钝短，约为体长的1/4。具颊囊。乳头 4 对。体背中央自头顶至尾基部有一暗色条纹，其明显程度各亚种间有区别。东北区各亚种毛色比较深暗，背纹黑而宽；华北种群毛色略浅，背纹黑而较细；西部荒漠草原种群的毛色则较浅，背纹极不明显。尾部背面黄褐色，腹面污白色。耳的内外侧被短毛，但有一很窄的白色边缘。胸部、腹部、四肢内侧与足背部的毛均为白色或污白色，与体背毛色界线明显。耳圆。头颅圆形，听泡隆起。颧弓不甚外凸，左右近平行。鼻骨窄，前部略膨大，后部较凹，无明显眶上嵴。上门齿细长，上臼齿 3 枚，第一上臼齿咀嚼面上有 2 纵列 6 个齿突，第二上臼齿具 4 个齿突，第三上臼齿也有 4 个齿突，但排列不规则。第一下臼齿的咀嚼面有 3 对齿突，第二、第三下臼齿均有 4 个齿突。

生活习性：栖息环境十分广泛，遍及草原、山地、平原农田、疏林等各种生境。储粮洞内有仓库，可见到粮油种子、草籽等，洞口 3～4 个。栖息洞较复杂，内有巢、仓库、厕所和废弃的旧盲道，洞道较长。夜间活动，傍晚至天明有 2 次活动高峰，以 20～22 时活动最盛。夏秋比春季和冬季活动频繁，严冬时很少出洞。杂食性，主食种子，也食植物绿色部分，还吃少量昆虫。在河南，平均日食种子量为 8g。

二、大仓鼠

学名：*Cricetulus triton* Winton。

分布：主要分布于东北和华北。在甘肃东部、陕西北部、内蒙古阴山南麓和东南部草原区、秦岭和长江以北均有分布。

形态特征：体型较大，系仓鼠科中较大的鼠种。成体体长140～180mm。尾短小，约为体长的1/2。头短圆，吻短，有发达的颊囊。耳短小，圆形。背部与体侧毛色为黄褐色，毛基部深灰黑色，毛尖灰黄色。随着年龄的增长，毛色加深。腹部毛灰白色。耳内外侧被棕褐色短毛，耳缘灰白。幼体毛灰色。头骨粗大棱角明显。顶间骨大，近长方形。在前颌骨两侧，上门齿根凸起，伸入前颌骨与上颌骨的缝合线附近，清晰可见。听泡凸起且较窄，两听泡的间距与翼骨间距等宽。第一上臼齿最大，具6个齿突。二上臼齿有4个齿突。第三上臼齿最小，3个齿突。第一、二下臼齿齿突数与第一、第二上臼齿相同。第三下臼齿有4个齿突，其内侧1个甚小，不明显。

生活习性： 大仓鼠喜栖息于土质疏松干燥、远离和高于水源的农田、荒草地、低山灌木丛和丘陵地带。营独居生活，洞系构造较为复杂。洞口分明暗两种。明洞口在稍高向阳处，暗洞口隐蔽，用浮土堵塞形成明显的土丘，略高于地面。洞口大小与鼠类年龄有关，直径3～8.5cm，一般为4～6cm。洞道深而长，垂直于地面40～60cm，然后转弯与地面平衡，其长可达3m。巢室1～2个，直径11～36cm，内垫杂草、作物茎叶等。每个洞系有2～3个仓库，大小不等，可储粮800～1 200g，多达4～10kg。

发生规律： 主要以夜间活动为主，白天也有活动。尤其是作物成熟期白天活动频繁。繁殖能力强，繁殖期随地区不同而有所差异，与初春气温有关，越冬成鼠年产3～4窝，每胎最少4只，最多可达20多只，以6～10只多见。

三、长尾仓鼠

学名： *Cricetulus longicaudatus* Milne-Edwards。

分布： 河北、山西、内蒙古、陕西、甘肃、青海、新疆、西藏、四川等省（自治区）。危害玉米、大豆、高粱、苜蓿和棉花。

形态特征： 体型大小与黑线仓鼠相近。成体体长70～105mm。头稍大，具颊囊，当其中存满食物时几乎占身体的1/3。眼小。耳向前折不达眼部。尾长约为体长的1/2。四肢短小，后足长11～17mm，约为尾长之半。乳头4对。背毛为均匀的灰色，有些标本呈灰黄色，或背部中央颜色稍暗些。背部无深色纵纹，这是与黑线仓鼠的显著区别之一。背毛毛基灰黑色，毛尖灰白或灰黄色，部分毛尖为黑色。腹部毛尖白色，毛基灰色且暴露于外。耳壳内外侧均被黑色短毛，但边缘为白色。口须基部白色。尾部背腹面与体背腹面色泽相同。前后足背面均呈白色。足掌大部裸露，仅后足被白色短毛。头骨狭长，颧弓纤细。鼻骨狭长，额骨略隆起，顶骨前外角具尖状突起。顶间骨发达，其宽度约为长度的2倍。门齿孔后伸，达到第一上臼齿的前缘。听泡发达，两听泡距离与翼骨后段相等。枕骨向外略隆起。头骨较圆，无棱嵴。门齿细小。臼齿咀嚼面呈2纵列齿突。第三上臼齿仅3个齿突，内方突起极小。

生活习性： 栖息于山地草原、草甸、山地灌丛、林缘、干草原、荒漠草原、高寒湿地等环境中，白桦、山杨和油松幼林地亦常发现。当这些环境被开垦后，它们常聚集于田间，成为当地的优势鼠种。甚至进入居民住宅。内蒙古阴山地区较湿润的山地农田中的捕获率大大超过林缘、草甸等自然环境。杂食性。以植物性食物为主，也采食昆虫。春、秋季节多采食种子，夏季主要吃植物绿色部分。内蒙古农田的仓鼠，其颊囊中多为播种下的粮种及各类草籽。有储粮习性，当作物成熟季节，大量搬运撒落在地上的粮食入洞，储存于洞内仓库中。但越冬期间仍须到洞外觅食。以夜间活动为主。

发生规律： 每年可繁殖 2～3 胎以上，每胎 5～9 仔。8 月以后停止繁殖。洞系隐蔽，常利用石块下或土壤的裂缝加以扩充，作为巢穴。有时也占用其他鼠类的废弃洞。在青海海晏、门源地区的草原上常与喜马拉雅旱獭及藏鼠兔同栖，而农田中同栖者常是小家鼠。

四、短尾仓鼠

短尾仓鼠对于荒漠地区的固沙造林工作和草原牧场有破坏作用，但因数量不多，故其危害情况尚未被人注意。曾多次从其体内分离出鼠疫杆菌，所以短尾仓鼠在荒漠草原的鼠疫自然疫源地中，有一定的流行病学意义。

学名： *Criceculus eversmanni* Brandt。

别名： 短耳仓鼠、埃氏仓鼠。

分布： 内蒙古、甘肃、宁夏、新疆等地。

形态特征： 体长 100～160mm，尾长 20～28mm。尾长约为体长的 1/5，为 17～28mm，长于后足长，但短于其他仓鼠。吻长度适中，耳短小，前肢第一趾甲往往呈小爪形，而后肢第一趾比其余趾短而有力。体背面灰褐色至沙赤褐色，体腹面纯白色，喉和左右前肢之间胸部有一褐色或黄褐色斑。体背面和体腹面在体侧毛色界限分明。足背面与尾下面白色多。尾上面毛色似体背面，嘴角之后至颈侧为一白色区。有颊囊。染色体数：2n＝26。颅骨吻部较宽，鼻骨长约为颅长的 34%，前端较宽，向后逐渐狭窄，其后端明显为前颌骨后端所超过，鼻骨与前颌骨后端均超过眼眶前缘。左右额骨后缘中间凹入，在凹陷正中有时一小尖突。顶间骨呈新月形。颧弓较细。门齿孔较短，后端远离第一上臼齿前缘水平。听泡不大。

生活习性： 栖息于干旱草原和半荒漠以及农田周围的草场、撂荒地等生境。沿荒漠地带和弃荒地进入森林草原、各种洼地、河谷阶地、岸边以及农田周围的草原和灌丛中，如芨芨草丛、锦鸡儿丛和白刺灌丛。喜干旱的生境而回避潮湿的地方。主要以野生植物、农作物的草籽、茎、叶等为食，也常吃昆虫，甚至袭击雏鸟及幼小黄鼠和田鼠。在冬季有储粮习性。傍晚和夜间活动。洞穴简单，主道斜向或垂直，其深很少超过 30cm。洞道尽头为巢室，有时分为 2～3 叉。往往惯于栖居在其他啮齿类的洞穴中。夜行性鼠类，大都自黄昏以后活动，直到拂晓为止。活动能力强，活动范围大，半径可达 200m 左右，常与沙鼠、毛足鼠等鼠混居，性较凶猛，常常侵袭和侵占其他鼠类等洞穴。短尾仓鼠的洞穴比较简单、洞口常隐蔽在灌丛中或小灌木下，洞穴分散。洞道距地面较近，分叉少，有巢室和仓库之分，但往往只是一条通道而已，仓库多位于洞道的末端，略为膨大，因常侵占其他鼠类洞穴，所以有时还可在其他鼠类洞口捕得到短尾仓鼠。

从 10 月开始冬眠，国内冬眠时间略晚。

发生规律：繁殖能力较强，4 月间繁殖，一年 2～3 胎，每胎4～6仔，繁殖季节以春夏季为主，偶尔在冬季也有繁殖现象。新疆地区 5 月底，6 月初可见孕鼠，6 月下旬可见具子宫斑的雌鼠。

五、灰仓鼠

学名： *Cricetulus migratorius* Pallas。

分布：内蒙古、河南、宁夏、甘肃、青海、新疆等省（自治区）。

形态特征：体长 95～125mm，尾长 20～36mm，后足 11～18mm，耳长 17mm；耳圆，吻钝，有颊囊。个体间颜色差异较大，一般毛色为黑灰色或沙灰色。夏毛自吻、背部至尾基均为银灰色，杂有黑色长毛；背中央黑灰色较浓，尾基亦为黑灰色，但毛尖浅灰。耳背有暗灰色细毛，沿边缘有白色短毛。吻周围，体侧下部，腹面及后肢内侧均为白色；尾背面灰褐色，腹面被以灰白或黄褐色短毛，少数上下均为灰白色；掌裸露，四足背面有白色短毛。老年个体沙黄色，年龄越大，沙黄色越浓。头骨狭长，鼻骨亦长。额骨隆起，眶上嵴眶间平坦。顶部扁平，顶骨前方的外侧角前伸达眶后缘，其端部不向内弯曲。顶间骨发达，略呈等腰三角形。枕骨略向后凸，枕髁明显超出枕骨平面。颧弓中间较细。腭孔小，其后缘不达臼齿前缘水平线。翼内窝达齿列后缘。听泡小。

生活习性：栖息于荒漠平原、山地草原、森林灌丛、绿洲、高山草甸、农田、菜园及农舍。喜居河谷、山坡与灌丛中。食植物嫩叶、种子和昆虫等。穴居，洞道较简单。主要夜晚活动，以晨、昏最活跃。

发生规律：该鼠在新疆有冬眠的习性。当环境温度在 10℃ 以下时，灰仓鼠开始陆续冬眠。每年3～9 月繁殖，动情周期为 4～4.5d。平均妊娠期为 19d（16～21d），产仔间隔 39.25d （16～90d）。年繁殖 2～3 胎，每胎 5～10 仔。当年第一胎的幼仔在条件良好的年份中，秋季即可参加繁殖。

六、昭通绒鼠

学名： *Eothenomys olitor* Thomas。

别名： 云南绒鼠、黑耳绒鼠、小亚细亚绒鼠。

分布： 我国特有，分布在四川西南山地、东部及南部的布拖县，云南西南、昭通，贵州西部的毕节地区。

形态特征： 体型较小，粗短，尾较短，体长 100～126mm；尾长不及体长的 1/2，40～50mm；后足长 15～21mm；耳长 12～15mm。较黑腹绒鼠大。体重 12.5～21.0g。第一上臼齿具有 3 个内侧角突，第二上臼齿有第三后内侧角突，但通常不大于第三后外侧角突，第三上臼齿具 3 个外侧角突。吻较短而钝。眼小。耳朵短，呈椭圆形。前足第一趾极小，几乎缺失。体毛柔软而厚密，吻鼻部稍深，黑褐色；耳毛较短，暗黑褐色，耳缘为白色。体背暗褐赭色，毛基黑灰色，毛尖赭黄色。体侧由背部至腹部颜色逐渐变淡；喉部毛短而稀少，毛基为灰黑色，毛尖为白色并杂有浅棕色；胸腹部至尾基暗石板灰黑色，毛尖淡灰色或淡黑褐色；背部毛较短，前足背茶褐色或暗褐色，后足背黑褐色；尾毛较短，尾背黑褐色，尾腹稍浅，茶褐色，尾尖具一小束毛丛。

颅长 24.2～28.2mm，颧宽 14.3～15.8mm；腭长 12.5～15.6mm，乳突宽 12～13.6mm；上颊齿列长 6～7mm。颅骨大，颧弧坚固。第一和第二上臼齿都和黑腹绒鼠的相似。

生活习性： 栖息于海拔 800～2 000m 的灌丛和农田。最高海拔为 3 550m，最低 1 200m，其中 2 000m 以上分布较多。以横断山脉中部地区最多，占所捕野鼠数的 42.6%。

发生规律： 除 12 月至翌年 2 月（即冬末春初）未见妊娠鼠外，均有妊娠的母鼠出现，表明其繁殖期较长，最寒冷的季节停止繁殖。栖息在山区（海拔 2 500m 以上）年怀孕率平均为 12.1%，而在坝区（海拔 500m 以下）年怀孕率平均为 6.34%，相差近 1 倍；坝区怀孕率最多在 7～8 月，而山区在 9 月和 5 月，其繁殖与环境、气候及食物等因素有密切关系。乳头少，产仔不多，每胎通常 2～3 仔。

七、藏仓鼠

学名： *Cricetulus kamensis* Satunin。

别名： 喇嘛仓鼠。

分布：分布于西藏、甘肃、青海等地。是中国的特有物种。

形态特征：体形大小与灰仓鼠近似，体长 84～125mm；尾长 48～63mm，占体长的 44％左右；后趾 16～20mm；耳长 12～20mm。乳头 4 对，具颊囊。背部毛色略灰，毛基黑灰，毛尖沙黄；腹部毛污白色，毛基灰色，毛尖白色，并在腹部中央、腿前和臀部向外突出，形成 3 块白斑；背腹两种毛色通常在体侧交错呈波纹状；后足下面裸露。头骨结构近似灰仓鼠但稍大；外形粗壮，轮廓狭长，颅全长 28mm 左右；脑颅宽圆，棱角不显著，吻细长；顶间骨在成体时较大，其长度大于宽度的 1/4，听泡较小，扁平而低，前内角前伸成管状达翼骨处。

生活习性：栖息于海拔 3 400～3 900m 的高山高原，河谷灌丛，沼泽草甸和以蓼科、豆科及莎草科植物为建群物种的生境中。筑洞穴居，洞道结构比较简单。一般深度在 50cm 左右，单洞道，少分支，洞口一个，直径 4.5～5cm。洞口敞开，不堵塞。洞道内具有一窝室，另有仓库贮粮。有时利用其他鼠类和旱獭废弃洞或在洞壁筑洞，亦可在土隙、石缝中营窝。不冬眠，靠储粮过冬，昼夜均可活动，以植物的种子及部分昆虫为食。

发生规律：繁殖期在 5～8 月，6～7 月为繁殖高峰，每胎 5～10 仔，以7～8仔多见。天敌主要有蝮蛇、艾鼬、黄鼬、香鼬、鹰、雕、荒漠猫等。

八、东方田鼠

学名：*Microtus fortis* Buchner。

别名：沼泽田鼠、远东田鼠、大田鼠、苇田鼠、水耗子。

分布：在我国分布较广，包括内蒙古、陕西、甘肃、宁夏、山东、安徽、江苏、浙江、上海、江西、湖北、福建、湖南、广西、四川、贵州等省、自治区、直辖市。

形态特征：为体型较大的田鼠，成体体长 120～150mm。尾长为体长的1/3～1/2，尾被密毛。后足长 22～24mm，足掌前部裸露，有 5 枚足垫，而足掌基部被毛。

生活习性：东方田鼠是温旱型种类，多栖息于低湿多水的环境。自然条件下集中于沼泽草甸、河渠两岸。在沿海地区多栖息于湖周草甸、河边苇塘等地。食物以植物的茎叶、种子为主。喜食鲜嫩的水生植物。

不冬眠。昼夜均可活动，夏季以夜间活动为主，其他季节则以白天活动为主。善游泳，可潜水。有季节迁移习性，当洪水来临时，成群迁往周围农田。洞系结构简繁不一。简单的洞系只在苔草墩下挖一个侧坑，筑巢；复杂的洞系有 20 多个洞口，洞道长而分支，内有仓库 2～5 个。有人曾在一个洞系内挖出储粮 10.7kg。

东方田鼠是重要的农林害鼠，作物成熟期向田间迁移，大量盗食庄稼，也啃毁树木。辽宁铁岭地区曾被该鼠啃食危害的树木达 50％左右，死亡 20％以上。湖南洞庭湖的洲滩地带曾是东方田鼠的聚集区，20 世纪 70 年代由于盲目围湖造田，致使洪水冲堤，大量的田鼠涌上湖岸，鼠群所到之处，农作物、草皮、树木被啃食殆尽。1981 年仅由此造成的受害农田面积达 100 多 hm²，粮食损失达 55 万 kg。金盆农场 3 050m 的堤岸上即捕获 11 000kg 东方田鼠。东方田鼠还是乙型脑炎、钩端螺旋体病原菌的自然宿主。

发生规律：春夏繁殖，每年产 3～4 胎，每胎 5～11 仔。种群的平均寿命为 14 个月，种群更新速度很快，发生数量常呈暴发性。亚成体在种群中的比例高达 44.5％左右，而成体仅占 21％。

九、根田鼠

学名： *Microtus oeconomus* Pallas。

分布：国内分布于新疆、青海和陕西。国外分布于蒙古国以及向西直至欧洲西部，苏联曾有分布的报道。

形态特征：体型中等，较普通田鼠略大而粗壮，体毛蓬松，体长约为 105mm，后足长 19mm 左右，尾长不及体长一半，但大于后足长的 1.5 倍。体背毛深灰褐色乃至黑褐，沿背中部毛色深褐；腹毛灰白或沾淡棕黄色，尾毛双色，上面黑色，下面灰白或淡黄；四肢外侧及足背为灰褐色，四肢之内侧色同腹部。头骨较宽大，颅全长约 26mm，颧骨相当宽大，颧宽约 14mm，为颅全长的 1/2，眶间较宽大。第二上臼齿内侧有两个突出角，外侧有 3 个突出角；第一下臼齿最后横叶之前有 4 个封闭三角形与 1 个前叶；上齿列长约 6.8mm，短于齿隙之长度。

生活习性：栖息于海拔 2 000m 以下的亚高山灌丛，林间隙地，草甸草原、山地草原、沼泽草原等比较潮湿多水的生境。农田、苗圃绿洲中亦有少量分布。筑洞穴居，洞道较简单，大多为单一洞口。筑窝于草堆、草根、树根之下方。个别个体筑有外窝。以植物的绿色部分为食，冬季挖食植物之根部、块茎幼芽及种子。

发生规律：营昼夜活动之生活方式，于夏秋之间进行繁殖。年繁殖 3～4 次。在祁连山地，于 7、8 月间捕到的成年雌鼠，多数为怀孕个体。每胎通常有 3～9 仔，平均为 5 仔。天敌主要为鼬类、狐和狼及猛禽类。

十、白尾松田鼠

学名：*Phaiomys leucurus* Blyth。

分布：西藏、青海、新疆等地。

形态特征：体长 80～93mm，尾长 25～40mm。耳甚短小，不显露于被毛之外，约为体长之 12.5%。四肢较短，足趾之爪强而有力。色调浅淡，与同属中深棕褐色种类易于区别。躯体背面毛色通常呈土棕色、沙黄色、浅赭色或暗灰褐色，毛基鼠灰色，背部还混杂或多或少的黑色长毛。体侧毛色较背部浅淡。体腹面毛基灰色，毛尖苍白或黄白。尾单或双色（常见幼体及亚成体），上面暗棕褐色或浅棕黄白色（单色者上下面一致）；下面黄色，尾梢具黄白色或浅棕褐色毛束。四肢足背面黄白色或污白色，爪黑褐色。头骨粗壮，脑颅至吻端不显著隆起。鼻骨短，前端膨大，后端窄小，眶上脊发达。颧弓粗大，向外扩展呈弧形。鳞骨之眶后突较明显。腭骨甚长，超过颅全长之半，其后缘与翼状骨相联结。听泡甚大，其长接近颅全长之 1/4。上门齿唇面无沟，略向前倾斜。第一上臼齿的横叶之后有 4 个齿环，第二上臼齿的横叶之后具 3 个齿环，第三上臼齿内外两侧各有 3 个角突。第二下臼齿的横叶之前具 4 个齿环，第三下臼齿由 3 条斜列齿环组成。

生活习性：栖息于山间盆地、阶地、湖泊和河流沿岸的草甸、草原、沼泽草甸或盐生草甸等湿润地区，在阶地农田和房舍也有活动。栖居在海拔2 900～5 000m。食物以禾本科、莎草科植物为主，亦觅食青稞谷物。该种为松田鼠属中善于挖掘活动的种类。

发生规律：2000 年以来主要在西藏山南地区、拉萨地区等地青稞田发生严重，成为西藏地区农田的第一优势鼠种。每年 3 月下旬开始出蛰活动，啃食青稞苗，造成缺苗断垄，密度大的田块造成绝收。9 月下旬在秋季农作物收获时储藏粮食。繁殖规律及胎仔数等情况缺少系统的研究。

十一、社田鼠

学名：*Microtus socialis* Pallas。

分布：社田鼠分布于新疆额敏谷地、巴尔鲁克山及乌鲁木齐至乌苏一线天山山地和山前平原地，以及博格达山（东天山）南坡吐鲁番大河沿上游及北坡的阜康、木垒县。

形态特征：体长 84～126mm；尾长 20～32mm；后足长 15～16mm；耳长

8~12mm。颅长 22~26mm，宽 13.6~15.8mm；乳突宽11.4~13.5mm；鼻骨长 5.5~6.5mm；眶间宽 3.2~ 3.8mm；吻长 4.6~5.4mm；听泡长 7.8~9.2mm；上颊齿列长 5.5~6.5mm。体背毛棕灰色，毛基黑色；体侧较淡；体腹面呈灰白色；尾背面棕褐色，腹面较浅。后足肉垫 5 个。染色体数：2n＝62。颅骨顶几乎平直，吻部较短，约为颅长的 21%；鼻骨亦短，约为颅长的25%，其后端为前颌骨所超出。眶间无嵴；乳突宽接近颧宽，约为颅长的52%。听泡颇为发达，长约为颅长的 35%，门齿孔后端几乎达第一上臼齿前缘水平线。第一上臼齿在横叶之后有 4 个闭合三角形。第二上臼齿内侧后端有一小凸角。第三上臼齿横叶之后通常也有 3 个闭合三角形，最后齿叶呈 C 形，其外侧有一小凸角。第一下臼齿构造与普通田鼠相似，通常有 7 个闭锁面。乳头胸部 2 对，鼠鼷部 2 对。

生活习性：社田鼠喜较潮湿而疏松的土壤条件，在苜蓿地和着生有禾本科、千叶蓍、蒲公英和羽衣草等植物的草地上均可见其踪影。在新疆北部，栖息于海拔 1 800m 以下的干旱山前白蒿—禾本科草原和荒漠草原；在博格达山南坡的社田鼠栖息于海拔 2 200m 的秋季牧场。昼夜活动，但主要在夜间出洞，白天离洞不远，善挖掘。在山地，多在丛生杂草和半灌木的向阳缓坡上筑洞；在平原及山前丘陵，社田鼠多选在地势低洼处和干冲沟的两侧筑洞。在农田，啃食青苗，造成缺苗断垄；在林区，冬季啃食林木基部树皮，造成树势衰弱或死亡；在草原，则啃食牧草，降低牧草产量。

十二、鼹形田鼠

学名：_Ellobius tancrei_ Pallas。

分布：新疆、甘肃、宁夏、内蒙古、陕西等地。

形态特征：形如鼹鼠，大小与田鼠相似，全长 100mm 左右，体形与鼢鼠相近，但比鼢鼠小且细弱。成体体长为 110~135mm。尾甚短，微显露于毛外。头部大，眼极小，耳壳退化，耳孔亦隐藏于毛内。门齿显露于口外。前足5 趾，拇趾短小，第二、三趾较长，足掌裸露无毛，足垫 2 枚。后足掌足垫6 枚。前后足掌两侧和趾的边缘生有栉状排列的密毛。毛色有常态型和黑化型两种。常态型的体背为沙黄褐色，从头顶至吻端逐步加深，为黑褐色，吻端则几乎为纯黑色。体侧与腹部均为污白色。足背与趾间的毛为白色。尾部背面淡黄或暗褐色，腹面为污白色。成鼠的毛色较深，幼鼠为灰色。黑化型的全身毛色乌黑，但毛基为白色，足背、趾间及尾部的毛为纯白色。头骨粗壮，鼻骨伸出，颧弓向外扩展。脑颅圆而平滑，棱嵴不特别突起。顶间骨狭窄，有些个体无顶间骨。门齿孔小,位于前颌骨与上颌骨交界处。腭骨后缘前端达第二上臼齿的连线。听泡较小。门齿前伸露于口外。第一上臼齿内外侧各有 3 个突出角。第二上臼齿外侧有 3 个而内侧有 2 个突出角。第三上臼齿内外侧各有 2 个突出角,有些个体外侧突出角不明显。

生活习性: 具一系列适应地下洞道生活的形态结构。栖息半荒漠和草原地带,亦可上升至亚高山草甸。营地下洞穴生活,洞道比较复杂,主洞道为采食及出进行动的通道,洞顶距地面 15~25cm,直径 5~7cm,长 10m 或 20m 甚或百米。鼹形田鼠属于亚洲中部广泛分布的温旱型种类。栖息环境比较广泛,从高山到荒漠、森林草甸灌丛均有分布。在土层松软而深厚、植被丰盛的地方密度较高,荒漠绿洲亦为常见。在农田中则避开潮湿的环境。丘陵山地的石质裸地、阳坡及荒漠中植被稀疏的沙质地带数量稀少。植食性。以植物的根系为主,喜食肥大的肉状根和地下茎,也采食少量植物茎叶和种子。在洞穴仓库中曾发现野生麦穗、防风、柴胡根系等。该鼠常年在地下啮咬植物根系,拱掘地道,对农、牧业危害较大。据马勇等(1987)在新疆伊犁和阿尔泰地区的调查,每个洞群平均推出土丘 6~8 个,覆盖面积为 13~18m²。被覆盖的地方植株约减少 96%,造成地面植被稀疏,抑制植物的正常发育。尤其是水分条件较差的荒漠草原,由于土丘大量覆盖,往往导致植被的演变,甚至出现寸草不生的状况。在自然条件良好的草甸草场,该鼠的危害可降低当年产草量。在农田中,它们将作物根系咬断,使粮食减产。还可能是鼠疫杆菌的携带者。

发生规律: 1 年可繁殖 2 次,每胎产 2~8 仔,平均 4 仔。6 月第一胎幼鼠大量出现,8 月第二胎幼鼠产出,其数量往往低于前次。性比约为 1∶0.93,一般雌多于雄,但参加繁殖的雌鼠仅占成年雌鼠的 51%,说明繁殖力较弱。

十三、莫氏田鼠

学名: *Microtus maximowiczii* Schrenk。

分布: 在我国主要分布于黑龙江、内蒙古、吉林、河北、陕西等地。

形态特征: 体长 118~135mm,尾长 48~56mm,后足长 16~22mm,耳长 11~16mm。掌基生毛,有 6 枚足垫。头、颈和背毛黑色,毛基灰黑色略带棕色;体侧较浅;腹面乳白色,毛基深灰,毛尖白色或淡棕色;背腹界线清楚;尾二色,背面黑棕色,腹面灰白色;前后足背面与体背颜色相同,腹面较黑。腭骨后缘有骨桥,头骨比东方田鼠狭长,且棱角明显。眶间嵴发达,听泡大小正常。第一下臼齿后横齿环前有 5 个交错排列的封闭三角形,前齿环外侧有沟，足垫 6 个，与东方田鼠相比多出一个。

生活习性：生活于蔓草草甸、稀疏草原、沼泽草原、林区及灌木丛。主要取食植物的嫩叶、种子和块根等，在田间危害大豆和小麦、水稻、玉米。冬季啃食树皮，对果园和苗圃可造成明显经济损失。穴居，洞内有巢室，仓库1～3个，距地面 0.16～0.23m，巢室距洞口 0.35～0.38m，秋末开始储藏冬粮。

发生规律：每年 5 月开始繁殖，妊娠期约 3 周，每胎 4～12 仔。每年的6 月初，到草甸下挖洞营巢，繁殖后代，到 7 月数量逐渐增多，至 8 月数量达到最多，9 月后天气变冷，陆续迁往坡地越冬。第二年春天夏季苔草发芽时，又返回到湿地栖居。在夏秋两季以苔草和大叶草为食。主要储存的食物有地榆、沙参、葱、细叶百合、百合、须龙胆等。主要在夜间活动，在湿地上有固定的活动路线，行动迟缓，但可以涉河至对岸活动。

十四、长爪沙鼠

学名：_Meriones unguiculatus_ Milne-Edwards。

别名：长爪沙土鼠、黄耗子、黄尾巴耗子、白条子、沙土鼠。

分布：内蒙古、吉林、辽宁、河北、山西、陕西、宁夏、甘肃等地。国外见于蒙古国和俄罗斯贝加尔湖地区。

形态特征：成体体长 100～125cm，尾长等于或略小于体长，尾端有深褐色毛束。耳圆，其长约为后足长的 1/3；眼大。四足趾端具弯锥形锐爪，足掌被细毛。体背沙黄色杂有黑毛，使其呈沙褐色。背毛毛基灰色，中间为黄色，毛尖稍带深褐色。体侧和颊部毛色较浅。腹毛污白色，毛基灰色；这是与子午沙鼠的重要区别。尾的上部与背部毛色相同，仅有些或深或浅的变化。尾下部沙黄。爪黑褐色。头骨轮廓较宽；颧宽超过颅全长的 1/2。鼻骨狭长，约占颅全长的 1/3。眶上嵴不明显。额骨低平，顶间骨宽大，近卵圆形。听泡发达，两听泡前端接近。门齿孔狭长，向后几乎达到与臼齿平齐。门齿黄色；上门齿唇面有一条纵沟。臼齿咀嚼面平坦，珐琅质形成棱形齿环，第一上臼齿有3 个，第二上臼齿有 2 个，第三上臼齿为近圆形的齿环。成体臼齿具齿根，齿冠随年龄增长不断被磨损，老体的齿沟已高于齿槽；从齿沟的磨损程度即可判断年龄。

生活习性：长爪沙鼠属草原动物，在我国主要分布于干草原和荒漠草原。当这类环境被开垦后，土壤出现沙化，使它得以大量滋生，造成严重鼠害。在干草原、荒漠草原中它多栖息于锦鸡儿灌丛、塔拉（蒙古语，意为丘间小平原、滩地）、季节河道两岸。农田中则喜栖于田埂、撂荒地、农牧交界处及田间疏林地。村旁的小片地、院墙下、杂草丛生的场所也是其聚集之处。

以植物的绿色部分和种子为食。尤为喜食颗粒较大的种子；很少吃植物根部。在草原中大多采食一年生杂草及其种子。在农田中春季盗食作物嫩芽，常造成小麦、莜麦、谷子等作物缺苗断垄；夏季多采食杂草和早熟的种子，很少危害庄稼。但秋收季节，大量储粮，将已成熟的粮食盗入仓库，以备越冬。在中等密度下，每平方千米有 20～40 个洞系，可储粮 75～200kg。在农业大幅度减产的年份，该鼠发生地群众多有挖鼠粮度荒的。20 世纪 70 年代，内蒙古锡林郭勒盟某乡从鼠洞中挖出的粮食竟可按当地人口平均分配 30kg。长爪沙鼠在储粮时并不总是储存粮食作物；杂草籽，如苍耳、猪毛菜、滨藜、籽蒿等也是它喜储的种类。农田耕翻对长爪沙鼠密度有很大的控制作用。耕翻破坏了田间的沙鼠洞系，使其迁徙至田埂、荒地，这个过程可造成大批长爪沙鼠死亡。而我国北方旱作农田在夏季压青撂荒的农作习惯以及田间留下大田埂和废弃大片荒地的做法都有利于长爪沙鼠存活、储粮，应予纠正。长爪沙鼠所危害的主要是大田作物，如小麦、莜麦、谷子、糜、黍、豆类等。特别是秋收时将大量的粮食拖入洞内，造成严重减产。内蒙古阴山地区因其危害粮食产量年平均减少达 10%～20%，严重时达 50% 以上。长爪沙鼠的挖掘还加重了土壤沙化和草原植被的破坏。此外，它还是鼠疫等多种病原菌的携带者，曾多次造成鼠疫流行。

以白天活动为主。性多疑，出洞前先谨慎探望，确信无敌害时才出洞，一旦发现异常，立即逃窜入洞。其活动距离的半径达 100m 以上。有明显的占域、护域行为，如有其他鼠钻入洞口会被赶出。营群居生活；洞系结构复杂，由 4～20 个向心排列的洞口和地下纵横交错的洞道组成。窝巢位于最深处，距地面 50～150cm。仓库的数量多少不一；多则五六个；少则两三个。大的仓库可容 7～8kg 粮食。

发生规律： 繁殖期较长。食物充足、气候适宜的年份，四季均可捕到孕鼠。一般年份繁殖高峰在春末夏初；秋季储粮后亦有一短的繁殖期。妊娠期约 28d。产仔后，哺乳期 20d 左右。当年幼鼠在体重约 45g 时即可参加繁殖。生态寿命约为 1.5～2 年，种群数量的年度变动幅度很大，可相差 20 倍以上。而季节变动幅度一般不超过 3～5 倍。秋季数量与翌年越冬存活量相差达 4～5 倍。冬季积雪期长，越冬小气候稳定，有利于存活，春季鼠的基数高，数量就会急剧上升。

十五、子午沙鼠

学名： *Meriones meridianus* Pallas。

别名：子午沙土鼠、午时沙土鼠、黄尾巴耗子、黄老鼠。

分布：我国分布于华北、西北地区，北起新疆、青海、河北、内蒙古一线，南达豫北。国外分布在蒙古国、俄罗斯、伊朗和阿富汗。

形态特征：外形与长爪沙鼠相似；仅稍肥硕。成体体长105～150mm，尾被密毛，末端有小毛束，其长略小于体长。耳短圆，约为后足长的1/2；眼大。后足掌被密毛，仅前端有一小的裸毛区。体背沙黄或沙黄略带棕色，毛基暗灰，毛尖为黄棕色，中间鲜黄色。头部和体侧毛色稍浅。腹毛为纯白色；有些标本的腹毛毛基稍带浅灰色，但毛尖纯白。这是与长爪沙鼠的重要区别之一。尾上下同色，为均匀的沙黄色。尾端毛束因地区不同颜色从黄至黑褐色。爪白。头骨比长爪沙鼠稍宽大；颧宽约为颅全长的3/5。顶间骨宽大，背面明显隆起，后缘有凸起。听泡发达。门齿孔狭长，后缘达臼齿前端的连线。门齿唇面黄色，上门齿有1条纵沟。臼齿咀嚼面平坦，珐琅质被齿沟分为棱形齿环。第一上臼齿有3个；第二上臼齿有2个；第三上臼齿仅为圆柱形的齿环。成体臼齿具齿根，齿冠随年龄增长不断被磨损，老体的齿沟已高于齿槽；从齿沟的磨损程度即可判断年龄。

生活习性：子午沙鼠是亚洲中部荒漠、荒漠草原动物。广泛栖息于各类干旱环境。它们常聚集于小片适宜的生存环境。在内蒙古荒漠草原区的盐淖周围、农田间的沙丘上数量极高，100夹次的捕获率可达80%以上；远高于当地4%～7%的平均捕获率。在同一栖息地长爪沙鼠多分布于田埂、田间荒地，密度相对均匀，而子午沙鼠分布于灌丛、沙丘，密度不均匀。这也是草原动物与荒漠动物种群空间分布的差异。

子午沙鼠以草本植物、旱生灌木、小灌木的茎叶和果实为主要食物。一些带刺的灌丛，如狭叶锦鸡儿、沙兰刺头等亦为其所采食。春季还曾在其胃中检出鞘翅目昆虫的残片。在农区，它们盗食各种粮食作物，甚至葡萄干、西瓜、甜瓜、向日葵籽以及树木幼苗。子午沙鼠很少直接饮水，仅在秋季可见其采食带露水的叶子。笼养条件下，日食量为18～34g。夏季的日食量高于秋季。夜行性；白天极少出洞。活动高峰在22～24时，4～6时有一个小高峰。活动范围为60～870m，平均264m。觅食时趋于远离洞口；只有在交尾期或哺乳期才限于洞系周围。有随季节变化迁移觅食的习性，以寻找适宜的食源。其迁移距离一般不超过1km。秋季储粮时期，植物种子普遍成熟，食物丰富，沙鼠的活动范围也比较稳定。

发生规律：通常子午沙鼠以一雄一雌方式共栖。洞系多位于沙丘边缘或灌丛下，很少建于平地。洞系内有洞口2～4个，少数为单一洞口。洞内多分支和盲道、暗窗。仓库、窝巢、粪洞由洞道相连。窝巢位于最深处的干沙层，距地面 40～75cm；垫有草根、软草、兽皮等物。夏季的白天，沙鼠常将洞口堵住。临时洞结构简单，洞道长仅 1m 左右，无窝巢。春季交尾，产仔盛期在 5、6 月，大多越冬雌鼠繁殖 2 窝。7、8 月已很少有幼仔出现。食物充足的年份，在 9 月仍有部分雌鼠可产 1 窝。新疆木垒县曾发现 9 月的孕鼠占雌鼠总数的 80%，可见食物对沙鼠的繁殖影响甚大。每窝产 3～10 仔；平均 6 仔。幼鼠出生 1 个月后开始独立生活。年数量变动幅度较小。各年度的同一季节密度水平大致相同。但季节间数量差异较大。秋季数量约为春季的 5～10 倍。秋季种群中幼鼠约占 80%。荒漠绿洲、低湿沙地及荒漠灌丛中的数量高于砾土荒漠。而这类环境又多被开垦用于农业生产基地，这也是子午沙鼠成为西北地区主要农田害鼠的原因。

十六、布氏田鼠

学名：*Lasiopodomys brandtii* Radde。

别名：沙黄田鼠、草原田鼠、白兰其田鼠、布兰德特田鼠。

分布：我国分布于内蒙古中、东部地区及黑龙江、吉林、辽宁、河北等地。蒙古国和俄罗斯外贝加尔地区有分布。

形态特征：体型较小，略显粗笨；体长 90～125mm；尾短小，仅为体长的 1/5～1/4。体背沙黄色或黄褐色，腹毛浅灰，稍带黄色。尾毛上下均与背毛相同；尾尖毛较长。头骨与北方田鼠极相近，唯其鼻骨较长；其长度大于上颌骨前端骨缝；颞嵴发达；成鼠眶上嵴明显。门齿唇面黄色。

生活习性：布氏田鼠是我国北方干旱草原鼠种，其分布基本限于典型草原及其周边的农牧业交界地区，以"家族"为单位集中于同一洞系中。多栖息于植被退化的草场。挖掘能力很强，每一洞系有洞口七八个，多则二三十个；这些洞口在地面形成向心的洞系，其上被抛出的浮土覆盖，形成特殊的"土丘"景观。土丘上面多年生牧草被掩盖，代之以一年生杂类草，使牧场出现镶嵌式"土丘植被"。对草场生产力破坏严重。

在植物生长季节以植物茎叶为主要食物。其食性有季节性变化，这与牧草的鲜嫩程度和含水量有很大关系。春秋季节布氏田鼠对种子尤为嗜食，因而此时用毒饵杀灭的效果良好。不冬眠；秋季储存大量牧草。在许多地方都可发现冷蒿是其最喜储存的种类。每一洞系的存粮总量可达 10kg 以上。有人曾在农田附近的洞系内挖出 7.5kg 小麦粒。

对草原植被的破坏力强。当数量高时，不仅啃食牧草，造成草场载畜量大幅度下降；而且加速了植被退化、沙化。家畜踩塌鼠洞亦会造成腿骨损伤，是畜牧业的大敌。由于布氏田鼠的密度变动快，挖掘作用期长；不能单纯以其数量指标衡量其危害程度。而需要综合植被、土壤、鼠的分布型以及地区特点来评价其危害等级。另一方面，土壤、植被被鼠侵害后如及时封育可使草场加速良性演替。

主要在白天活动；秋季及初冬是布氏田鼠储粮期，活动最为频繁。几乎整天都在忙于往仓内储草。这时地面会形成清晰的长达几十米的跑道。通常活动范围在 100m 以内，洞系结构复杂而浅；地下洞道纵横交错；其结构可分为仓库、巢室、粪洞、暗窗、盲道。仓库多位于洞系周围。巢室位于洞系中部最深处，距地面仅 20～40cm。

发生规律： 4 月下旬可见到初生幼仔。5 月上旬至 7 月中旬是幼鼠大量出生的时期。这期间越冬鼠多已产 2 窝，第一批当年出生的幼鼠也参加了繁殖。一般年份，多数个体繁殖 2 窝，少数可产 3 窝。数量高峰年多数个体繁殖 3 窝，甚至有些产 4 窝。每胎产 5～10 仔，最多 15 仔。生态寿命约 14 个月。但在实验室饲养条件下可存活 2.5 年种群繁殖力强；各年度与季节间的数量变动幅度很大。

十七、棕色田鼠

学名： *Lasiopodomys mandarinus* Milne-Edwards。

别名： 北方田鼠、维氏田鼠、地老鼠、麦截子。

分布： 吉林、辽宁、河北、山东、河南、山西、安徽、江苏、内蒙古等省、自治区。

形态特征： 系小型田鼠，体圆筒状，静止时缩成短粗的小球状。成体体长 88～115mm，平均 102mm。头部钝圆，眼极小，耳短，略露出毛外。尾长 17～27mm。后足长略短于尾长。体毛厚而长，背中部的冬毛可达 11mm。体背棕黄或棕黑色，有光泽，中部杂有黑毛而略显深。体侧毛色较浅，为黄褐色。腹毛灰白色，毛基灰色。尾背面与体背部同色，腹面较淡。足背稍带白色，腹部浅黄色。夏天体色较淡。头骨宽，脑颅平扁，与布氏田鼠相近。其区别在于鼻骨后缘短于前颌骨后缘。门齿孔长而窄，呈裂隙状。眶间宽小于 3.3mm。眶上崤、颞崤均不明显。

臼齿无齿根，第一上臼齿内外侧均有 3 个突出角。第二上臼齿的横叶后外侧有 2 个，内侧有 1 个突出角。第三上臼齿的横叶后内外侧各仅 1 个突出角。第一下臼齿后横叶前有 2 个外侧和 3 个内侧突出角。

生活习性： 北方田鼠属东蒙温旱型种类，多栖息于灌丛、草坡及河流沿岸土层较深厚或沙质较重的环境中，尤其在草被茂盛的凹地、水渠两旁、稻田田埂等处最多。地面裸露、平坦的耕地和坡脊较少见。以植物的根、茎及块茎为食。喜食多汁的植物根部。对大田作物、蔬菜、苗木造成很大危害，有时缺苗断垄的损失达 25%～50%。洞系亦常使渠堤漏水，甚至造成崩塌事故。群居，一个洞系一般有 4～6 只，多达 16 只。营地下生活，但也时常到地面活动。有推土封洞的习性，当其开洞后一般 7～15min 即将其堵住。洞道结构复杂。一个完整的洞系占地 75～150m²，个别洞系长达 85m。洞系的内部有洞道、仓库、窝巢等。地面有数量不等的土丘，一般为 25～28 个，多则 50～85 个。土丘比鼢鼠土丘小得多，约 18cm×20cm×14cm。洞道分上下两层，上层为取食道，距地面 10～15cm，有许多分支；下层是主干道，距地面 20～45cm，干道通向仓库和窝巢。窝巢内铺两层垫草，外层较粗糙，内层较柔细。有两条通道，一条通向干道，另一条为应急道。仓库的数量不等，多的有五六个，其深度为 44～85cm，内可储粮草 1kg 以上。

发生规律：一年可生育多次，3 月是全年的第一个繁殖高峰，雌鼠的妊娠率高达 46.15%，8 月是第二个繁殖高峰，雌鼠妊娠率达 39.24%（张俊等，1984）。每胎 2～4 仔，平均 3.45 只。

十八、黑腹绒鼠

学名：_Eothenomys melanogaster_ Milne-Edwards。

别名：黑线绒鼠、绒鼠，俗称猫儿老壳耗子、地滚子。

分布：我国主要分布于浙江、福建、甘肃、陕西、安徽、江西、湖北、湖南、广东、广西、四川、云南、贵州、台湾等省、自治区。国外见于印度阿萨姆、缅甸北部和中南半岛。

形态特征：黑腹绒鼠体较粗壮，尾较短，仅及体长的1/3左右。毛色：体背棕褐色，毛基黑灰，毛尖赭褐色；背毛中杂有全黑色毛；口鼻部黑棕色；腹毛暗灰色，但中央部分毛色稍黄；足背黑棕色；尾上面毛色同背，下面同腹色。颅骨平直，眶间较宽，颧骨略外突；眶后嵴、人字嵴及矢状嵴均不明显；腭骨后缘无骨质桥。第一臼齿外侧 3 个、内侧 4 个突出角，第二上臼齿有 2 对称相连的三角形齿环。

据对贵州省余庆县 2000—2008 年捕获的 51 只黑腹绒鼠形态特征统计，平均体重为 27.90g±0.75g（13.46～34.50g），平均胴体重为 20.14g±0.59g（9.58～27.00g），平均体长为 97.35mm±1.19mm（70.00～110.00mm），平均尾长为 37.75mm±0.67mm（25.00～45.00mm），尾长明显短于体长，尾长

仅占体长的 38.64%。经 t 测验，黑腹绒鼠两性之间体重、胴体重、体长、尾长无显著性差异。与国内其他地区黑腹绒鼠形态特征比较，贵州省余庆县黑腹绒鼠平均体重 27.90g±0.75g（$n=51$），与浙江义乌地区平均体重 26.75g±0.77g（$n=88$）比较，差异不显著（$t=1.07<t_{0.05}$），但明显高于四川安县黑腹绒鼠平均体重 23.90g±0.67g（$n=42$）和陕西平利地区黑腹绒鼠平均体重 17.13g±2.45g（$n=5$），差异极显著（$t=3.99>t_{0.01}$；$t=3.68>t_{0.01}$）；余庆县黑腹绒鼠平均体长为 97.35mm±1.19mm（$n=51$），与四川安县黑腹绒鼠平均体长 98.49mm±0.28mm（$n=166$）比较，差异不显著（$t=0.93<t_{0.05}$），与陕西平利地区黑腹绒鼠平均体长 95.20mm±4.78mm（$n=5$）比较，差异亦不显著（$t=0.39<t_{0.05}$）；余庆县黑腹绒鼠平均尾长为 37.75mm±0.67mm（$n=51$），尾长占体长的 38.77%，与贵阳地区黑腹绒鼠尾长占体长的 40.64% 比例相接近。说明同一种鼠类在不同地区之间形态特征具有相对稳定性和差异性，尤其是体重易受食物和环境的影响。

生活习性：黑腹绒鼠多栖息在树林、灌丛、草丛、农田等生境中，对林业和农业生产都有危害，以植物绿色部分为食，亦啃食树皮，环剥茎基部，是林业的主要害鼠，也传播恙虫病、钩端螺旋体病。黑腹绒鼠在不同地区之间种群密度和种群组成比例不同，在贵州省余庆县旱地耕作区密度较低，平均捕获率仅 0.24%，低于浙江西天目山 0.53%、浙江金华地区 1.17%。在贵州省余庆县黑腹绒鼠占总鼠数的 5.60%；而在四川安县黑腹绒鼠占总鼠数的 36.95%，是川西北林区的优势鼠种；在浙江西天目山和金华地区高达 90.20%，主要分布在当地海拔 1 000m 以上的山地。

黑腹绒鼠选择的生境是土壤肥沃而疏松，腐殖质厚，乔木郁闭度在 0.7 以下，灌丛盖度低于 50%，雨量充沛，林下较潮湿，以莎草科和禾本科植物为主，不但盖度在 90% 以上，而且在地表有较厚的枯草层的生境。

黑腹绒鼠是一种掘洞能力很弱的鼠类。洞系在杂草和腐殖质下面，这也是它们选择有较厚杂草和腐殖质的生境之原因。在洞系中不断有向土层下掘 20cm 以内的盲洞。盲洞内储有一些针叶或果实，或花穗等食物。很少见超 20cm 深的土洞，偶见都是沿树根深入（尤其是直根系的树种，如油松。它们的根有松土作用，便于黑腹绒鼠挖掘）。黑腹绒鼠洞系的功能区分不明显，不像竹鼠、鼢鼠、沙鼠等其他鼠类洞系分储藏室、卧室、厕所等。冬季未见有储粮习性，故冬季也会觅食。

发生规律：黑腹绒鼠的种群数量无周期性波动，季节变化在不同地点也不一致。在生态条件较恶劣的地方，种群数量和繁殖都只有一个高峰期；在生态条件较好（海拔在 1 500m 以下，气候温暖、湿润，土壤肥沃，植物多样性丰富）的地方，1 年有两个数量高峰期和繁殖高峰期。一个高峰期多出现在 9 月或 10 月；两个高峰期多出现在 2～3 月和 9～10 月。

黑腹绒鼠种群数量变化不同地区之间存在显著差异，其种群数量的变化与当地的地理环境、气候条件、食物条件和农业生产活动等因素有着一定的关系。黑腹绒鼠在贵州省余庆县不同季节种群数量具有明显差异，以秋季最高，仅在 11 月出现 1 个数量高峰，这与当地黑腹绒鼠在秋季出现繁殖高峰密切相关，但与浙江西天目山和金华地区黑腹绒鼠在 5～6 月和 9～10 月出现两个数量高峰的研究结果有所不同。

黑腹绒鼠繁殖高峰出现早迟和次数具有明显的地区差异。在贵州省余庆县仅在秋季出现 1 个繁殖高峰，在浙江西天目山和金华地区黑腹绒鼠的两个繁殖季节分别在早春和秋季；在四川茂汶县繁殖时间主要集中在 4～5 月和 9～11 月；而在安徽天目山地区只在 2～4 月出现 1 个春季繁殖高峰。

黑腹绒鼠胎仔数较少，不同地区之间黑腹绒鼠胎仔数是不一样的，随纬度增高，胎仔数可能有增加的趋势。

肥满度和胴体重指标作为鼠类对环境适应的生理状态、营养状况的综合指标之一，可以反映鼠类身体状况，有助于从内因阐述鼠类的生长发育情况，也能提供一些分析种群动态有价值的信息。对贵州省余庆县 2000—2008 年捕获的 51 只黑腹绒鼠（雌鼠 21 只，雄鼠 30 只）肥满度和胴体重指标进行分析表明：黑腹绒鼠平均肥满度和胴体重指标分别为 3.03±0.06、2.05±0.05，雌、雄鼠之间差异均不显著；不同年龄组之间肥满度差别不大，不同年龄组之间胴体重指标具有极显著差异，且随种群年龄的增长，胴体重指标不断增加；肥满度的季节变化趋势为秋季＞春季＞冬季＞夏季，季节性差异不显著；胴体重指标的季节变化趋势为春季＞秋季＞夏季＞冬季，季节性差异显著。

国内学者将黑腹绒鼠种群划分为 4 个年龄组和 5 个年龄组。由于黑腹绒鼠的臼齿无齿根，不宜用臼齿磨损度和齿根的长度划分其种群年龄，国内学者先后提出了黑腹绒鼠各种年龄鉴定指标，如体长、体重、胴体重、雄性阴茎骨近支基底高，并制定各年龄组的划分标准。对贵州省余庆县 2000—2008 年 51 只黑腹绒鼠（雌鼠 21 只，雄鼠 30 只）以体重、胴体重指标划分种群年龄，根据体重、胴体重频次分布特征，参照繁殖状况，将黑腹绒鼠划分为 5 个年龄组，各年龄组的体重划分标准是：幼年组（Ⅰ）：体重小于或等于 18.0g；亚成年组（Ⅱ）：18.1～23.0g；成年Ⅰ组（Ⅲ）：23.1～28.0g；成年Ⅱ组（Ⅳ）：28.1～33.0g；老年组（Ⅴ）：33.0g 以上。各年龄组胴体重划分标准：幼年组（Ⅰ）：胴体重小于或等于 13.0g；亚成年组（Ⅱ）：13.1～17.0g；成年Ⅰ组（Ⅲ）：17.1～21.0g；成年Ⅱ组（Ⅳ）：21.1～25.0g；老年组（Ⅴ）：25.0g 以上。不同年龄组之间体重、胴体重、体长、尾长具有极显著差异，不同年龄组种群繁殖力存在明显差异，随着种群年龄的增长，种群繁殖力不断增加，成年Ⅰ组、成年Ⅱ组和老年组是种群繁殖的主体，平均怀孕率为 68.42%，平均胎仔数为 2.31 只，平均睾丸下降率为 91.67%。种群年龄结构存在着明显的季节变化。

十九、大绒鼠

学名：*Eothenomys miletus* Thomas。

别名：小亚细亚绒鼠、嗜谷绒鼠。

分布：云南、贵州和四川省。

形态特征：体型较大，颅全长多数超过 26.5mm；第一上臼齿具 4 个内侧角突，第三上臼齿具 4 个内侧角突；门齿孔略粗，长约 4~4.5mm，其长度仅为宽的 3 倍。体形似小鼠，体重 22~60g，体长 90~127mm，尾长 33~70mm，耳长 7~20mm；吻部较短而钝，颈部较短，眼小，耳呈椭圆形；被毛短；前后足较短，后足较前足大；尾短不及体长的 1/2，尾毛较短，尾尖具一束毛丛。被毛细柔而厚密，吻鼻部毛较短；毛色较暗，眼周和额部毛稍短，棕褐色、茶褐色或黑褐色；耳毛少而短，耳缘黑褐色；背部毛由颈直至尾基暗棕褐色或黑褐色，毛基青黑色；体侧稍浅于体背，从背脊部往下逐渐变淡；颏、喉部暗灰色，胸腹部至鼠鼷部毛基青黑色，毛尖为暗褐色；足背黑褐色，趾（指）边缘具白色毛；掌垫黑褐色，尾毛稀短，黑色，尾腹较浅，淡茶黄色或灰黄色，尾尖毛丛黑褐色。

生活习性：栖居西南地区海拔 800~3 000m 左右的亚热带季风常绿阔叶林、农田、针阔混交林及其林缘稀树灌丛。夜间活动，以鲜嫩的浆汁植物、草的根茎和种子为主要食物，兼食少量昆虫。主要栖息地：①平坝居民带：海拔 2 000~2 500m 的宽谷平坝。平均气温 11℃，年降雨量 866mm。土地已开垦，种植水稻及豆类、麦类。山坡有云南松，山麓多灌丛。②松林及山间耕地，海拔 2 500~3 000m 的山地及耕作区，年均气温 9.1℃均降水量 1 030mm。山地广布云南松，沟谷有常绿及夏绿阔叶林。山麓多乌饭、矮刺栎等灌丛。区内多沟谷及山间小盆地，山麓及田间地埂灌木丛繁茂，水源食物丰富，为野栖啮齿类的优生境。③高山暗针叶林带，位于海拔 3 000~4 000m 的高山区。年均气温 6.5℃，年均降水量 1 168mm，相对湿度 67%。植被以丽江云杉、长苞冷杉、云南铁杉为建群种。林间空地为高山草场及杜鹃、矮刺栎灌丛。有较多种的古北界动物分布。④砾石堆及稀疏杜鹃灌丛带，海拔 4 000~4 300m 的地区。气候寒冷，土壤贫瘠，植被稀疏。其中大绒鼠占鼠类总数的 41.63%。大绒鼠在云南的栖息环境较广泛，除高山草甸灌丛外，均有其踪迹，其中以农耕区及灌木丛地区为最适宜的栖息环境。

发生规律：乳头 2 对，产仔少，每年 1～2 胎，每胎 2～3 仔；危害农作物根茎，毁坏树苗，是林区鼠疫主要宿主动物，还可传播钩端螺旋体病和流行性出血热。

二十、棕背䶄

棕背䶄是我国北方林区鼠类的优势种或常见种。对幼林抚育、苗圃建设危害甚大。它们啃食树木，刨食直播的松子及幼芽，造成大批林木死亡或生长不良，在东北各大林区尤为突出。可传播森林脑炎等疾病。偶见进入林边农田危害，以玉米田较多见。

学名：*Myodes rufocanus* Sundevall。

别名：林鼠、红毛山耗子。

分布：我国分布于黑龙江、吉林、辽宁、内蒙古、新疆等省、自治区。

形态特征：外形与红背䶄十分相似，唯稍小。成体体长 90～130mm。尾长约为体长 1/4～1/3。四肢短小，后足长 17～21mm，耳长 10～19mm。颅全长 24.5～28mm，宽 14～15.5mm，下腭长 12.4～13.8mm，乳突宽 11.7～13.2mm，眶间宽 3.4～4.3mm，鼻骨长 6.1～7mm，听泡长 7.1～8mm，上颊齿列长 5.8～6.5mm。染色体数 $2n=56$（寿振黄，1962；黄文几等，1995）。足掌前部被毛。足垫 6 枚，半隐于毛内。体背为棕褐色，毛基灰黑色，杂有少量黑毛。吻及体侧黄灰色，腹毛污白，中央部分微黄，尾部背面与体背色相同，腹面浅，与体侧相同。尾上下两色，上面灰黑色，下面灰褐色，有的带白色；后足背面褐灰色或带灰白色。

幼鼠毛色较深，呈深褐色。头骨较短粗；眶间宽狭窄，小于 3.3mm，具眶上嵴。这也是与红背䶄的区别，红背䶄的眶间宽大于 3.3mm，无眶上嵴。颅骨腹面腭骨后缘中间无纵嵴，左右无陷窝，这是䶄属和田鼠属在颅骨方面的重要区别。眶是中央有下凹纵行浅沟。鼻骨后端几乎平直，为前颌后端所超出。臼齿齿型与田鼠属一般种类相似，但幼鼠臼齿无齿根，较老个体一般上臼齿前后横叶及三角形的凸角均圆而不锐。第一上臼齿在前叶之后有 4 个闭合三角形；第二上臼齿 3 个；第三上臼齿也有 3 个，但后端一个三角形与最后齿叶相通，第一下臼齿除前端齿叶外，在最后横叶之前有 4 个闭合三角形。

生活习性：棕背䶄是欧亚北部寒湿种类。我国北方各地山脉针叶林、针阔混交林、林缘灌木丛及林缘草甸均有栖息。喜栖于林内灌木较多的背风向阳处。当林地被伐后，原生活于此地的优势种红背䶄消失，而棕背䶄上升为优势种。棕背䶄以夜间活动为主，活动距离可达 200m 以上。以植物绿色部分为主要食物。喜食嫩芽、嫩叶。在冬季以树种子、灌木浆果为主食。亦啃食树皮，尤其冬季严重损害松树幼株的韧皮部。

洞穴结构比较简单，在草丛、树根、朽木或枯叶层下筑巢。

发生规律：大多年产 2 胎，少数可产 3 胎。4 月进入繁殖期，9 月停止。妊娠期 21d。种群的数量具有较明显的周期性，一般每隔 3～4 年出现一个高峰。常与松籽收成丰歉相关。

第三节　鼹形鼠科（Spalacidae）

一、中华鼢鼠

中华鼢鼠是农、牧、林区重要害鼠。盗食农作物禾苗和种子，啃食树根、树皮和苗木、破坏草原植被，对农、牧、林业危害极大。但其皮张轻柔，毛致密而带丝光，可制衣服，售价很高。肉可食，亦可药用。

学名：_Eospalax fontanierii_ Milne-Edwards。

别名：甘肃鼢鼠、原鼢鼠、串地龙。

分布：我国特有，分布于甘肃、青海、宁夏、内蒙古、北京、河北、陕西、山西、河南等地。

形态特征：体型较粗大；前爪特别粗大，第二和第三趾几乎相等。耳小，隐于毛中；尾较长，相当于体长的 26%～27%，尾毛稀少。吻上方两眼之间有一较小淡色区，额部中央有一小白斑。头、背部呈鲜亮锈红色或灰褐色；腹面灰黑色，毛尖带锈红色；尾、足背白色或淡灰色。体背面灰褐色发亮，或暗土黄色而略带淡锈红色。体毛细软且光泽鲜亮，无毛向。毛基灰褐色，毛尖锈红色。唇周围以及吻部至两眼间毛色较淡，灰白色或污白色。额部中央有一块大小、形状多变的白色斑。腹毛黑灰色，足背与尾毛稀疏，为污白色短毛，乳头 4 对。

颅骨特征主要是颞嵴左右几乎平行，上枕骨从人字嵴起逐渐向后弯下。鼻内后缘中间有 1 缺刻，其后端一般略超过前额骨后端，眶上嵴不甚发达；门齿孔一部分在前额骨范围内，另一部分在上颌骨界限内。颅骨较宽，约为长的 70.2%，后头宽约为颅全长的 65.2%；颧弧后部较宽。

生活习性：主要栖息在黄土高原和次生黄土的农田、林地、荒地、山坡、草场及河谷中，尤以丘陵区分布密度最高。在海拔3 800～3 900m的高山草甸也有分布。终生营地下生活，夜间有时到地面活动。洞道复杂，觅食道很长，弯曲，多分支，距地面约0.1m；上有大小不等的小土丘，地表可见，直径一般30～60cm，洞道内分工明确，有巢室、便所和多个仓库，巢室在0.5～1.8m深处。独居，雌性窝较深。食马铃薯、花生、甘薯、豆类等植物及杂草根、茎等；有储食习性。

昼夜都有活动，白天只在地下挖掘觅食，这时它们常把植物的地下部分咬断，拖入洞中储藏。有时可将整株植物拖入地下。然后咬成小段，相当整齐地储藏于仓库中。夜间，也间或以地面上活动，将地面的作物种子如玉米棒拖入地下储藏，曾在一个鼢鼠的临时仓库中发现1 600g的整个玉米棒。曾在陕西2hm² 地中的鼢鼠洞中挖出马铃薯300kg。

食物谱广，包括植物种类70多种，喜食小麦、油菜、马铃薯、豆类、甘薯、胡萝卜、玉米、荞麦、苜蓿、青稞、棉花、韭菜、大葱等大多数农作物种苗和植物的块状根、茎、果实和种子以及牧草。有时甚至啃咬部分果树的根部。幼体和亚成体的日食量60g左右，成体日食量200g左右。

发生规律：春季开始繁殖。繁殖时间各地不一，每年可繁殖1～2次以上，每胎1～8仔，2～4仔常见。没有冬眠习性。

二、罗氏鼢鼠

学名：*Eospalax rothschildi* Thomas。

分布：分布于甘肃、宁夏、陕西、湖北、四川。分布区较狭窄，西达岷山，东至大别山，北到秦岭，南抵长江，是农牧业的重要害鼠之一。

形态特性：外形与东北鼢鼠相似；为体型较小的鼢鼠。成体体长多为150～165mm；尾长有密毛，其长为29～31mm。四肢较弱小，前趾和爪较其他鼢鼠细弱。体背与体侧均为灰褐色，毛基灰褐色，毛尖锈红色；腹毛灰色，杂有锈色调；头部灰色，额与眼间带少许白色的毛，但不成白斑。鼻吻部与唇周纯白色；尾污黄色，基部较深，向后逐渐变浅，末端已成污白色。足背灰褐色，近趾端为污白色。头骨小，颧弓扩展。枕骨斜向弯下。顶嵴不发达。门齿强大，唇面黄色。第三上白齿只有2个较深的凹陷角。

生活习性：主要栖息于高原与山地的森林、灌丛、草甸和农田。其分布范围达海拔1 000～3 900m。喜生活在土质松软、深厚的地带。多石砾、排水不良及密林中数量极少。食性较杂，以植物根系和茎叶为主；几乎各种农作物、蔬菜都吃。树根、杂草和药材也是采食对象。觅食时咬断根系或将整株植物拖入洞中，造成缺苗断垄。春季挖食种子和越冬植物，如苜蓿的根，危害幼苗。秋季储粮期将大量的粮食和作物搬入仓库，马铃薯、豆类的损失最为突出。一个洞系储存的马铃薯可达几十千克。对当地的药材生产也构成极大危害，天麻、党参、牛膝等损失常超过 10%～20%。它还在冬季啃食树根，松树、漆树、豆科林木都是危害对象。四川岚皋县高密度地区达 150 只/km²，2 年生的漆树苗被害率达 48.6%。此外，在灌溉区，其洞系还造成水渠跑、冒、渗、漏。

洞系结构与中华鼢鼠相近，有洞道、窝巢、仓库、粪洞等，唯觅食道较浅，距地面仅 5～10cm。地面土丘较小，大多不明显；这是与其他鼢鼠不同之处。每一洞系有仓库和食物存放点约 10 多处。

发生规律：1 年只产 1 窝；每窝 2～5 仔。一般 4 月发情交尾，5、6 月大量幼鼠产出。幼鼠出生后 30～45d 与母鼠分居，独立生活。昼夜活动，觅食以白天为主；夜间偶尔到地面活动。不冬眠，冬季不完全靠仓库存储生活，仍需补充新鲜食物。

三、东北鼢鼠

学名： *Myospalax psilurus* Milne-Edwards。

别名： 华北鼢鼠、地羊、瞎老鼠、盲鼠、瞎摸鼠子。

分布： 在我国主要分布于黑龙江、吉林、辽宁、内蒙古、河北、山东、河南、安徽、北京、天津。国外分布于蒙古东北部、俄罗斯贝加尔东南部与远东地区。

形态特征： 外形与中华鼢鼠极为相似，稍大。其主要区别是东北鼢鼠尾短而裸露。其长度约与后足长相等，且无毛。体背毛棕灰色，毛尖为深棕色。部分个体额部有一不规则白斑。腹毛灰色。足背部长有稀疏白毛。头骨与中华鼢鼠相近，区分在于东北鼢鼠的人字嵴处的棱起较弱，枕骨在人字嵴垂直向下，呈截切面。上臼齿的齿沟较弱；第三上臼齿的末端无小突起。

生活习性： 比中华鼢鼠更为耐寒，在我国的分布范围限于华北、东北温带、寒温带的季风区。喜栖息在土质黏重或偏黏的壤土中。但亦曾在河北永定河沿岸的沙土地中捕获。多见于丘陵、低山、谷地的林缘、灌丛及湿润草甸；以草甸草原和田间荒地的密度为最高；干燥的丘陵顶部和密林中极少见到。在燕山山脉、华北平原与中华鼢鼠的分布区相重叠。

食物以植物的地下部分为主，也吃绿色茎叶和种子。每 667m² 若有 5 个鼠巢，每年秋冬的粮食损失约有 60kg，甚至更多。活动无明显的昼夜区别；

6～9时和18～21时为活动高峰；雨后常可见有较多的土丘出现。营独立生活。雌鼠洞系较为复杂，分支和仓库数量都多于雄鼠。洞系结构与中华鼢鼠相似，唯其洞道距地面较浅，有时仅10cm左右。在地面可见拱掘洞道留下的龟裂纹。危害的主要作物有甘薯、花生、马铃薯、胡萝卜、小麦、玉米等。对草原植被也有一定危害。特别在刈割草场，形如满天星的土丘对刈割机械损坏严重，是牧业生产的大敌。鼢鼠的挖掘活动对水利设施、渠道也有一定的危害；甚至黄河岸边的村庄曾发生多起致民房倒塌的事故。

发生规律：繁殖在4～6月进行。每年产1窝，每窝2～4仔。在黑龙江地区，夏季仍繁殖，1年可产2窝。幼鼠大多在出生后50～60d与母鼠分居。种群数量变动幅度较小，且密度比中华鼢鼠低。华北平原平均每平方千米约5只，最多为7只。但其挖掘和盗食对农业生产的危害都不容忽视。

四、秦岭鼢鼠

学名：*Eospalax rufescens* J. Allen。

别名：高原鼢鼠、瞎老鼠，藏名：塞隆（译音）。《中国动物志》（2000）记述的高原鼢鼠（*Myospalax baileyi*）应是秦岭鼢鼠高原亚种。

分布：我国特有种，仅分布于高原区，见于陕西、甘肃、四川、青海等地。

形态特征：体型粗壮，吻短，眼小，耳壳退化为环绕耳孔的皮褶，不突出于被毛外，眼小，鼻垫呈僧帽状（三叶形）。尾短，其长超过后足长。尾覆有污白色密毛。四肢较短粗，前、后足上面覆以短毛，后足背面覆以密毛。前足掌的后部具毛，前部和趾部无毛，后足掌无毛。前足趾爪发达，适应于地下挖掘活动，前足2～4趾发达，特别是第三趾最长，后足趾爪显然短小。躯体被毛柔软具光泽。鼻垫上缘及唇周污白色。额部无白色斑块。成体被毛呈棕灰色（幼体呈蓝灰色），毛尖发红。体长平均约197cm，体重平均267g，最大雄体体重可达500g以上。

鼻骨较长，前端宽、后端窄呈长梯形。两鼻骨前缘联合处的凹入缺刻很浅，鼻骨末端呈钝锥状，一般其长明显超过颌-额缝水平，嵌入额骨。前颌骨下延包围门齿孔。两顶嵴在前方不相会合。枕嵴强壮，枕中嵴不发达或缺如。第三上白齿具一较大的后伸小叶。

生活习性：主要栖息于高寒草甸、草甸化草原、草原化草甸、高寒灌丛、高原农田、荒坡等比较湿润的河岸阶地、山间盆地、滩地和山麓缓坡。主要采食杂类草肥大的轴根、根茎和根蘖的地下部分。也常将植物地上部分的茎叶拖入洞道内取食或作巢内铺草。对于禾本科植物、除偶食其根茎和嫩叶外，其他部分很少取食。基本不取食禾本科植物的须根和少汁液的根茎。鹅绒委陵菜（旗麻）和细叶亚菊在秦岭鼢鼠的食物中占有重要地位，前者的块根和后者的地下茎是秦岭鼢鼠为越冬而搜集的主要储藏食物。洞道可分为取食洞、交通洞、朝天洞和巢穴等结构。取食洞道约距地表 6.10 cm，洞径 7.12cm，是取食活动中掘出的洞道；交通洞道一般距地面约 20cm，是由主巢至取食洞道的比较固定的通道，洞壁光滑，洞径较粗大，在洞道附近常建有储藏食物的洞室；交通洞道下方、主巢上方的是朝天洞，一般每一洞道系统有 1、2 条向下连接主巢或成锐角连接主巢；主巢距地面约 50～200cm。雄性主巢距地面的较浅，雌性主巢距地面的较深。在主巢中有巢室、仓库与便所。巢室较大，直径约 15～20cm，内垫干燥柔软的草屑。仓库内储存有整理有序的多汁草根、地下茎等食物。此外，洞系中尚有一些侧支盲洞。一个洞系一般只栖居 1 只成年鼠。

秦岭鼢鼠虽长期生活于黑暗、封闭的环境中，但仍表现有明显的昼夜节律。根据 80 只标记鼠活动监测，夏秋季每日挖掘和采食活动出现 2 次高峰。春季及入冬前呈 1 次高峰，集中在下午和前半夜，占日活动总频次的 79.7%，其原因是这一时期上午低温，地表处于冻结状态，午后地表温度回升，浅层土壤解冻，得以进行挖掘活动。通常，秦岭鼢鼠在每天日落后数小时内出现挖掘采食活动高潮，此时大多数个体在巢外浅层洞道中活动。采食挖掘活动一般在距地表 10～20cm 的地下，夏季往往更浅，甚至紧贴地表取食。巢外活动与土壤温度变化有密切相关性，在巢外活动期间，相应的土壤温度一般为 0.15℃。冬季，秦岭鼢鼠的活动仅局限于主巢范围，且多在黄昏前后至午夜。

发生规律： 秦岭鼢鼠婚配方式可能为杂婚式。雄鼠先出巢活动，约 7d 后，雌鼠才相继出巢活动。雌鼠发情期不甚一致。雌鼠活动范围较小，每日到主巢外活动的时间亦短，一般仅 2～3h，且多在黄昏前后。雄鼠则往往远离主巢，经常出现在邻近雌鼠巢区。4 月中下旬是交配高峰期，此时雄鼠活动范围大、活动时间长，有时达 10h 以上。5 月 10 日前后，已是交配后期，对 20 只标记鼠的洞系全部予以解剖，其中 7 只雄鼠的洞道保持畅通，而雌鼠巢区内大部分洞道已被堵塞，许多原记录为活动点地段的洞道已成盲洞。说明雌鼠在交配后封堵大部分洞道，不再与雄鼠来往。秦岭鼢鼠的交配活动是在雌、雄鼠洞道交汇处完成的。

秦岭鼢鼠是典型的独居性动物。除育幼期外，每只动物均有其独立的巢区，构成独自封闭的生活和防御系统。巢区大小随季节呈有规律的变化。春季繁殖期（4～6 月），雄鼠巢区明显大于雌鼠的，在其他季节则比较接近。雌、雄鼠巢区在空间分布上常常呈现间隔分布，即呈现雌、雄鼠彼此相间的镶嵌式格局，这给繁殖期的觅偶创造了有利的条件。野外工作发现，当从一个洞系中捕走一只成体后，往往在几小时至几天的较短时间内，在原置放捕鼠器时被暴露的洞口处又会有新土丘或新土出现。再次置放捕鼠器又可捕得另一成年或亚成年个体。从在野外栖息地上 6～7 月捕获到较多年轻个体的体重来看，可确定 70 日龄左右为年青个体与亲鼠分居时期。1 年繁殖 1 次。繁殖期为 3～7 月。从 3 月下旬开始陆续进入交配期，高峰期在 4 月上、中旬。产仔期集中在 5 月中、下旬。哺乳期较长，约为 50d。室内饲养的成年雄鼠亦观察到冬季发情现象。雌鼠未观察到冬季发情个体。

雌、雄鼠发情的标志：雄鼠以睾丸下降至阴囊为发情标志。此时对精液镜检可看到活动精子。雌鼠发情时，乳房膨大，外阴肿胀、潮红、湿润。发情雌鼠阴部自然外翻。

雌鼠交配后形成长约 1cm 的柱状凝冻样的阴道栓。阴道栓可以作为发情雌鼠完成交配和初孕的指示物。根据阴道栓确定雌鼠的交配时间，将捕获具有阴道栓的初孕鼠移入室内饲养至产仔，确定秦岭鼢鼠的妊娠期为 40.4d± 3.9d。平均产仔数为 2.91 只±1.08 只，产仔数的变幅为 1.5 只。出生仔鼠雌鼠显著多于雄鼠。在室内将发情的雌、雄鼠合笼，可观察到明显的求爱行为，求爱与交配无明显时间间隔。完成一次求爱行为系列程序即行爬跨试图交配。开始时，雄鼠主动试探，接近、追逐雌鼠；一旦接近则表现为亲昵，用头拱、嗅闻雌鼠臀肛区；用前肢抓打雌鼠背部，伸颈咬住雌鼠背部，尔后边爬跨边拖拥雌鼠，同时臀部贴近试图交配。在求爱过程中，雌鼠一般多有逃避、鸣叫。在自然栖息地，发情秦岭鼢鼠是在雌、雄鼠洞道相通的交汇处进行交配的。对 10 只临产孕鼠产仔过程观察表明，产仔多在白天。全过程所需时间从 10 余 min 到近 9h。产仔过程概述如下：弓身颈背着地，后肢蹬直或悬于空中，前肢抓搔外阴，吻拱腹部、外阴部；翻身身体前翻、侧翻，借助身体下部前摔力助产；一般仔鼠头部先出产道口；用门齿咬断脐带，拱舔仔鼠；舔阴、清除血污，食胎盘；产间休整或静歇，或清洁自身，或边取食边照护已产出的仔鼠。产仔过程中常见雌鼠腹部大幅度的抽动，并伴有"咕、咕、咕"的鸣声和牙齿叩击的"咯唔"声。

五、草原鼢鼠

学名：*Myospalax aspalax* Pallas。

别名：阿尔泰鼢鼠、达乌里鼢鼠、梨鼠、瞎老鼠、地羊。

分布：在我国分布在内蒙古、黑龙江、吉林、辽宁、河北以及山西北部。

形态特征：体型似东北鼢鼠，体重平均 250g，毛色一般为银灰色略带淡赭色，或暗灰褐色有时带赤色调，毛基灰色，吻部毛一般带白色；额通常无白斑，尾毛稀短白色，后足背面亦被有白色短毛。前肢爪和其他鼢鼠的一样也很粗大。乳头 3 对，胸部 1 对，腹部 2 对。

颅骨背面呈现平直，前端低，后端高，从侧面观也呈三角形，在人字崤后枕骨呈截面，几乎与颅顶面垂直；两侧颞崤平行。吻部较东北鼢鼠的宽；头骨后端上缘带弧形；鼻骨后缘中间常无缺刻，并在前额骨界限内，但其后端离第一上臼齿前缘基部相距 3.8mm，较东北鼢鼠的近；上颊齿列比东北鼢鼠的短，而且第一上臼齿内侧仅有 1 凹角。另外，第三上臼齿形状构造也与东北鼢鼠有明显差异，首先是比较短小，长不达第一上臼齿的 1/2，并且明显斜向外侧。外侧凹角远比第二凹角大。

生活习性：主要生活在各种土质较为疏松的草原，也有栖息在农田的。营地下生活，挖洞觅食，有时夜间也到地面活动。挖洞时推出的松土所形成的土堆大小不一，其直径一般为 50～70cm，洞道较长，离地面 30～50cm，冬季较深，可达 2m 左右。通常以植物的根或地下茎为食。对牧草和农作物有害，是我国北方地区的农牧业的主要害鼠，在农业区严重影响作物的收成，对马铃薯、甘薯危害最重。在牧业区对草场的破坏严重，盗食草根，挖掘时所形成的土丘掩埋了大片草场，导致牧草不能较好地生长。还可传播鼠疫等流行性疾病。

发生规律：冬季有储食习性，无冬眠现象。在内蒙古地区 5、6 月即开始繁殖，每年 1 胎，每胎产仔 2～5 只。

第四节　鼠科（Muridae）

一、褐家鼠

褐家鼠在居民区破坏建筑物，损坏家具、衣物，盗食粮食和各种食品。在田野则盗食作物、水果、经济作物，危害家畜、家禽。仅安徽 1982 年农田损失的粮食即达 100 万 t，其中主要是褐家鼠造成的。

学名：*Rattus norvegicus* Berkenhout。

别名：大家鼠、沟鼠、粪鼠、挪威鼠。

分布：为世界性分布的鼠种，我国除西藏外各地均有分布，截至 2011 年年底，在西藏地区调查尚未发现，国内偶有报到在西藏林芝地区有发现，但近几年没有捕到。随着青藏铁路的开通，褐家鼠是否会传入西藏还有待进一步调查监测。

形态特征：体型大，体重 65～400g，成体体长 110～250mm；尾粗而长，稍短于体长，为 95～230mm；吻尖出，耳短而厚，长约 12～25mm，向前折不能遮住眼部。四足强健，后足长 23～46mm。乳头 6 对。该鼠种在各地的毛色亦有个体差异。体背棕褐至灰褐色，杂有黑色长毛。腹毛污白色，这是与社鼠和黄胸鼠的明显区别之一，社鼠的腹面喉胸部为硫黄色，黄胸鼠的腹毛灰黄色。尾上面灰褐色，下面灰白色。头骨粗大，颧弓粗健；眶上嵴发达，与颞嵴连接向后延伸至鳞骨，两颞嵴几乎平行。臼齿咀嚼面有 3 条横嵴，老体磨损后呈板齿状。

生活习性：栖息环境极广泛，各种建筑物、垃圾场、下水道和野外农田、菜地、果园、苗圃及荒坡、灌丛、林地均可发现其活动；甚至火车、轮船等交通工具也是它居住的场所。食性杂，喜食肉类和含水分多的食物。在野外以植物性食物为主，危害各种作物和果树的幼苗。常咬死鸡、鸭、小猪，盗食蛋类，甚至攻击牛。洞系结构复杂，随栖息环境而不同。一般洞系有 2～4 个口，洞道长，分支较多，地下洞最深可达 1.5m。窝巢内垫有杂草、谷壳、破布等物，在洞内常发现贮存的大量食物。四川南充曾在一个鼠洞内发现花生 60 多kg。善攀登、掘洞、游泳。凡可作为隐蔽处的墙角、石隙、草丛、杂物堆均可用于做窝。

发生规律：全年均可繁殖，5～9 月为繁殖盛期。平均每窝产仔 8～10 只，最多达 16 只，是我国主要害鼠之一。

二、黄胸鼠

学名：*Rattus tanezumi* Temmink。

别名：黄腹鼠、长尾吊、长尾鼠。

分布：在我国，以前主要分布于长江流域及其以南地区，现已西至西藏，北至黄河流域达陕—甘—宁—晋一线的广大地区。在国外，除东南亚的部分地区有栖息外，皆无分布。是我国的主要家栖鼠种之一，长江流域及以南地区野外也有栖居，但除西南及华南的部分地区外，一般数量较少。

形态特征：黄胸鼠是鼠科中体型较大的，与褐家鼠相似，体躯细长，尾比褐家鼠的细而长，超过体长。体长 130～210mm，体重 60～200g，尾长等于或大于体长。耳长而薄，向前拉能盖住眼部。后足细长，长于 30mm。按湖南洞庭湖区 1982—1998 年捕获的标本统计，黄胸鼠平均体重为 86.7g（16～251g），平均体长为 142.9mm（78～213mm），平均尾长为 157.6mm（80～222mm）（张美文等，2000）。雌性乳头 5 对，胸部 2 对，腹部 3 对。体背棕褐色，并杂有黑色，毛基深灰色。前足背中央有一明显的暗灰褐色斑，是鉴别黄胸鼠，特别在我国南方是与黄毛鼠相区别的重要形态特征。尾部鳞片发达，呈环状，细毛较长。头骨比褐家鼠的较小，吻部较短，门齿孔较大，鼻骨较长，眶上嵴发达。第一上臼齿齿冠前缘有一条带状的隆起，臼齿咀嚼面有三横嵴，第二上臼齿和第三上臼齿咀嚼面第一列横嵴退化，仅余 1 个内侧齿突，第二和三横嵴在第二上臼齿沿明显，第三上臼齿则已愈合，呈 C 形。

生活习性：黄胸鼠主要栖息在房屋内，临近村舍的田野中偶有发现。喜攀登，多隐匿于屋顶，常在屋顶、天花板、椽瓦间隙、门框上端营巢而居。在火车、轮船等交通工具上数量也较多，活动十分猖獗。昼夜活动，以夜间为主，晨昏时最为活跃。随作物的不同生育阶段，发生区在住房与农田间有短期季节迁移现象。繁殖力很强，年产仔 3～4 胎，每胎平均 5～7 只，春秋季为繁殖盛期。同褐家鼠同居一穴时，褐家鼠在下层，黄胸鼠在上层。

黄胸鼠食性杂，喜食植物性及含水较多的食物，吃人类的食物，有时也捕杀小鸡、小鸭等小动物。在野外主要盗食谷物、花生和瓜果。在苹果贮藏库中，对苹果的破坏性较强，是贮藏库中的主要害鼠之一。主要栖息在室内，靠近村庄的田块易受害，危害程度不亚于褐家鼠。还咬坏衣物、家具和器具，咬坏电线，甚至引发火灾。

同小家鼠有明显的相斥现象，两者之间的斗争十分激烈，常常是胜利者居住，失败者被排斥，数量减少。

黄胸鼠为杂食性而偏素食性动物，喜多水作物，与褐家鼠相似。在黄胸鼠为害现场，到处能看见被害后的植株残余，在经常出没的鼠道上，也可以找到残留的食物。松会武（1981）报道了黄胸鼠在贵州省常见的食物有 24 种，其中以甘薯、蚕豆、水稻、小麦最喜食，其次是野慈姑、木薯等。黄胸鼠平均日食量为 24.89g，最多达 29.2g，日食量一般是体重的 15%～20%。依此标准计算，一只黄胸鼠一年食量为 9 048g，多的达 10 840g，危害损失是相当严重的。梁杰荣等（1988）报道，黄胸鼠每千克体重每日平均取食量和饮水量分别为 91g±8g 和 121mL±11mL。

黄胸鼠洞穴构造较简单，洞口直径 4～5cm，洞内常有破布、碎纸、烂棉絮、干草及作物的茎叶，洞口多上通花天板，下到地板，前后左右连贯各室。在山坡旱地里多筑在坟墓、岩缝等不能开垦的荆棘灌木丛下，在田坎多见于田埂、水渠边，在河滩多筑于灌丛砂石堆下。据松会武（1981）在榕江田坝和河滩旱地挖洞 36 个勘查，将黄胸鼠洞穴分为复杂洞和简单洞两种结构类型。复杂洞为越冬洞，入土较深，洞口、巢室数量较多；简易洞为季节性临时洞，作物成熟时迁入挖掘，收割后即转移废弃。在调查中发现两个育仔洞，洞口入土40cm，巢室直径80cm，洞口浮土湿润新鲜。黄胸鼠洞穴有一个圆形前洞口，直径4～5cm，1～3个后洞口，位置比前洞口高，群众称为"天窗"，口径比前洞口小，约4cm左右，洞外无浮土，有外出的路径，但不及前洞光滑。前洞道直径4～5cm，因鼠常出入十分光滑，垂直入土30～40cm。简易洞只有一个巢室，复杂洞有2～3个，只有一个巢室垫物是新鲜的，巢室离地面20～50cm，椭圆形，直径8～20cm，内垫物有干枯植物茎叶，如稻草、豆叶、杂草等。

三、大足鼠

学名：*Rattus nitidus* Hodgson。

别名：灰腹鼠、喜马拉雅鼠、水老鼠、环腕鼠等。

分布：在我国主要分布于长江流域以南地区。陕、甘、黔、滇和海南也有分布。

形态特征：属中等大小的鼠类，外形与褐家鼠、黄毛鼠相似。成体体长120～200mm。尾较细长，与体长近相等，长为140～206mm；尾环不如褐家鼠明显。耳大而薄，前折可达眼部，耳壳光裸无毛。这是两者的区别之一。后足长大于32mm，最大为35mm；乳头6对。背毛棕褐色，略带灰黄。背部杂有较多的硬毛。体侧毛色较浅。腹毛全为灰白色，而黄毛鼠带棕黄色。尾部背、腹面与体背、腹面的毛色相同。四只足的背面均为白色，而黄胸鼠前足背为灰褐色。

头骨狭长，棱嵴突出。眶上嵴明显，颞嵴向后延伸至顶间骨。鼻骨长，约为颅全长的40%。鼻骨后缘超过前颌骨后缘。听泡较大。第一上臼齿第一横嵴外侧齿突退化。第三上臼齿第一横嵴仅留一内齿突，第二、三横嵴连成环状。

生活习性：大足鼠是暖温带、亚热带喜湿种类。在我国南方各省至长江流域广泛栖息于丘陵、山地的各类环境，唯密林内数量较少。靠近水源的灌丛、草坡、田埂的密度较高。冬季可迁至室内。

大足鼠是我国南方山区的农田害鼠，在四川盆地及临近的亚热带山地为害尤为突出。主要为害水稻、小麦、玉米和薯类。从播种至作物成熟，除幼苗期为害稍轻外，其余时期均为害严重。

杂食性。喜食含淀粉多的植物，除食害甘薯、木薯、玉米、水稻外，还食害浆果、草籽、草根，也吃昆虫。水稻拔节及孕穗期常被其咬断茎秆。据报道，在解剖的 23 个胃中，有 8 个含鼠毛。而且夹捕的大足鼠常被同类咬食。

夜间活动为主，活动高峰在晨昏。活动范围可达 300m 以上。善游泳。有季节迁移的习性，育秧期常集中于秧田为害，作物收割后迁往未收割的地块。有些在冬季还迁入住宅中。

大足鼠的洞穴建于不易暴露的荆棘灌丛、岩缝石隙、田埂隐蔽处。有 4～5 个洞口，分出洞口和入洞口。洞道长 3～4m，近水边的洞道先水平延伸，然后再转向深处。窝巢距地表 1m 左右。窝巢内垫有稻草、树叶。大足鼠不贮粮，但窝内常堆有吃剩下的豆壳、稻壳和昆虫的几丁质残片。洞道内还有数量不等的粪洞。

发生规律： 繁殖期长，在广东、海南一年四季均可捕到孕鼠。在较北的地方，产仔盛期为春、秋两季。年产 2～4 胎，每胎 2～12 仔，平均 4～5 仔。一般年份种群性比接近 1：1。通常年份，大足鼠的年际数量变动不大，但个别年份大足鼠数量可急剧上升而成灾。

四、黄毛鼠

黄毛鼠是农林重要害鼠，还能传播钩端螺旋体病、恙虫病、血吸虫病、Q热等多种流行性病。

学名： *Rattus losea* Swinhoe。

别名： 罗赛鼠、田鼠、园鼠、黄哥仔、黄毛仔。

分布： 黄毛鼠是一种暖湿型鼠类，分布于广东、广西、福建、云南、贵州、湖南、四川、江西、浙江、台湾、海南等省、自治区。在我国长江以南地区，越往南数量越多。一般在我国北纬 30°以北年平均温度低于 15℃地区，不适宜该鼠生存。

形态特征： 黄毛鼠体型中等，体躯较细长，成体体长为 140～170mm。尾长等于或略大于体长。耳小而薄，向前折不到眼部。后足短，小于 33mm，为该鼠区别于其他种类的主要特征之一。乳头 6 对，胸部及鼠蹊部各 3 对。

体背毛黄褐色或棕褐色，腹毛灰白色，毛基灰色，毛尖白色。体侧毛色略浅于背毛，背和腹毛色无明显分界。尾部色泽与体背毛色相同，但其腹面略淡；尾环的基部有浓密的黑褐色短毛，因而尾环不甚清晰。上唇、颊部及前后足背面白色。

颅骨较窄且低平。吻粗短。鼻骨前端不超门齿。眶上嵴显著，颞嵴向外扩展成弧形，后段纤细，延伸至顶骨后部而消失。门齿孔短，其后缘不超过第一上白齿连线。门齿较短。上颌臼齿的咀嚼面齿突明显，第一上臼齿每个横嵴的前缘向后凹入，使外侧齿突明显。

生活习性：黄毛鼠是华南农区的主要害鼠，属杂食性，既食害植物也喜食小动物如虾等。危害水稻、小麦、甘薯、甘蔗、香蕉、柑橘及蔬菜等作物，啃食果实、种子和杂草根茎，咬毁植株，常造成严重损失。黄毛鼠常于堤岸打洞，破坏堤坝。咬破地下电缆外护层，破坏绝缘层。有时进入农村室内危害。在稻田、甘蔗地、香蕉地和荔枝林中危害，有时啃食刚刚插秧的幼苗；每当抽穗扬花时咬断稻茎吸取甜汁，孕穗时大量集中在稻田中，啃食稻穗；甘蔗收割后，它们钻到甘蔗堆下盗食甘蔗；荔枝成熟时上树窃食；在园田中吃各种蔬菜，喜食嫩芽如白菜等。广东曾解剖 1 484 个有食物的鼠胃，其中有稻米、甘蔗、杂草根茎的较多，也有甘薯、香蕉、花生、玉米、高粱、野生植物的浆果，以及螃蟹、鼠类、小虾、小鱼、昆虫等，尤其爱吃水稻和螃蟹（王耀培等，1965）。

发生规律：黄毛鼠繁殖力极强，全年均可繁殖，每年有两个繁殖高峰期，分别为 5～6 月和 9～10 月，每胎 2～13 仔，多数产 5～6 仔。黄毛鼠属于昼夜活动型，夏季天气炎热时多在清晨和傍晚活动，冬季天气寒冷时在 8～15 时活动频繁。其洞系比较简单，洞口一般 2～4 个，多者可达 6 个，洞口直径 3～5cm，洞道直径约 4～6cm，自外向内逐渐扩大。洞道多分支，洞内有巢，一般 1 个，最多 3 个。

五、社鼠

学名： *Niviventer confucianus* Hodgson。

别名：北社鼠、硫黄腹鼠、野老鼠、白尾鼠、田老鼠、山耗子。

分布：我国除新疆、黑龙江外其余各省、自治区、直辖市均有分布。长江以南数量较多。国外分布于印度、尼泊尔、中印半岛、马来半岛和印度尼西亚的苏门答腊、爪哇和加里曼丹。

形态特征：体型中等，与褐家鼠相似，但较小而细长。体重 45～150g。一般成体体长 115～195mm。耳大而薄，前折可遮盖眼睛，长 18～24.5mm。尾细长灵活可自如转动，大于或等于体长，为 110～220mm。后足较小，为 27～30mm。乳头 4 对，胸部和腹部各 2 对。

体背棕褐色，背中央毛色较深并杂有少量白色针毛。体背毛基灰色，体侧毛色较淡，为暗棕色或棕黄色。腹毛白色而带硫黄色，特别是喉胸部硫黄色显著。背腹毛界线分明，这是与褐家鼠的明显区别。尾部背面棕色，腹面及尾端为白色。足背面棕褐色，趾部白色。夏毛体毛色较深且多针毛，冬毛色浅而无针毛。

头骨细长，脑颅低而平坦，吻部较长。鼻骨前端完全盖住门齿。眶上嵴突起，颞嵴发达，向外扩展。顶骨宽大，顶间骨发达，枕骨与顶间骨几乎垂直，外枕嵴突起。听泡小。门齿孔后端几乎达第一上臼齿前缘基部水平。腭骨后缘接近平直。

生活习性： 社鼠是华夏温湿型种类。栖息于山地多岩石的树丛、灌木丛、杂草间或靠近菜园、稻田、溪流、水渠的地方。往往在山地与梯田的交界处数量较高。杂食性。以各种坚果，如桐籽、栗子、马尾松果、杉果等为主要食物，并常盗食稻谷、麦子、豆类等粮食作物和直播的树种，也食植物嫩叶、昆虫及其他野果。据陈安国等（1988）调查，在湖南 500m 以上的山地耕作区，社鼠占鼠类总数的 61％ 以上。室内饲养日食量，甘薯为 15～20g，大米为 12g。洞穴结构简单，大多利用石隙、树根、灌木的缝隙做窝，也可在草丛下挖洞，甚至将窝建于树上。

发生规律： 春末夏初为繁殖盛期。每胎产 1～9 仔，平均 4～5 仔。性比为 1.3～1.59：1，雄多于雌，老体组的比例尤为突出，为 3.2：1。但雌鼠的繁殖期很长，当年出生的亚成年鼠在 8 月份即可繁殖，直至老体（鲍毅新等，1984）。夜间活动为主。活动多在山腰和山麓，也常进入田间觅食。可依靠尾的作用攀缘上树。

六、小家鼠

学名： *Mus musculus* Linnaeus。

别名： 小鼠、鼷鼠、小耗子、米鼠。

分布： 几乎全国各地均有分布。

形态特征： 体小，成体体长 60～90mm，尾长约与体长相等或稍短。吻尖。耳薄，前折不超过眼部。头骨纤细，颧弓细弱。I_1 的内侧有一明显缺刻，这是鉴定该种的特征之一，毛色随季节与栖息环境而异。体背呈棕灰色、灰褐色或暗褐色，毛基部黑色。腹面毛白色、灰白色或灰黄色。尾两色。背面为黑褐色，腹面为沙黄色。四足的背面呈暗色或污白色。

生活习性： 栖息环境多种多样，野外喜栖息于田埂、谷堆、草丛，特别是收获季节常大量聚集在易于获得谷穗的地方。居室内则常出没于废物堆、家具角落和堆放粮食的地方。

野外的窝巢常利用其他鼠类的废弃洞，室内则可在隐蔽处或房的顶棚作窝，窝巢简单。以夜间活动为主，高密度情况下白天也可见其活动，甚至不怕人。有季节迁移现象。在野外还可见到随食物丰富程度进行短距离迁移。几乎所有农作物均是其危害对象，小家鼠的数量较低时，危害不显著。而一旦出现大暴发，其损失惊人。对食物要求不严格，喜食新鲜谷粒和植物嫩芽。对水分不敏感。觅食时，很少一次将食物吃净，一次食量约为2g。在居民区，食品、粮食、衣物、家具、书籍及杂物均可被其盗食，喜带甜味的食物，较少盗食大块肉类。

发生规律：繁殖力强，条件适宜的地方全年均可繁殖，野外以夏、秋两季为繁殖盛期。初生鼠于当年可达到性成熟并参与繁殖。妊娠期20d左右，全年最高可产仔6～8胎，每胎6～8只。生态寿命一般不超过1.5年。数量变动幅度极大，条件适宜时，数量急剧上升造成大暴发。与其他鼠类的竞争力弱。村镇中大家鼠往往为优势种而大规模灭鼠后小家鼠会取代它，成为优势种。

七、卡氏小鼠

学名：*Mus caroli* Bonhote。

别名：田鼷鼠、月鼠、台湾小鼠。

分布：云南、贵州南部、广西、广东、福建、海南、台湾。

形态特征：体型似小家鼠，体长60～87mm，尾长70～88mm，后足长15.8～18.5mm，耳长12～15mm；体背淡棕褐色，毛基灰色，毛尖棕色；腹部、颈腹部和前肢均为纯白色，其他部分毛基灰色，毛尖白色；尾上面灰棕色，下面淡黄色；足背面白色。身体背部无硬刺毛；眶间宽小于4mm。

生活习性：栖息在热带和南亚热带农田，具有高密度低聚集、低密度高聚集的特征。为云南省农区灭鼠后最先出现的主要农田害鼠。在农田中的分布状况是，以村（寨）为核心呈同心圆分布。村（寨）周围鼠类捕获率最高，可达30％以上，农作物受害严重，水稻受害株率可达50％以上。而距村（寨）500m以外的地段，捕获率最高时只有12％，水稻受害株率最重时也仅为16％。该鼠在田间活动，大多利用地形、物体来隐蔽自己，习惯在沟、渠低凹处及垄、渠、硬壁边行走，而且有比较固定的行走路线。现场布夹捕鼠结果表明，在田埂、沟（渠）埂、出入水口等处的捕获率高达80％以上，而在田块中间的捕获率仅在20％以下。另外，大埂（沟）边的捕获率显著高于小埂（沟）边的捕获率。农作物受害调查结果表明，距田（地）埂较近的农作物受害概率较大，水稻90％的受害株均分布在距埂0.5m的范围内，小麦、油菜、蚕豆、玉米等旱作的受害范围虽可超过埂0.5m，甚至达土丘（块）中央，但其受害株也仅占全土丘（块）受害株的 30％以下，70％以上的受害株仍分布在距埂 0.5m 的范围内。而且大埂（沟）附近的农作物的受害概率显著大于小埂（沟）附近的农作物。这一受害特征与害鼠捕获率呈正相关关系，即害鼠捕获率高的地段农作物受害重，捕获率低的地段受害轻。

发生规律：每年的 3～4 月为繁殖高峰期，4～5 月及 11 月为数量高峰期。取食作物叶、茎及种子；主要危害蔬菜等农作物，能传播钩端螺旋体病和鼠疫。雄性一年四季均可参加繁殖，但睾丸下降率有明显的季节变化，春季（3～5 月）睾丸下降率为 30.1％，夏季（6～8 月）为 12.3％，秋季（9～11 月）为 52％，冬季（12 月至翌年 2 月）为 5.7％。春、秋季的睾丸入囊率显著高于夏、冬季，说明春、秋季为雄性繁殖活动盛期，夏季为繁殖缓和期，冬季为繁殖低潮期。雌性繁殖情况同雄性呈正相关，即雌性一年四季均可进行繁殖，但有明显的季节变化，春季怀孕率为 40.0％，夏季为 10.7％，秋季为 46.0％，冬季为 3.3％。春、秋季雄性怀孕率显著高于夏、冬季。春、秋季是雄性繁殖的高峰期。

八、板齿鼠

学名： *Bandicota indica* Bechstein。

别名： 大柜鼠、小拟袋鼠、乌毛柜鼠。

分布： 板齿鼠是东洋界代表动物。分布于广东、广西、福建、台湾、云南、贵州、四川等省、自治区。其分布北界为我国南岭至金沙江一线，是我国南方沿海地区的重要农业害鼠。

形态特征： 体型粗大，平均体重 250～300g，最大者达 750g。成体体长达 250mm 以上。吻较短，不突出。尾较粗，其长约与体长相等，其上具清晰的覆瓦状鳞片。背毛较硬，长约 40mm。臀部毛尤长，达 70mm。足掌裸露，具 6 枚足垫，爪锐利。乳头 6 头，胸、腹部各 3 对。

背毛黑褐色，头部与背中央部分毛色最深，体侧稍淡。背毛毛基灰褐色，毛尖棕黄色，杂有黑色长毛。腹毛棕黄色，毛基灰褐色。尾部背腹面均为黑褐色，有光泽。前后足背面黑褐色。

头骨粗壮，颧弓向外扩展。鼻骨前端与门齿等齐。眶间宽较窄，有眶上嵴，与颞嵴相接，两颞嵴平行向后延伸至鳞骨。顶间骨小，矢状嵴不发达。枕骨垂直向下。门齿孔后缘超过臼齿前端的连线。臼齿齿列较短，腭骨大于齿列长。听泡不发达。

门齿粗大。臼齿咀嚼面的齿突愈合成横嵴状，而不是鼠科动物通常突出的

3 列齿突。这是鉴别的主要特征。

生活习性：板齿鼠是东南亚暖湿型种类。喜栖息于潮湿、近水、土质松软的环境中。在沿海的稻田、水塘、河堤、竹林及杂草丛生的荒地特别多，很少进入村镇。

杂食性。以植物性食物为主，喜食甘蔗、甘薯、香蕉等具甜味的植物。在水稻田中啃食作物茎叶，严重影响水稻分蘖和成熟部分地区可造成大面积减产，甚至绝收。从乳熟至收割期不仅盗食稻谷，而且将其大量拖入洞内。在饥饿时也捕食小鱼、螃蟹等小动物。

夜间活动为主，白天多躲藏在洞内或甘蔗、稻丛下。善游泳，可潜水十几分钟。性多疑，出洞前先窥视四周，无异常时才出来活动。如有敌情则迅速钻入洞中，并将洞口堵塞。如果躲避不及时，将前身直立，背毛耸立，与敌格斗。

洞穴建于隐蔽处，有 2～4 个洞口，多的可达 7、8 个。洞道分支多，总长达 260～750cm。有窝巢和盲道，窝巢内垫有潮湿的软草。

发生规律：全年均可繁殖，春末至秋初为繁殖高峰期。每胎可产 2～10仔，多为 4～6 仔，种群数量的季节幅度较小，一般为 2～4 倍。年度间的变动幅度可达 10 倍以上。

九、黑线姬鼠

学名：*Apodemus agrarius* Pallas。

别名：田姬鼠、长尾黑线鼠、黑线鼠、金耗儿。

分布：属广生性种类。在我国从黑龙江、内蒙古、新疆起，向南一直分布到北纬 25.5°，包括除青海、西藏、海南及南海诸岛以外全国大部分地区。国外分布范围亦较广，从西欧、中欧、东欧至中亚、南西伯利亚、乌苏里至朝鲜均有踪迹。

形态特征：黑线姬鼠为中小型野鼠，成体体长 65～132mm。体较细瘦，头小、吻尖。耳较短，折向前方达不到眼部。尾长为 50～110mm，尾毛不发达，鳞片裸露。毛色随亚种和栖息环境的不同而有一定的变化。体背自头顶至尾基部沿背中线有条黑色暗纹。此纹在北方的较粗且黑，华北亚种较细淡，宁波亚种不明显。通常生活在林缘和灌丛地带的毛多为灰褐色，带棕色调；栖息于水田和荒地者则棕色调浓重，多为沙褐色。

颅骨吻部相当发达，有显著的眶上嵴。鼻骨长约为颅长的 36%，其前端超出前颌骨和上门齿，后端中间略尖或稍向后突出，通常略超出前颌骨后端或在同一水平线上。门齿孔约达第一上臼齿前缘基部。臼齿咀嚼面有 3 纵列丘状齿突。第三上臼齿内侧仅 2 个齿突。第二上臼齿缺 1 个前外齿突。

生活习性：黑线姬鼠喜栖居于温暖、雨量充沛、种子食源丰富的地区，如河流两岸及海拔较低的农业区。在浙江、湖南、四川、安徽等地海拔 1 000m 以上也有少量分布。稻田中的数量高于苗圃、果园、荒地等处。栖息地可随季节而迁移。春季主要在春花作物地栖息；夏季在稻田埂、沟边、河塘边、杂草沼泽地及旱作地；秋季随作物成熟而迁往田间，稻田缺水后便在田埂栖居；冬季少数在田间栖居，多数迁往坟地、荒地、菜地、土堆、草堆等处挖洞筑巢。洞系构造简单，一般 2~3 个洞口，多隐蔽在杂草丛中。洞口光滑，有鼠足迹，有时可见咬断的鲜草。洞道短而浅，长 1~2m，有 2~4 个分叉；洞内通常有一个圆形的窝巢，由作物茎叶及禾本科杂草交织筑成。一般不储粮或很少储粮。

杂食性，以植物为主，喜食稻、麦种子及甘薯和低酚棉的棉籽，也食昆虫。在作物生长期，主要取食作物茎叶、杂草等，成熟期则盗食种子为主。

以夜间活动为主，黄昏和清晨活动最盛，白天也能出洞觅食。一年中以春、秋两季活动最为频繁。随着自然条件和食源变化而作短距离迁移。无冬眠习性，即使在严寒的冬季仍能在田间取食。偶有进入农舍的。

发生规律：每年产 3~5 胎，每胎 5~7 仔。其生殖有明显季节性差异，冬季一般不繁殖。东北地区从 4 月开始繁殖，9 月结束。在长江中下游地区，繁殖期在 3~11 月，春季（4~5 月）、秋季（9~10 月）为繁殖高峰。

十、高山姬鼠

学名：*Apodemus chevieri* Milne-Edwards。

别名：齐氏姬鼠。

分布：广泛分布于我国贵州、四川、云南、西藏、甘肃、湖北等省、自治区。在贵州，主要分布在大方、黔西、威宁、赫章一带。在云南，主要分布于昭通、昆明、丽江、大理、澜沧江和怒江流域以及云南东部地区。在四川，东起巫山、城口、北到大巴山南江、平武、安县、西至阿坝藏族羌族自治州的若尔盖、黑水、汶川、沿横断山宝兴、雅安、灌县向南至木里、昭觉、布拖到西昌、会理、攀枝花都有高山姬鼠分布；除四川盆地南部山区外在周缘地区高山姬鼠为广布种。在湖北兴山、甘肃南部和陕西秦岭南北也有分布。

形态特征：据贵州省大方县 1996—1998 年采集的标本统计，高山姬鼠体重 12.0~40.0g，平均为 23.87g±5.94g（*n*=481）；体长 70.0~120.0mm，

平均为 94.87mm ± 8.87mm （n = 481）；尾长 55.0 ～ 90.0mm，平均为 75.29mm±4.42mm（n＝481）；后足长 16.0～27.0mm，平均为19.90mm± 2.03mm（n＝202）；耳高 12.0～18.0mm，平均为 14.52mm±1.36mm（n＝ 202）。高山姬鼠为中型农田害鼠，尾较光滑细长，但短于头体长。高山姬鼠全身体毛柔软，呈青灰色，背中部毛色较深，但绝不形成黑色纹（黑线），此点可与黑线姬鼠区别，腹部毛色灰白，背腹无明显界线。

生活习性：高山姬鼠一般分布在野外、在林缘农田，西昌等地发现偶入室内，冬季有向院落附近草垛、柴堆等转移的趋势。有人曾报道，秋后翻稻草，3 小时捕获该鼠 160 多只，而此时田间密度较低。王西之等（1984）报道，该鼠与黑线姬鼠的地域分布差异，在 1 200m 左右两鼠共栖，但随海拔升高渐为本种取代，随海拔下降而减少至纯为黑线姬鼠。在四川米易等地，同一坡地上，甘蔗田中以本种为主，玉米田中则以大足鼠和褐家鼠为主。据大方县1996—1998 年在住宅、稻田、旱地等不同生境调查，高山姬鼠在大方县主要分布于稻田、旱地耕作区，占总鼠的 56.75%，捕获率为 3.68%～4.52%；住宅区数量较少，仅占 4.63%。从年度变化来看，高山姬鼠在田间混合种群中所占比例基本稳定，1996—1998 年分别为51.05%、48.92%、70.26%，是当地稻田、旱地耕作区害鼠优势种。

高山姬鼠的洞穴结构比黑线姬鼠的复杂，除天然石穴外，一般在土埂的中下部掘土造穴，个别在田中央筑穴。洞穴主要由巢室、明洞、暗洞和洞道组成。巢室是高山姬鼠生育和休息的场所，常位于土埂的中上部，一般为 3 个，常排列在一条直线上，除个别外，只有一个巢室里边筑有巢，多数是筑在中间的一个巢室里，个别是筑在左边或右边的巢室里。洞的形状为椭圆形，长和宽平均为20.5cm×15cm，筑有巢的巢室较光滑。在巢洞中央安置一碗状巢，巢内径平均 6.6cm，深平均 4.2cm，外径平均9cm，高平均 6.4cm。巢材主要为玉米、大豆、菜豆、小麦、高粱和马铃薯的叶和茎及其他禾本科植物的干枯杂草等。在巢内发现有跳蚤和其他寄生虫，在空巢洞内发现有少量粪便，但仍无单独的厕所。明洞一般只有 1 个，它与筑有巢的巢室相连，由明洞道和明洞口组成。洞道光滑，洞道径平均 4.4cm，洞口周围多黏有泥土，易见足迹，洞口径平均 4.9cm，洞道长平均68.4cm。暗洞一般具有 2 个，个别的 3～4 个，一般与无巢或弃巢的巢室相连，由暗洞道和暗洞口组成，洞道不光滑，洞口多数不太隐蔽，很少有新鲜泥土，难以见到足迹，有的甚至盖有蜘蛛网，易与明洞口相区别。洞道直径平均 4.2cm，洞口直径平均 4.5cm，洞道长平均 87.6cm。每个洞穴一般都居住 1 雌 1 雄成体和它们的幼仔。洞穴中未发现仓库及储粮。

发生规律：高山姬鼠为纯植食性鼠类，即使森林中的个体，解剖胃溶物时也未发现动物、昆虫残渣。喜食稻谷、玉米、花生、小麦、甘薯、瓜类、草籽、树种子等，为农业和林业主要害鼠。张甫国（1982）报道，每只高山姬鼠日取食普通玉米粉占体重的 1/5～1/4，取食含水的玉米粉或新鲜甘薯达体重的 1/2，个别日取食量接近体重。

杨再学等研究表明高山姬鼠种群数量季节变化：按春（3～5 月）、夏（6～8 月）、秋（9～11 月）、冬（12 月至翌年 2 月）四季统计，1996—2008 年高山姬鼠不同季节种群数量差异显著 $[F = 3.281 > F_{0.05} (3, 36) = 2.86, P < 0.05]$，以夏季（6～8 月）最高，平均捕获率为 3.54%±1.89%，冬季（12 月至翌年 2 月）最低，为 1.54%±0.82%，两者相差 2.27 倍。在不同年度不同季节之间种群数量也存在很大差异，最大值与最小值之比最高达 7.73，最低为 5.03，平均为 5.93。

十一、朝鲜姬鼠

学名：*Apodemus peninsulae* Thomas。

别名：国内原称为大林姬鼠，曾长期被误定为 *Apodemus speciosus*，后经有关分类专家更正为 *Apodemus peninsulae*，中名更改为朝鲜姬鼠。

分布：分布在辽宁、吉林、黑龙江、内蒙古、河北、山东、山西、天津、陕西、甘肃、青海、四川、湖北、安徽、宁夏、河南等省（自治区、直辖市）。

形态特征：体形细长，长约 70～120mm，与黑线姬鼠相仿。尾几与体等长，尾毛季节性稀疏，尾鳞裸露，尾环清晰。耳较大，向前拉可达眼部。前后足各有 6 个足垫。雌鼠在胸、腹各有 2 对乳头。毛色随季节而变化，夏毛背部一般较暗，呈黑赭色，无特别条纹，毛基深灰色，毛尖黄棕或带黑色，并杂有较多全黑色的毛。冬毛灰黄色明显，腹部及四肢内侧毛比背毛色淡。尾上面褐棕色，下面白色。足背和下颌均为白色。整个头骨较宽大，吻部稍圆钝。颅全长 22～30mm。有眶上嵴。枕骨比较陡直，从顶面看时只见上枕骨的一小部分，这与黑线姬鼠相反。第一臼齿的长度等于第二、三臼齿之和，第一、二臼齿的咀嚼面具 3 条纵列丘状齿突，或被珐琅质分割为横列的板条状，第三臼齿呈现 3 叶状。

生活习性：大林姬鼠主要栖息于针阔混交林、阔叶疏林、杨桦林及农田中，特别是近年来在临近树林的玉米田中较为常见。一般做巢于地面枯枝落叶层下。冬季可以活动于雪被下，主要以夜晚活动为主。

发生规律：4 月即开始繁殖，6 月为盛期。每胎产仔 4～9 只，一般每年可繁殖 2～3 代。种群数量的波动非常明显，一般 4～6 月为数量上升期，7～9

月为数量高峰持续期，10月开始下降。在荒山、荒地、水湿地、采伐基地等都有其分布和存在。对造林苗木造成一定的危害。

十二、针毛鼠

学名：*Niviventer fulvescens* Gray。

别名：山鼠、赤鼠、黄刺毛鼠、黄毛跳。

分布：在我国，分布于陕西、甘肃、四川、重庆、贵州、云南、西藏、安徽、浙江、江西、湖南、湖北、广东、广西、海南、福建、台湾等地。国外，分布于尼泊尔和中印半岛。

形态特征：体型中等与社鼠非常相似，体长130～150mm。尾显著超过体长，155～200mm。耳较社鼠小而圆。尾背面棕褐色，无白色末梢。背毛棕色或棕黄色，背毛中有许多刺状针毛；针毛基部为白色，尖端为褐色，越靠近背部中央针毛越多，所以背部中央棕褐色调较深，背腹交界处针毛较少，呈鲜艳的棕黄色。由于夏毛中背部刺毛较冬季的为多，所以冬季捕获的针毛鼠背部棕黄色较深。腹毛白色。前、后足背面亦为白色。头骨与社鼠头骨十分相似，鼻骨细长，向前伸超过门齿，眶上嵴明显，向后延伸达顶骨后缘。听泡小而低平，颧弓较细。上颌第一臼齿较大，第三臼齿退化，大小不及第一臼齿之半。第一臼齿第一横嵴的外侧齿突退化，中央齿突发达。第二横嵴内、外齿突正常，第三横嵴内、外齿突都较小，中央齿突发达。

生活习性：针毛鼠多栖居在山区田间的丘陵和坡麓灌草丛中、山谷小溪旁、树根下、岩石缝以及竹林补角干燥的地方。初春和冬季多穴居在靠近耕田区的山丘下的荆、芒、荻草丛或杉树、茶树等食源丰盛的灌木丛中。在炎热的盛夏亦营地面生活，有时在树上筑巢，巢距地面3～5m。据贵州余庆县1987年10～11月调查，针毛鼠主要分布于森林，平均捕获率为2%，占总鼠量的26.9%。洞系结构较为复杂，跑道弯曲多支，可分单口纵深洞、单口横洞、双口纵深洞、双口横洞和三口横洞等，洞道以纵深洞居多。巢穴由窝、洞道和盲道构成。巢材多取自树叶、竹叶、树枝和杂草，洞口多朝向西南方。昼夜活动，以夜间活动为主。活动范围广，善沿树行走，跳枝穿隙。食性杂，常以松果、栗子、野果、茶籽为食，经常串入农田取食水稻、玉米、小麦、花生等，少量偶进入住宅觅食。当冬季食物缺乏时，亦以野生植物根、叶和幼苗为食。是农、林业的主要害鼠之一。

发生规律：4～5月和7～8月是针毛鼠最活跃的季节，条件适宜，一年四季均可繁殖，以6～7月怀孕率最高。中秋以后，怀孕率逐渐下降。每胎产仔

2~7 只。

十三、巢鼠

学名： *Micromys minutus* Pallas。

巢鼠在数量高峰年对农作物和蔬菜危害严重。可传播野兔热、土拉伦菌病、丹毒及鼠疫等疾病。

别名： 苇鼠、麦鼠、禾鼠、圃鼠、矮鼠。

分布： 辽宁、吉林、黑龙江、河北、内蒙古、陕西、湖北、江苏、福建、四川、云南、广东、台湾等省、自治区。

形态特征： 体型小，成体体长一般不超过 75mm，雌鼠稍大于雄鼠。尾细而长，约与体长相等或略小；尾毛稀疏，具缠绕性。耳短，前折仅达耳眼距离之半，耳内有皮褶。乳头 4 对。

毛色随发生地不同而变化很大。背部毛为沙黄、棕黄、棕褐或黑褐色，毛基为深灰色。臀部呈棕红色，较背前部鲜艳。体侧与两颊毛色较淡。腹毛污白或污黄色，毛基灰色，毛尖白色。耳毛棕黄色。尾部背、腹面与体背、腹色泽相同。

头骨圆而隆起，颧弓纤细。鼻骨短，额骨与顶骨间呈钝圆形，顶间骨短而宽，枕骨陡直。听泡大而圆。无眶上嵴。颞嵴与人字嵴突起，但不发达。第一上臼齿和第二上臼齿咀嚼面齿突呈 3 个新月形横嵴。第一上臼齿横嵴稍向后移，外侧齿突稍小。第三上臼齿齿突退化，向内形成三叶形。

生活习性： 巢鼠属欧亚大陆寒湿型种类。多栖息于森林边缘的灌木林、草原带及农田附近的草甸及灌木丛中。喜栖息于水塘、河谷周围的灌丛杂草中。在秋收季节大量迁到田间盗食庄稼。

杂食性。喜食玉米、谷子、大豆、稻谷，也吃浆果、茶籽等。在作物成熟前以吃植物的绿色部分为主，其后则啃食粮食。盗食小麦时先将麦穗咬断，吃掉一部分，其余拖入巢内。曾有报道可捕捉蝗虫、蜻蜓；巢内亦曾发现昆虫残片。巢内储存物有草根、芹菜等多种植物。饲养条件下也吃肉皮和糖水。

通常夜间活动，有时昼夜均活动。白天常见幼鼠在巢内，而母鼠出洞。体小灵活，性喜攀登，常利用尾巴协助四肢在作物穗上或枝条间攀缘觅食。偶尔也可在浅水中游泳。

巢穴筑于草丛中，材料因地而异。巢球状，是叶片造成，每个巢由 20~30 片叶子精巧搭筑。营巢时用牙齿将叶片撕成许多细条，顺从叶子的趋势卷曲；巢壁分为 3 层，外层粗糙，中层较细，内层细软。有的用草茎架在一起，内衬细软草叶。巢距地面约 40cm，通常只有 1 个出口。从洞口的开闭，可判断是否有鼠。有鼠则出口封闭。繁殖期鼠巢扩大。巢的数量分布不均匀，一般 1～6 个/m²，数量高时，达 8～9 个。冬季巢鼠在草垛造窝或地下挖洞。草垛中的巢呈盘状，体积小，巢壁厚，中间有凹陷。如被破坏即在窝下用草重建圆团状的地面巢。有洞口 3～5 个，洞道简单或复杂。复杂的洞穴有仓库，可储 0.5～1.5kg 粮食。春、夏季节巢鼠会将其废弃，另筑新巢。

发生规律：每年 3～10 月为繁殖期，妊娠期为 18～20d。每年可产 1～4 胎，每胎产 5～8 仔。幼鼠出生后 8～9d 睁眼，15d 即可独立行动。种群数量高峰与农作物的成熟期基本一致。

第五节 跳鼠科（Dipodidae）

一、五趾跳鼠

学名：Allactaga sibirica Forster。

别名：西伯利亚五趾跳鼠、跳兔、驴跳。

分布：在我国，分布于黑龙江、吉林、辽宁、河北、内蒙古、山西、陕西、宁夏、甘肃、青海、新疆。以荒漠区数量最多，是干旱地区的重要害鼠。国外，见于蒙古国、朝鲜和俄罗斯。

形态特征：为跳鼠科体型最大的一种。成体体长 125～200mm。耳长似兔，向前折可达鼻端。吻端钝圆。尾粗大。后足发达，为前足的 3～4 倍，具 5 趾，仅中间 3 趾着地，第一、五趾位置靠上。体背沙黄带灰褐色或棕褐带黄色细纹。腹毛纯白；尾末端的毛束呈羽状分开，从前向后分别为灰白、黑、白色。眶下孔极大，与颧骨联合构成颧弓的一部分。听泡隆起呈三角形；但两听泡间隔较大。上门齿向前斜伸，白色。上前臼齿很小，齿冠圆形。第一上臼齿最大，第二上臼齿较小，下颌第三臼齿略比第三上臼齿的大。臼齿咀嚼面具齿突。下门齿齿根极长，其末端在关节突的下方形成很大突起。

生活习性：五趾跳鼠是中亚干旱地区常见鼠种。主要栖息在草原、荒漠和农田。以夜间活动为主。五趾跳鼠前进时前足收起，用强大的后足跳跃，尾伸展作为平衡器；行进速度快。前足仅用于短距离移动和抓取食物。在农区它们常集中在田间疏林内冬眠。独居；洞穴多位于灌丛下、沟坡土坎或草地中，结构简单；非繁殖季节无窝巢。在农区，刨食种子，盗食蔬菜、瓜果。在牧区，刨食草根和固沙植物，对草原植物更新有一定破坏作用。可传播鼠疫等疾病。

食性杂，以植物性食物为主。春季胃容物中含蛴螬、蝗虫等动物性食物的频率占 80% 以上；植物茎叶的比例约为 50%～70%。夏季以食植物的绿色部分为主。秋季冬眠前，动物性食物的比例又有所增加。这与食源和鼠的生理需要是一致的。

发生规律：4～5 月为交尾盛期，每胎产仔 35 只；5 月中旬至 6 月上旬是幼鼠大量出生期。内蒙古二连浩特一带，干旱年在 6 月中旬仍可见部分雄体睾丸肥大，留在阴囊内。生态寿命 3～4 年。种群数量比较稳定，高密度环境的数量约为 4～5 只/km²。

二、三趾跳鼠

学名：*Dipus sagitta* Pallas。

别名：跳兔、沙跳、毛足跳鼠。

分布：分布于吉林、辽宁、内蒙古、陕西、宁夏、甘肃、青海、新疆等地。国外见于蒙古国、俄罗斯和伊朗北部。

形态特征：外形似五趾跳鼠，但耳较短。体长大于 110mm。头圆，吻钝，眼大，耳壳发达。尾长，约为体长的 1/3。前肢短小，具 5 趾，但第一趾仅为短小的瘤突，无趾甲，其余四趾均有坚硬的爪，其中以第三趾最长，第五趾最短。后足第一趾和第五趾完全退化，仅剩有 3 趾。尾端有一羽状黑白色毛簇。体背毛色因亚种不同而变化多，有赤褐、深棕、沙棕、灰棕和浅黄色；体腹面、前肢和后腿内侧均为纯白色；臀部有一宽的白色带，从尾基部延伸至体腹面与白色腹毛相连；耳后有一白斑。尾上面纯黄色，下面白色。

头骨宽而短；额骨在泪骨后缘部分最窄；颧弓虽细，但向上分支很宽；眶下孔大，呈卵圆形；鼻骨与额骨相接处有凹陷，但较羽尾跳鼠的凹陷浅；顶间骨大；听泡中等，两听泡前端距离宽。乳突部不膨大。门齿孔后缘一般不超过前臼齿。腭孔两对，较小。

生活习性：生活于荒漠、半荒漠和草原地区。多在地势高而干燥、地表植被稀疏、长有沙生植物的沙质土壤中栖居。喜欢在沙蒿、柽柳、锦鸡儿等灌木丛间活动。洞穴比较简单，多筑于植被稀疏的沙质土壤、半固定沙丘或流动沙丘上。一个洞有洞口 1 个，直径约 8～9cm，向下通窝巢。洞内无仓库和厕所。但过冬洞较复杂，深可达 2.5m。夜行性，以草本植物的球茎、种子和花果为食，也食昆虫。

发生规律：一般每年产 1 胎，孕期 25～30d，每胎 4～6 仔。在草场，盗食沙蒿、柠条等固沙植物种子及其幼苗，严重损害沙地植被，破坏固沙造林。在农区，啃食作物幼苗，掏食瓜类。

第六节　林睡鼠科（Zapodidae）

林睡鼠

学名： *Dryomys nitedula* Pallas。

分布： 在我国，分布于新疆北部山区的阿尔泰山、阿拉套山、额尔齐斯河上游山地、塔尔巴哈台山地、萨吾尔山地、伊犁盆地、纳拉特山地、博罗科努—萨尔明山地、博格多山地、准噶尔盆地等；国外，分布于俄罗斯、伊朗和阿富汗及西欧、东欧其他国家。

形态特征： 体型中等。体长 85～120mm，体重 36～61g；尾长 60～113mm；后足（不连爪）18～24mm；耳宽 10～19mm。颅长 25～30mm；腭长 20～23.6mm；颧宽 14.9～17mm；眶间宽4～5.3mm；鼻骨长 8～10.8mm；乳突宽 12.2～14.3mm；听泡长 6.8～8.6mm，宽 5～6.5mm；上颊齿列长 3.8～5mm。体背面赤褐色或灰褐色带黄色。体腹面灰白色、污白色、浅黄或白色略带浅黄色。体侧面毛色界线分明，尾扁而蓬松，尾端略呈不明显的白色；前后足均为白色；眼眶黑色，延至耳基部。乳头 4 对，胸部 2 对，鼠鼷部 2 对。染色体数：$2n=48$。

生活习性： 主要生活于海拔 3 500m 以上的混交林和阔叶林以及沟谷灌木丛中。主要营树栖生活。以果实、种子、茎叶、嫩枝和芽为食，也食昆虫和鸟卵。黄昏和夜间活动。在树上营巢，巢呈球形，离地表 0.25～12m。在伊犁的霍城也进入果园。近年来，在阿勒泰地区和喀什地区的农田发生数量较大，危害严重，主要危害大豆、玉米、向日葵等多种农作物。

发生规律： 5～8 月繁殖，通常每年 1～2 胎，以 1 胎居多，每胎 3～7 仔，以 3～4 仔居多，有冬眠现象。由于对其研究报告较少，其他发生规律不详。

第七节　鼩鼱科（Soricidae）

一、臭鼩

臭鼩不仅危害农作物还是钩端螺旋体病及恙虫病病原体的宿主，还带有流行性出血热的病毒抗原。因此，对人类的危害不容忽视，应属于控制之列。

学名： *Suncus murinus* Linnaeus。

别名： 大臭鼩、粗尾鼩。

分布： 在我国，分布于上海、浙江、江西、福建、台湾、广东、广西、海南、湖南、贵州、云南、四川、甘肃。

形态特征： 大形麝鼩类。臭鼩体瘦小，四肢细弱，体重 26～85g，体长 90～143mm，尾长 47～83mm，约为体长的 60%。尾粗壮，从尾基向后逐渐细，尾部覆有细稀疏长刚毛。体侧有臭腺，体背灰褐色，耳背、足背淡茶褐色，腹面浅灰褐色。尾上同背色，尾下肉褐色。头骨大而壮。颅全长 28.7～33.0mm。齿式：$\dfrac{3.1.2.3}{1.1.1.3}=30$。齿尖白色。吻部尖长，明显超出下颌的前方。耳较大而圆，明显露于毛被外。

头骨扁大狭长，缺颧弓，眶前孔位于第一上臼齿上方。具明显矢状嵴，但不发达；人字嵴发达，显著突出于枕骨上缘，左右相交呈直角形。齿全白，齿尖无栗红色。上颌第一门齿的前突发达且朝下方弯曲，外形呈钩状，其后面有 1 小而钝的后突，高度低于第二门齿；第二门齿显著大于第一门齿；第三门齿甚小，不及第二门齿的一半。犬齿大于第二门齿，第一前齿最小，隐于齿列线内方，但不显露于外侧；第二前臼齿非常发达；第一、二臼齿有 W 形外齿突；第三臼齿小，约为第二臼齿的 1/4。

生活习性： 臭鼩栖息于农田、沼泽地及湖泊边的灌木竹林、草丛及小树林中，亦栖居于农舍内。在田间以麦地、草地、胡麻地、甘蔗地、蔬菜田中活动较多，农家室内则以厨房、小屋的潮湿处为多。常在乡村的厨房炉灶旁边的土洞中居住。窝以枯枝、落叶、杂草筑成。能发出尖锐的叫声。当受惊时，体侧的臭腺分泌奇臭的分泌物以示自卫，猫能捕捉它，但不吃它。喜跳跃，但不善爬。杂食性。以取食昆虫及其他动物性食物为主，有时亦吃植物种子和果实。既吃大量昆虫，也吃一定量的蚯蚓、蟾蜍等动物。在室内还盗食部分粮食，其食性是益害兼有，在室内害大于益。据诸葛阳等（1989）观察，臭鼩的食性在室内外有明显的差异。在室外取食昆虫的频次比例为 78%，而在室内仅为 30%。但在室内盗食大米、小麦等植物性食物的比例可达 38.8%。日平均取食粮食的数量为其体重的 5%～10%。

发生规律： 每年繁殖 2 次，6 月为繁殖高峰，此时臭腺尤为发达。每胎 1～7 仔。幼仔约 40d 能独立生活。

二、灰麝鼩

灰麝鼩不仅危害农作物，还可传播钩端螺旋体病和流行性出血热。

学名： *Crocidura attenuate* Milne-Edwards。

分布：江苏、浙江、四川、湖南、广西、陕西、云南、福建、湖北、广东和海南。

形态特征：体长 72（60～90）mm，尾长 50（38～58）mm，体重 15（9～20）g。中等体型。体背面包括头部背面深灰色，毛尖微染棕色；腹面为淡灰色。全尾均具散在长毛，上下一色，冬天色泽变淡，呈银灰色。四足背面覆以白色短毛。头骨微呈坚实感，具低而明显的人字嵴。吻端较钝。体型似鼠但吻部尖细。足发达，具五趾，爪不长但相当锐利钩曲。麝香腺位于胸侧，长形。乳头 3 对。

生活习性：热带与亚热带的种类，主要栖息在野外，室内从未捕获过。喜在多岩石、树丛、灌木或草丛中活动。在农田，主要取食蚯蚓、蠕虫及其他昆虫，亦食作物种子如稻、麦、薯种等。据曲江县各种生境调查，以旱坡和山地竹林捕获率最高。洞穴由洞口、洞道和扩大部分的窝巢组成。洞口 1～4 个，直径 4～6cm，洞深约 40cm。洞道长 82～250cm，巢室 1 个，椭圆形，10cm×22cm。巢的组成主要是树叶、白茅草等物。在两窝幼豹巢室中发现有白蚁、昆虫等。母鼩胃内有白蚁和甲虫的残渣。此外，还有扩大的盲道，挖洞时，母鼩携幼仔向盲道逃窜。在产仔期间，尚可发现洞口有树叶堵塞。

发生规律：在四川 3 月开始繁殖，10 下旬结束繁殖，每次产仔 4～5 个，在岩石隙缝中生育；在热带地区冬季也繁殖。善游泳，母兽为先导，仔兽紧咬母兽尾尖，其他仔兽互咬尾尖，成一列"拖驳式"游过 3m 以上的沟渠。夏季主要在田埂穴居，夜间活动。

三、短尾鼩

短尾鼩不仅危害农作物，还传播钩体病。

学名：*Anourosorex squamipes* Milne-Edwards。

别名：四川短尾鼩。

分布：国内分布于云南、贵州、陕西、甘肃。

形态特征：体重约 18g，体长 90～104mm，尾长 12～14mm。地下生活型，吻较钝而短，眼退化，仅见菜籽样大小的小眼，耳亦退化，几无耳壳，前后足爪短而钝，但粗壮，较为发达，适于掘土。尾极短，微短于后足，光裸无毛，覆以鳞片但尖端有时微具毛。体毛厚而较长。足亦光裸。背部呈深鼠灰至黑棕色，两颊常具一棕赭色细斑，腹面淡灰，刷以淡黄。四足背呈灰黑色，趾爪均白。尾鳞片为棕黑色，故尾色亦暗。头骨呈坚实感，具一低而强的矢状嵴，枕嵴突出，后面观呈半月形，顶部适于肌肉附着，其头骨顶部最大宽度处，形成头骨两侧的突出钝角。上颌二单尖齿间具一长圆形孔。牙齿：齿式 $\frac{2.1.1.3}{1.1.1.3}=26$。具二单尖齿，上前白齿特别发达，第一、二上白齿退化，第三上白齿更小，其尖端冠面约等于第二上白齿后尖的大小。下颌门齿切缘直。

生活习性： 生活力强，适应性广，自海拔 2 500m 的横断山脉北部，直至川东条状山区均有其踪迹，家居、野栖均颇适应。为四川野外农田小兽及家居害兽的主要优势种之一。杂食性，据胃内容物解剖，食谱广泛，昆虫类有蟑螂、蝼蛄、甲虫、蚂蚁及蜘蛛，其他动物性食物有蚯蚓、小青蛙、幼鼠、蟹。各种谷物类食物及部分绿色植物。营巢于田坎及草垛下，巢穴均为农作物的叶、秆及田边的禾本科草缕筑成，洞道复杂，岔道甚多，多为地面生活，亦营地下生活，主要为夜间活动，常发出吱吱的叫声，行动甚为迟钝。

发生规律： 终年均可繁殖，每年 4～6 月及 9～11 月为主要繁殖期，每胎3～7 仔，以 4～5 仔居多。一年有两个数量高峰，一为 5～6 月，另一为 9～10 月。

第八节　鼠兔科（Ochotonidae）

高原鼠兔

学名： *Ochotona curzoniae* Hodgson。

别名： 黑唇鼠兔、鸣声鼠。藏名：阿乌那（译音）。

分布： 青藏高原特有种。分布于青海、西藏、新疆、甘南及川北的高原地区。国外分布于尼泊尔和伊朗东部。

形态特征： 体型中等，体长 126～190mm。后足长通常不及 30mm。后肢略长于前肢，前后足的趾垫常隐于毛内，爪较发达。无尾。雌性有乳头 3 对。一般夏毛色深，短而贴身；冬毛色淡，长而蓬松。夏季上体呈暗沙黄褐色或棕黄色，冬季呈淡沙黄色，体侧色泽更为浅淡。上下唇及鼻部黑褐色。耳短小而圆，耳壳背面淡黑褐色，具白色耳缘。颈背淡黄色块斑明显。下体淡黄色或近乎白色。足背土黄或污白色。鼻骨狭长、前端膨大。额骨前端微凹陷，向前下方倾斜，中部隆凸，后端和顶骨急向下方倾斜，至脑颅后端趋平缓，故侧视头骨明显呈弧形隆起。门齿孔与腭孔完全合并成一大孔。

生活习性： 主要栖息于海拔 3 100～5 100m 的高原草原、草甸草原、高原草甸、高寒草甸及高寒荒漠草原带。在谷地灌丛草原带只居住在灌丛外围的草地上，绝不进入灌丛。它们在山间盆地、湖边滩地、河谷阶地、山麓缓坡、山前冲积扇、溪边及碎屑石砾山坡营群居生活。

洞系有 2 种，一种为简单洞系，即临时洞，洞道浅而短。这种洞道在夏季（7、8月）较多，一般在地面只有 2～3 个洞口，甚至只有 1 个洞口；另一种为复杂洞系，占地面积大，洞道长，平均为 13m，最长可达 20m 以上。洞道平均深度为 32.8cm，也有的达 60cm。洞道多分支，有的互相连通形成网络，有的形成盲支。

高原鼠兔是典型的植食性种类，对不同植物和植物的不同部位有不同程度的选择。

高原鼠兔是昼行性动物，不冬眠。其昼夜活动有两个明显的高峰，分别在上午和下午。10月份，天刚亮时只有少数鼠兔在地面活动。上午活动最频繁的时间在 9：00 以后；一天中的第二个活动高峰出现在 18：00。7月份两个活动高峰分别向早、晚方向移动，即日活动开始早，结束较晚。日活动有摄食、挖掘、观察、护域、日光浴、追逐和社群交往等。这些行为在全天活动时间中的分配不同。摄食活动在整个活动谱中具有突出的地位，占总活动量的 63％，活动高峰期 7：00～9：00 更为显著，可达到 78％；地面的移动、追逐、奔跑等运动成分占总活动量的 22％，其他行为合计占 15％。活动范围一般距离中心洞口 20m 左右。

高原鼠兔在摄食过程中表现为独特的啄食模式，即在采食过程中，低头采食片刻便抬头做短暂的观察，然后继续采食，继而抬头观察，同时伴随着一次次短距离的移动，如此周而复始，使整个取食过程表现为由若干片断组成的连续过程。采食间的观察频率达 6.5 次/min±1.7 次/min，采食频率为 5.7 次/min±1～3 次/min。当有异常声响或发现不明物体时，旋即后足站立、引颈注视，处于警戒状态，断定确有危险存在，瞬间返回洞内，约 10min 后，头部徐徐探出洞外，窥视许久才小心翼翼地出洞观察和活动。受惊扰后，高原鼠兔的奔跑速度可达 189.5m/min±42.2m/min。高原鼠兔喜栖息于植被低矮稀疏的开阔生境，而回避有高大植株、植被郁闭度高的生境。在青海湖西北隅的布哈河谷，高原鼠兔与达乌尔鼠兔同域重叠分布。对在共同栖息地生活的两种鼠兔标记个体的行为进行研究发现，高原鼠兔将栖息地生长的高大植株狼毒咬断后弃之一旁。达乌尔鼠兔则利用小生境高大植株茎丛为临时隐蔽所，以有效地躲避敌害的威胁。

发生规律：春季开始繁殖，每年繁殖 2 次，胎仔数多为 3～8 只。幼鼠出生时平均体重 8.8g，体被稀疏胎茸毛；8 日龄（平均体重 18.1g）开始睁眼，强壮者可随母鼠出巢活动；10 日龄眼有视力。在出巢活动中见到人立即逃避，并经常出巢活动，开始采食；15 日龄（平均体重 26.2g）可独立出洞取食。此时母鼠尽量回避幼鼠，但定时哺乳，每次哺乳约 40min。30 日龄（平均体重 80.3g）以后的幼鼠食欲旺盛，已独立取食，在洞口外常与同窝个体戏耍，出洞取食频繁。发育可分为 3 个阶段，即幼鼠、亚成年鼠和成年鼠。幼鼠阶段约为 30d（0～29 日龄），在此期间体重快速增长；亚成年鼠阶段（30～80 日龄），体重增长速度减慢，个体体重接近成体体重；成鼠阶段（80 日龄以上），体重基本稳定。出生 40d 后体重达到 100g 以上时，出生较早的个体可进入性活动期。平均寿命为 119.9d。

高原鼠兔终生营家族式生活，各自巢区相对稳定，具有护域行为。只是在配对初期护域行为减弱或暂时消失，巢区也有相应改变。随配对时期的结束，巢区再次进入稳定阶段。

第三章
鼠类种群数量预警监测

鼠类种群预警监测是依据鼠类的成灾与波动规律，分析鼠害的发生与造成的损失并做出准确预测的过程。预警监测是预防鼠害，减少鼠害损失经济有效的方法。这项工作是鼠害专业管理部门的职责之一。

鼠害预警监测的基本任务是预测害鼠造成的灾害程度、成灾范围、灾害损失以及害鼠数量的波动趋势。根据监测的内容和目的，实际调查时应采取相应的方法。因此，在监测前应首先明确调查目的，确定与研究目的相适应的调查方法。

鼠害预警监测是一项既有理论支撑也有很高技术含量的工作，如果不具备相应的知识和操作经验就难以做好。一些地方能够取得鼠害预测预报的良好成绩，其经验就是坚持不懈地采取实事求是的态度，克服困难，不断地摸索害鼠数量波动规律进而掌握了与害鼠数量变动密切相关的因素或现象，一旦在调查时发现了这些因素或现象的异常，就可以很快的得出害鼠的波动趋势。

在实际工作中，由于一些地区或单位不注意数据的积累。把鼠害预测预报看成可有可无的事情。一旦鼠害大发生，就急忙采取杀灭的方法。结果不仅消耗了大量的人力物力，还投放大量的化学杀鼠剂，造成环境的污染，而且如控制时机不对，害鼠的数量还会很快回升，或者没有投放毒饵的地方，害鼠的数量也在下降。无论哪一种情况发生，都说明预测预报工作还没有达到应有的水平。那么，如何做好害鼠的预警监测呢？鼠害的预警监测承担的主要任务有两个，其一是对鼠害发生面积、受害等级、危害损失做出测算，也就是通过监测了解害鼠的空间动态；其二是对害鼠的数量波动趋势、密度变化幅度做出预测，也就是要把握害鼠的时间动态。这两个任务不同，采用的方法也不同。在实际工作中应根据任务的性质采取与之相适应的方法，否则就不可能得出正确的结果。鼠类种群数量不仅会出现一定幅度的波动而且在某一地区会出现"暴发"或"崩溃"。因此，掌握了它们的动态规律才能够准确地做出监测预警。

第一节　鼠类数量动态

鼠类的种群数量变动可分为季节变动和年度变动。我国大多数地区具有明显的四季变化，各季节气候因子，如气温、降水量、积雪、植被、食物变化很大，对鼠类的生长发育、繁殖和存活都会产生影响，因而鼠类的数量形成相应的消长规律。我国黄河以北的鼠类其季节变化多为单峰型曲线，其种群数量变化过程表现为低谷期—增长期—高峰期—下降期—低谷期。每年繁殖结束时，由于幼鼠大量出洞，使得种群数量达到高峰，如鼢鼠、黄鼠、鼠兔、黑线姬鼠等。高峰期出现在 7 月份以前的称为前峰型，如棕背䶄、大林姬鼠；而出现在 7 月份以后的就称为后峰型，如红背䶄、大仓鼠、布氏田鼠、长爪沙鼠。南方的鼠类繁殖的盛期常出现在春秋两季，因而季节变动呈现为双峰型，如安徽、江苏、浙江的黑线姬鼠就是这种类型。但两个高峰的幅度不同，如黑线姬鼠春季数量比秋季更多些。鼠类的年度间变动是指不同年份之间的数量变动。鼠类的年度间是否有周期性波动是专业工作者非常关注的问题，因为掌握了鼠类的周期变化规律，就可以准确把握其数量的变动趋势。

鼠类种群数量的年度间变动与季节变动之间有密切的联系。如果季节变动幅度较大，其年度间数量变动幅度也较大，如新疆小家鼠、黑线仓鼠等。高数量或低数量年份也可能反映在季节消长上。安徽淮北的大仓鼠在平常年份有 2 个波峰，数量低的年份仅 1 个波峰而在高数量年份会出现 3 个波峰；多数年份黑线仓鼠仅有 1 个波峰，在高数量年份会有 2 个波峰。华北大仓鼠季节消长曲线在高数量年份呈双峰型，通常春峰数量很高；在低数量年份，秋峰不明显。内蒙古长爪沙鼠在数量下降期秋季密度比春季密度低，也就是季节消长也呈下降趋势。了解年度间变动与季节变动之间的关系，对依据短期信息作长期趋势变动的测报很有意义。

鼠类种群数量的年度间变动可分为比较稳定型、周期变动型和不规则变动型 3 种。

比较稳定型的鼠种年度间数量变化不大，如达乌尔黄鼠、五趾跳鼠、南方的赤腹松鼠。周期变动型鼠种指年度间数量变化剧烈，具有一定的周期性，如寒带地区的多数田鼠亚科的种类。澳大利亚农区的小家鼠表现为 7～9a 的数量变动。我国东北地区的棕背䶄具有明显的 3a 变动周期。不规则变动型或非周期变动型指数量变化剧烈，但无明显周期性，如新疆的小家鼠、西北地区的子午沙鼠、内蒙古的布氏田鼠。如何判断鼠类是否存在年度的周期性变化是许多科学家致力解决的问题。为此，Stenseth 和 Framstad（1980）设计了测度周

期性指数 S 的方法，用来划分田鼠数量变动的周期性或非周期性变动。

设 X_i 为第 i 年的种群密度，则各年 Log（X_i）的标准差 S 为周期性指数。

当 $S<0.5$ 时，种群为非周期性变动。

当 $S>0.5$ 时，种群为周期性变动。

计算 S 需要有 4 年（非周期）或 5 年（周期性）的数据，且最好使用秋季数据。

Rogalska 等（1990）通过分析普通田鼠（$M.\ arvalis$）种群的数据发现，S 值在 0.3 至 1.7 之间，种群中的 22.5％低于 0.5，其余大于 0.5，大部分有 3～4.9a 的周期。Tamarin 等（1987）求得岸䶄（$M.\ breweri$）的 S 值为 0.16，认为其种群属非周期性变动。在实际计算时，周期性指数 S 值很不稳定，似乎不太适合其他种类和地区鼠类数量年度间变动的情况。

影响鼠类种群变动的因素可能有其作用的关键时期。如新疆小家鼠 9 月份与当年 4 月份数量之间相关系数为 0.806，而与下一年 4 月份数量之间的相关系数仅为−0.31。可见，非繁殖期的外界因素对小家鼠种群作用比繁殖期更重要。华北大仓鼠秋季最高密度与当年 4 月密度相关系数达 0.93，而与下一年 4 月份密度的相关系数为 0.40。说明，北方非繁殖期的外界因素对种群数量的变动可能非常关键。通常，冬季气温偏高，雪被较厚，有利于种群的暴发。许多因素如食物、栖息地、竞争甚至疾病都通过密度反馈来实现。种群在高密度时，食物条件差，社群紧张压力大，易感染疾病，其繁殖力（如胎仔数、怀孕率等）、存活率均低。这些规律称密度反馈调节（正反馈或负反馈）。

第二节　种群数量调节理论

关于鼠类种群数量平衡及其调节理论进行详尽的研究和论证自 20 世纪开始。对于各类因素究竟如何影响与抑制着种群内在增殖倾向的，以及是否存在着某类特殊的环境因素，起着调节种群密度的作用等问题，存在许多不同论点。

一、生物因素影响学说

Howard 与 Fiske（1911）认为，种群的抑制作用与种群密度无关，不管种群密度大或小，灾变性因素（catastrophica gents）总是可以杀死一定量的个体。所以，当灾变性因素发生时，种群密度大时，其消灭的个体比例相对较小，而在种群密度小时，其消灭的个体比例相对较高。

Nicholson 主要增加了种间竞争的数学模型。他在 Lotka 和 Volterra 的捕食者与被捕食者模型的基础上，增加了时滞效应，并且认为种间或种内竞争常是控制种群密度的主要因素，包括种内为食物或居住地而竞争，以及寄主与天敌间的种间竞争。

Smith 将适应性因素改为密度制约因素，灾变性因素改为非密度制约因素。他承认有时气候因素也能成为一个决定因素，但只有当它也成为密度制约因素时才有可能。例如，存在一种保护性避难场所时，只能容纳一定数量的个体，当某一气候致死因素来临时，那些未进入庇护所的个体便被消灭了。因此，气候因素而引起的死亡率，与当时的种群密度有关。

Milne 把影响种群密度的因素分为三大类：①完全密度制约因素，如种内竞争；②不完全密度制约因素，如天敌；③非密度制约因素，如气候等。并按种群的数量动态，分为三个数量带：极高数量带、一般数量带和极低数量带。以上三类环境因素在三个数量带中所起的作用是不同的。在极高数量带中，由天敌（指天敌作用减少时）和气候促进种群数量上升，而种内竞争则致使种群数量下降，并永不使种群密度高达最高毁灭程度。在一般数量带中，均由于天敌和气候间的综合作用而使种群密度上下变动；在极低数量带中，均由气候因素促使种群密度上下变动，并永不使密度下降到最低毁灭程度。在自然界内，许多种昆虫的密度带处于一般数量带。因此，引起种群密度变动的最基本因素是气候和天敌的综合作用。

二、气候因素影响学说

Bodenimer（1928）最早提出，昆虫种群密度的变动首先是由于天气条件对种群的发育速率和存活率的影响所致，并认为许多昆虫幼期常由于气象因素的影响而死亡率达 85%～90%。Uvarov（1931）在《昆虫与气象》中根据气象条件对昆虫生长、繁殖和死亡的影响，以及与种群数量变动间的相关关系而把气象因素看作是控制种群的首要因素。并且反对自然界存在稳定的平衡的观点，着重指出大田种群的不稳定性。Thompson（1929，1956）、Andrewatha 和 Brich（1954，1960）等观点也基本属于这类学说。Thompson 虽也认为种群栖息地内物理因素所引起的间断性和变异性是自然控制的最首要的外在因素。但是，又认为影响一个种的综合外界环境是无时无刻不在变化的。因此，种群的自然控制的原因既是多样的又是可变的。

Andrewatha 和 Brich，反对把环境条件分为生物的、物理的，或者分为密度制约因素和非密度制约因素。他们认为所有的因素都与种群密度有关，而主张把环境划分为气候、食物、其他动物和寄生菌类、生活场所四类，并认为自然种群的数量可由于三条途径而受到限制：①资源（食物和栖息场所）不足；②动物对这些资源的扩散和寻觅能力的限制；③种群的增殖率为正的时间过程。在自然界中，第三种情况最为常见。而种群增长率 r 值的变动，可因气候、捕食性天敌，或其他因素而引起。第一种情况是不常见的。任何一个自然种群数量的消长与上述四个环境条件都有关。只是在大多数情况下，一、二种可能起决定作用，至于哪一种因素起主要作用，则需作具体分析。

三、综合因素影响学说

20 世纪 50 年代后，许多学者注意到单纯从生物因素或气象因素来解释种群变动机制是相当片面的。Bmxopob（1955）等都倾向于以生物因子与非生物因子间复杂的组合作用为种群变动机制的多因性，并因时间、地点而变化。对于不同的种群和在不同情况下，都可能有一种或几种因子是起主要作用的。实际上，像 Andrewatha 等，最后也倾向于综合的论点。

四、种群调节学说

以上的各种学说主要着重于外在因素（extrinsic factors）控制种群的规律，忽略了种群内个体间的差异性。因此，种群内在的变异性（intrinsic changes）及其对控制种群的重要性是很重要的。

种群个体的变异可有两种类型，即表现型（或表型 phenotype）和基因型（或遗传型 genetype），与这两种类型相联系的调节机制也是不同的，但最终都与进化论有关。

Ford（1931）根据遗传学现象提出了遗传变异对种群调节的重要性。指出自然选择在环境条件适宜、种群密度增长时会缓和下来，使种群内的变异增强，以致许多劣等的基因型又因自然选择增强而被淘汰，造成种群数量下降。同时，种群内的变异性也减弱。所以，种群数量的增长不可避免地会导致种群数量的下降，这也可以说是一种内在的反馈机制。

Chitty（1955）提出了两个假设，即当种群在两个时间（i 和 n）内，当 n 时间的死亡率（D_n）大于 i 时间的死亡率（D_i）时，如果我们观察到两个时间的环境条件（M_i 及 M_n）有显著的差异，那么可以认为种群数量的这种差异主要是由外在因素造成的。相反，当我们发现两个时间的环境条件基本相同，则可认为这种种群数量的变异，主要是由种群内在个体的变异性造成的。

Chitty 在 1960 年提出了一种理论：种群密度的调节并不一定由于外在的环境资源的破坏，或是在恶劣的天气条件下等原因，而是由于任何物种均具有调节它们本身的种群密度的内在能力。也就是说，在适宜的环境条件下，种群密度的无限增长可因种群种质的恶化（或退化）而受到控制。因此，可以认为非密度制约的因素如天气等的影响效应也是与种群密度有关的。当种群密度大、种质下降时，这种效应也增强。因此，数量和质量是种群研究中的两个重要方面。

五、自然调节的进化意义

上面已经述及组成种群的个体间是有差异的，也就是个体以及由个体组成种群的异质性问题。每个个体都有个体的遗传本性及其基因型，一个地方种群的每个成员分享着共同的基因库。物种就是由许多彼此能实际或潜在杂交的种群组成的。因此，目前生态学家除研究由个体组成的种群特征外，也着重研究每个个体的基因型。把种群看作自然的单元，即所谓的孟德尔种群（Mondelian population）。选择的结果就是"适者生存"。所谓适者即具有更高的繁殖后代能力的个体或种群，这也就是进化的过程。过去的概念认为这种自然选择的进化的时间过程是很缓慢的，但 Ford（1975）指出，可能这种进化作用很迅速，从而使进化的时间进度接近了生态时间进度。这是因为有机体数量的变动是通过种群中个体的遗传性变异引起的。种群的自动调节又是怎样受进化变化的影响的呢？Pimental（1961）指出这种进化作用是通过基因反馈机制实现的。进化变异是由基因反馈机制控制的，这种反馈机制协调着对立的双方：寄主和害虫；食草动物和植物；捕食者和被捕食者。他认为自然种群调节是以进化过程为基础的。

以上各学派的论点是从不同角度来探索种群自然调节机制的。这些论点间虽然有很尖锐的争论，但并不是完全相互排斥的。有许多地方还是相互重叠的。在错综复杂的自然界中，以为一种因素是普遍地决定一个种群数量变动的原因，显然是十分片面的。我们可以从各学派吸取其正确的一面，来解释和解决我们所遇到的理论和生产问题。

第三节　鼠类种群预测

害鼠种群的数量波动可以用许多方法做出预测，归纳起来有两大类。其一是采用概率统计学为基础的方法，就是统计模型类的预测方法，如建立回归方程（一元或多元回归、逐步回归）、马尔柯夫链分析、时间序列分析等；其二是采用生物数学模型，如生命表、Leslie 矩阵等。

统计模型中较通用的方法是回归分析和时间序列分析等，如姜运良等（1994）建立了种群数量与怀孕率、胎仔数及降水因子的最优回归方程；王勇等（1997）、汪笃栋等（1991）应用逐步回归法分别建立了洞庭湖稻区、江西安义黑线姬鼠数量预测模型。以上回归模型是以害鼠的数量波动与预测前数量存在稳定的线性关系为前提，且线性回归方程或非线性逐步回归方程需要对害鼠的生物学及生态学特性有十分全面的了解，并积累不少于 5 年以上有关种群动态消长的调查资料，而且不同鼠种需选择不同的生物学和生态学特征以及关键环境因子作为模型参数。时间序列分析需要假设预测对象与时间有关，通过反映外部因素综合作用来预测对象的变化过程，其根据是数据之间的相互依赖关系，从而简化了复杂的外部因素。所以时间序列分析具有其独特的优点和应用价值。应用时间序列分析，较好模拟了黑线姬鼠、板齿鼠种群的动态过程。

生物数学模型的主要方法有建立生命表和 Leslie 矩阵，这类模型较简便有效。生命表通过对不同年龄组存活率的研究，分析害鼠种群的敏感期及敏感因子，为种群预测提供可靠的理论依据。基于生命表的 Leslie 矩阵模型自提出以来，在种群生态学研究领域已得到广泛应用和发展，显示出强大的生命力。应用矩阵模型来分析与预测种群动态，是种群研究中常用的方法之一，它不仅可以估算任一时刻种群的密度，还可得出各年龄组个体在种群中所占的比例，其特点是简单、明确，便于在计算机上运算，且数据直接来自于生命表。通过建立种群矩阵模型、作参数灵敏度分析，对种群变动趋势进行了很好的模拟和预测。

此外，鉴于种群大量的未知和非确知信息所表现的种群动态与环境之间信息比较模糊，为简化种群内在的生物学特性间的复杂关系，提出了灰色系统分析方法。它通过对系统的灰色性、变量的随机性模拟，可简便有效地模拟和预测种群动态。应用系统模型 GM（1，1）对新疆小家鼠种群数量的长期变动趋势进行模拟，预测结果表明该方法是可行的。但应用灰色系统理论在鼠害测报方面的报道所见不多。

近年来，世界各国许多科学家致力于发展以种群动态规律及其调控机理为基础的研究，探讨鼠害中、长期预测预报指标及参数。而上述数学模型在理论上有助于揭示害鼠种群的波动规律与调节机制，在实践中又为鼠害测报与防治提供了科学依据。但是，只有建立在系统掌握害鼠种群动态规律及其主要影响因素基础上的动态模型，才有可能准确预测种群发展趋势，及时采取有效措施，控制鼠害的发生和危害。

第四节　生命表

生命表是指种群生长的时间，或按种群的年龄（发育阶段）的程序编制的特定的表格，可以系统地记述种群的死亡或生存率和生殖率，并对影响种群数量变动的关键因子做出判断。最初，生命表仅作为种群死亡状况的记载表格，后来深入发展了生命表中各项目间关系的分析方法。目前，生命表的方法已成为研究种群数量变动机制和制定数量预测模型的一种重要方法。生命表技术的主要优点是：可以系统性记述种群世代从开始到结尾整个过程的生存或生殖情况；同时也可以综合记述影响种群数量消长的各因素的作用状况；并且还能够通过生命表作出关键因素分析，找到在一定条件下综合因素中的主要因素和作用的主要阶段。现在，生命表的表现形式和数据处理方法已有许多发展，并逐渐定型。

生命表的一般概念和常用参数及符号：

x 为按年龄或一定时间划分的单位时间期限（如日、周、月等）；

l_x 为在 x 期开始时的存活鼠数；

d_x 为在 x 期限内 $(i, i+1)$ 的死亡数；

q_x 为在 x 期限内的死亡率，常以 $100q_x$ 或 $1\,000q_x$ 表示；

e_x 为在 x 期开始时的平均生命期望数；

L_x 为在 $x-x+1$ 期间的平均存活数目；

T_x 为自 x 期限后的平均存活数的累计数。

生命表中各栏都互有关系，只有 l_x 和 d_x 是实际观测值，其他各栏都是统计数值。在制表前首先要划分年龄期间 (x)，生活史长的种类则年龄段可以长些。

表 3-1　一个假设的生命表

x	l_x	d_x	q_x	T_x	e_x
1	1 000	300	850	2 180	2.18
2	700	200	600	1 330	1.90
3	500	200	400	730	1.46
4	300	200	200	330	1.10
5	100	50	75	130	1.30
6	50	30	35	55	1.10
7	20	10	15	20	1.00
8	10	10	5	5	0.50

各列的计算可从以下各公式得出（表3-1）：

$$l_{x+1} = l_x - d_x$$

$$l_4 = l_3 - d_3 = 500 - 200 = 300$$

$$q_x = \frac{d_x}{l_x}$$

$$q_4 = d_4/l_4 = 200/300 = 0.667$$

$$1\ 000q_4 = 1\ 000 \times 0.667 = 667$$

$$l_x = \frac{l_x + l_{x+1}}{2}$$

$$l_4 = (l_4 + l_5)/2 = (300 + 100)/2 = 200$$

$$T_x = \sum_{x}^{\infty} l_x$$

$$T_4 = l_4 + l_5 + l_6 + l_7 + l_8 = 200 + 75 + 35 + 15 + 5 = 330$$

$$e_x = \frac{T_x}{l_x}$$

$$e_4 = T_4/l_4 = 330/300 = 1.10$$

生命表的基本形式是围绕种群的年龄特征，以死亡率为中心。而另一种基本形式则加入了繁殖力这一项目 m_x。表中仍有 x 及 l_x 项，但 l_x 项只代表雌性个体数。m_x 则表示在 x 期限内存活的平均每一雌个体所产生的雌性后代数。实际上常假设雌雄比例为1：1，因此 $m_x = n_x/2$，n_x 为雌性个体在 x 期限内的总出生数。再将 l_x 与 m_x 两项相乘，代表在每个 x 期限内所产生的雌性后代总数。

l_x 表示年龄为 x 时尚存活的生殖雌体的概率；$\sum m_x = 16.3$，称为总生殖率；$\sum l_x m_x = R_0 = 2.94$，称为每一世代的净生殖率（净增率）。表3-2表明，每一个雌体经历一个世代可产生2.94个雌性后代。

表3-2　一个假设的种群繁殖特征生命表

x（周）	l_x	m_x	$l_x m_x$	$L_x m_x x$
0	1.00	—	—	—
49	0.46	—	未成熟期	—
50	0.45	—	—	—
51	0.42	1.0	0.42	21.42
52	0.31	6.9	2.13	110.76
53	0.05	7.5	0.38	20.14
54	0.01	0.9	0.01	0.54
$\sum$		16.3	2.94	152.86

由于这一群体的最长生命为 54 周，因此作为一个世代的时间值，应当是其平均值的生命值 T 的计算方法为：

$$T = \frac{\sum l_x m_x x}{\sum l_x m_x}$$

也就是一个世代雌体产生后代的加权平均生命。故，表 3-2 中 T 值为：

$$T = 152.86/2.94 = 51.99(周)$$

算出 T 后便可根据下式计算种群增长的瞬时速率（r_m）或称为内禀增长能力。

$$r_m = \frac{\ln R_0}{T}$$

如上表所列各数据

$$r_m = \frac{\ln R_0}{T} = \frac{\ln 2.94}{51.99} = \frac{1.0784}{51.99} = 0.020\ 7$$

因为 r_m 是代表每一雌鼠的瞬间增长率，可以用下列公式将瞬间增长率转化为周限增长率（λ）

$$\lambda = e^r m$$

如本例 $r_m = 0.020\ 7$，则：

$$\lambda = e^{0.020\ 7} = 1.020\ 9$$

该周限增长率是指每一雌体在实验条件下，经过单位时间（此例为周）后的增殖倍数为 1.020 9 倍，也就是说理论上将逐周以 1.020 9 倍的速度不断作几何级数增长。

具有缺失数据的生命表编制方法

常见的生命数据有 4 种类型，即：①完整的生命数据（complete data）已确切知道每个个体的确切寿命的数据。②右删失数据（right-censored data）对某些个体知道其寿命大于某个值的数据。③左删失数据（left censored data）对某些个体知道其寿命小于某个值的数据。④区间型数据（interval data）仅知其生命介于两个值之间的数据。在某种意义上说，区间型数据类型含义最广，它实际包括了上述三种生命数据类型。

这四类生命数据的共同的特征是个体的调查时间起点都在初始时刻（刚出生）。在对野生鼠类同生群（cohort）的生命数据跟踪调查过程中，经常会出现另外一种情形，某些个体的起始调查时间不是在出生时刻而是在经过某段时间之后才进入调查范围。例如某些迁入的个体，并且这些个体往往在不同的时刻进入种群，这种数据被称为左截断数据（left-truncated data）。

与四种常见的生命数据类型相对应，生命表的编制通常有三种非参数统计方法：①生命表法（life table method），通常生命表法可处理寿终数据，右删失数据和区间型数据。②乘积限估计法（product-limit estimation），这种方法能处理寿终数据和右删失数据，但其估算精度要比生命表法准确。③Turnbull估计法（Turnbull estimation），Turnbull估计法可处理寿终数据，右删失数据和左删失数据。例如某些后来迁入调查范围的个体，而这部分个体并非是在其出生时刻就开始跟踪的，而且这些个体进入调查时刻的年龄往往还存在差别，这些数据被定义为左截断数据（left-truncateddata）。显然，左截断数据可兼为寿终数据、右删失数据、左删失数据或区间型数据中的任何一种，但又有明显地与这些普通数据相区别，因而在数据分析过程中必须把它与普通数据区别对待。关于对截断数据类型的分析处理方法可以采用在乘积限估计法的基础上加以适当的改进，使其适用于左截断数据，同时计算过程也相对简单。为了使计算过程更为清晰明了，以布氏田鼠的生命数据为例介绍这一方法的使用。

（1）假定在其出生到出窝这段时间内存活率与性比无关，可以近似用其出窝性比代替其出生性比，从而分别得到出生的两性仔鼠数目。

（2）为了得到出窝前的幼鼠死亡数据（这部分死亡数据通常无法观测），可根据各个性别组幼鼠的出生数目和出窝数目的差额推算其出窝前的死亡个体数目，并假定在出生到出窝这段时间内死亡率处处相等（总体死亡率等于出窝数目与出生数目之比），然后采用指数函数来近似确定每个死亡数据的数值。对于出窝后的布氏田鼠死亡数据则用中点值估计法确定：即假定在一系列连续调查取样中（包含重捕和观察），S_i 为已知个体 i 还活着的最后一次取样时间，S_{i+t} 为下一次取样时间，那么个体 i 的时间估计值为 $(S_i + S_{i+1})/2$。

右删失数据表现为该鼠为重捕操作中误伤即重捕丧失（losses on traps）的个体或者由于该鼠迁出样地而中断跟踪，它的数值是确定的。左截断数据则是另外一种类型，指示该个体进入调查的实际日龄。如果一个个体从出生时刻即进入调查则左截断日龄为零；如果个体在某个日龄后才进入调查范围，那么该日龄即为该个体的左截断日龄。显然，普通数据也可以看成是左截断时间为零的一类特殊的左截断数据。

表3-3 布氏田鼠的寿命数据及左截断数据改进的乘积限估计法估算的生存函数
(宛新荣等，2001)

个体序号 (i)	寿命 (t_i)	右删失示性函数 (R_i)	左截断日龄 (I_i)	有效样本量 (n)	存活分数 $[S(t_i)]$
1	1	0	0	20	0.95
2	4	0	0	20	0.90
3	6	0	0	20	0.85
4	7	0	0	20	0.80

（续）

个体序号 (i)	寿命 (t_i)	右删失示性函数 (R_i)	左截断日龄 (I_i)	有效样本量 (n)	存活分数 $[S(t_i)]$
5	9	0	0	20	0.75
6	12	0	0	20	0.70
7	13	0	0	20	0.65
8	15	0	0	20	0.60
9	16	0	0	20	0.55
10	22	0	0	20	0.50
11	30	0	24	25	0.466 7
12	55	0	0	28	0.411 8
13	55	0	24	28	0.411 8
14	72	0	58	34	0.352 9
15	72	0	58	34	0.352 9
16	72	0	58	34	0.352 9
17	72	1	32	34	0.352 9
18	80	0	0	41	0.338 2
19	86	0	72	41	0.308 8
20	86	0	72	41	0.308 8
21	86	1	24	41	0.308 8
22	90	0	0	41	0.293 4
23	93	0	32	41	0.262 5
24	93	0	58	41	0.262 5
25	103	0	72	41	0.247 1
26	109	0	0	41	0.231 6
27	114	0	0	41	0.216 2
28	122	0	0	41	0.185 3
29	122	0	32	41	0.185 3
30	126	0	72	41	0.169 9
31	147	0	72	41	0.154 4
32	151	0	0	41	0.139 0
33	174	0	0	41	0.123 5
34	189	0	72	41	0.108 1
35	220	0	0	41	0.092 6
36	228	0	72	41	0.077 2
37	252	0	24	41	0.061 8
38	292	0	0	41	0.046 3
39	317	0	58	41	0.030 9
40	341	0	58	41	0.015 4
41	435	0	24	41	0

用改进的乘积限估计法估算鼠的种群个体生存函数。第一步将所有的生命数据按由小到大排列，如果某些生命数据具有相同的数值，那么按寿终数据、右删失数据的次序排列，这样可以得到一个生命序列如：$t_1 \leqslant t_2 \leqslant \cdots \leqslant t_n$，其中 n 表示生命数据总数（包含普通数据和左截断数据）。然后，按下列步骤估计其生存函数。为更容易了解估计原理，下面先介绍乘积限估计的主要原理和步骤。

乘积限估计的生存函数 S （t_i）也可以称作存活分数函数，一般表示为：

$$S\ (t_i)\ =1，当 t \in\ [0，t_1]\ 时 \tag{1}$$

其生物学解析为：由于 t_1 为最小的生命节点，因此在区间 $[0，t_1]$ 内，存活分数为1。

$$S(t_{i-1})\prod_{t_i=t}(\frac{n-i}{n-i+1})^{\delta(i)} = [(n-i)/(n-i+1)]^{\delta(i)},$$
$$当 t \in (t_i,t_{i+1}) 时 \tag{2}$$

其生物学解析为：在区间 $[t_i，t_{i+1}]$ 内，存活分数保持在 S （t_i）这一水平，它在数值上等于在上一个区间的存活分数数值 S （t_i-1）乘以在生命节点（死亡或右删失）t_i 的存活比例因子 $\prod_{t_i=t}\left(\frac{n-i}{n-i+1}\right)^{\delta(i)}$。在只有一个死亡或右删失数据的情形下，其存活比例因子为 $[(n-i)/(n-i+1)]^{\delta(i)}$，其中，$n$ 为生命数据总数。因为 t_i 为第 i 个死亡或右删失个体，故在 t_i 时刻前种群尚有 $(n-i)$ 个个体，而其后种群尚存 $(n-i)$ 个个体。因此，在节点 t_i 处的存活比例因子应为 $[(n-i)/(n-i+1)]^{\delta(i)}$。这里幂 δ （i）的作用，如果第 i 个个体为死亡数据，有 $\delta(i)=1-R_i=1-0=1$，则存活比例因子 $[(n-i)/(n-i+1)]^{\delta(i)} = (n-i)/(n-i+1)$，即该比例因子有效；若第 i 个个体为右删失数据，有 $\delta(i)=1-R_i=1-1=0$，此时存活比例因子为

$$[(n-i)/(n-i+1)]^{\delta(i)} = [(n-i)/(n-i+1)]^0 = 1$$

即该数据的删失不能等同为一般死亡，即该存活比例因子对群体存活率影响为无效。δ （i）实际上起到了将右删失数据与死亡数据分开处理的作用。

其次，在节点 t_i 处同时有多个死亡或右删失数据的情况，当同时存在 2 个死亡数据和 1 个右删失数据的情形，由于死亡数据排列在前，我们可以得到其存活比例因子：

$$\left[\frac{n-i}{n-i+1}\right]^1 \cdot \left[\frac{n-(i+1)}{n-(i+1)+1}\right]^1 \cdot \left[\frac{n-(i-2)}{n-(i+2)+1}\right]^0 = \frac{n-(i+1)}{n-i+1}$$ 而阶

乘符号表的底标 $t_i=t$ 的作用是可在同一节点，t_i 同时处理多个死亡和右删失数据。从上式可以看出，死亡数据与右删失数据的不同排列次序将导致存活比

例因子出现不同的数值。那么，为什么要将右删失数据置于死亡数据（寿终数据）之后？由于死亡事件可理解为瞬时事件，而右删失数据则表示其真实寿命大于删失年龄的个体，因此，至少在节点 t_i 时刻这一瞬间，右删失数据实际上并未死亡，它仍然可视为有效存活样本（但此后将不再视为有效样本），因而在排列次序上必须置于死亡数据之后。

最后，我们全面理解（2）式的解析意义：在区间 $[t_i, t_{i+1}]$ 内，由于无死亡或右删失事件出现，因此，种群存活分数保持在同一水平即 $S(t_i)$，直到下一个死亡或右删失节点 t_{i+1} 为止。而经历每一个区间的初始节点 t_i，种群的存活分数都要乘以该节点的存活比例因子 $\prod\limits_{t_i=t}(\frac{n-i}{n-i+1})^{\delta(i)}$，因而其种群存活分数不断下降，呈现出下降阶梯函数的特征（宛新荣等，2000）。这就是该法被称为乘积限估计（product-limitestimation）的主要原因。

$$S(t_i)=0，当 t\in [t_n] 时 \qquad\qquad (3)$$

其生物学解析为：在最后一个节点 t_n 后，所有个体均已死亡或删失，因此种群存活分数为 0。一般认为，最后一个节点 t_n 时刻不能有右删失数据，否则（3）式将无任何意义。

在乘积限估计的应用前提是，所有动物个体开始进入调查的年龄都是在出生时刻。因此，其寿命数据的有效样本量等价于寿命数据总数，即恒等于 n。

但是，在多数情况下（尤其是对处于自由生活状态的鼠类而言），这一前提未必符合真实情况。实际上，由于迁入个体的出现，或者由于种种原因，有些个体未能在出生时刻就开始被追踪，而在某个年龄之后才被研究人员所追踪，这些个体均具有延滞介入（entry delay）的特征，其寿命数据即为左截断数据。具有左截断数据特征的动物个体不能等同为普通的寿命数据，因为它实际上含有一个条件概率：鼠类至少存活到截断时刻（年龄）才有可能成为左截断数据，而低龄夭折个体不可能成为左截断数据。如果不消除这个条件概率的影响，那么将高估了动物种群的早期存活率（相对于截断年龄而言）从而导致对整个动物种群生存过程的产生估计偏差。针对这一实际情况，对乘积限估计的改进方法可使其同样适用于左截断数据。由于每个左截断个体的截断年龄不完全一致，即进入调查追踪的年龄不同。因此，对于每一个死亡（或右删失）节点 t_i 而言，其有效统计样本随着左截断数据的依次介入而不断增加，当所有截断数据加入后才达到最终的有效样本即寿命数据总数 n。这里引进变量 M_i 来解决其有效样本量的变动问题，M_i 指在节点 t_i 处的有效样本量，表示在节点 t_i 之前进入调查追踪的动物个体数量（即左截断时间小于时刻 t_i 的个体数），其简单表达式为：

$$M_i = \sum_{j=1}^{n} k_j \text{（当 } I_j \geqslant t_i \text{ 时 } k_j = 0 \text{，当 } I_j < t_i \text{ 时 } k_j = 1 \text{）} \qquad (4)$$

针对每一个节点 t_i 分别计算相应的有效样本量 M_i，在全体寿命数据 n 中，比较其左截断日龄（普通数据可视为左截断日龄为 0 的特殊左截断数据）与节点 t_i 大小。如果其左截断日龄 $I_j < t_i$ 则第 j 个体计入有效统计样本，此时 $k_j = 0$ 用于累计其有效统计样本量 M_i；若 $I_j \geqslant t_i$ 则不计入有效统计样本。例如，对表 3-3 中 M_{16} 的估算方法，先从表 3-3 中的第一列找到"个体序号" $i = 16$，在同行的第二列查出 $t_{16} = 72$，在第四列左截断日龄 I_i 中找出 $I_j < 72$ 的寿命数据总数，共计 34 个，因此 $M_{16} = 34$。

由此得到，针对具有左截断数据情形下的乘积限估计改进方法：

$$S(t_i) = 1，\text{当 } t \in [0, t_1] \text{ 时} \qquad (5)$$

$$S(t_i) = S(t_{i-1}) \prod_{t_i = t} \left(\frac{M_i - i}{M_i - i + 1} \right)^{\delta(i)}，\text{当 } t \in [t_i, t_{i+1}] \text{ 时} \qquad (6)$$

$$S(t_i) = 0，\text{当 } t \in [t_n, \infty] \text{ 时} \qquad (7)$$

从以上的计算过程可知，在没有左截断数据的情形下，$I_j \equiv 0$，即 $k_i \equiv 1$（因为 $t_i > 0 \equiv I_j$），由此有 $M_i \equiv n$ 成立。这样，缺失数据可以简化为乘积限估计法。

在得到一系列的时间节点值 t_i 和生存函数 $S(t_i)$ 的值后，可以按表 3-4 编制生命表。为了进一步比较乘积限估计与新的改进方法的差异，我们还将表 3-3 中的生命数据按传统的乘积限估计法估计其生存函数与编制生命表（排除其中的左截断数据）。其结果列于表 3-5。

表 3-4　由生存函数 $S(t_i)$ 编制布氏田鼠生命表实例

（宛新荣等，2001）

个体序号 (i)	寿命 (d, t_i)	存活分数 [$S(t_i)$]	节间间隔 Δt_i	乘积项 [$S(t_i) \cdot \Delta t_i$]	累计项 (T_i)	生命期望 (d, e_x)
1	1	0.95	3	2.85	73.620 7	77.495 5
2	4	0.90	2	1.80	70.770 7	78.634 1
3	6	0.85	1	0.85	68.970 7	81.142 0
4	7	0.80	2	1.60	68.120 7	85.150 9
5		0.75	3	2.25	66.520 7	88.694 3
6	12	0.70	1	0.70	64.270 7	91.815 3
7	13	0.65	2	1.30	63.570 7	97.801 1
8	15	0.60	1	0.60	62.270 7	103.784 5
9	16	0.55	6	3.30	61.670 7	112.128 5

（续）

个体序号 (i)	寿命 (d, t_i)	存活分数 [$S(t_i)$]	节间间隔 Δt_i	乘积项 [$S(t_i) \cdot \Delta t_i$]	累计项 (T_i)	生命期望 (d, e_x)
10	22	0.50	8	4.00	58.370 7	116.741 4
11	30	0.466 7	25	11.667 5	54.370 7	116.500 3
12	55	0.411 8	17	7.000 6	42.703 2	103.698 9
13	72	0.352 9	8	2.823 2	35.702 6	101.169 2
14	80	0.338 2	6	2.029 2	32.879 4	97.218 8
15	86	0.308 8	4	1.235 2	30.850 2	99.903 5
16	90	0.293 4	3	0.880 2	29.615 0	100.937 3
17	93	0.262 5	10	2.625 0	28.734 8	109.465 9
18	103	0.247 1	6	1.482 6	26.109 8	105.664 9
19	109	0.231 6	5	1.158 0	24.627 2	106.335 1
20	114	0.216 2	8	1.729 6	23.469 2	108.553 2
21	122	0.185 3	4	0.741 2	21.739 6	117.321 1
22	126	0.169 9	21	3.567 9	20.998 4	123.592 7
23	147	0.154 4	4	0.617 6	17.430 5	112.891 8
24	151	0.139 0	23	3.197 0	16.812 9	120.956 1
25	174	0.123 5	15	1.852 5	13.615 9	110.250 2
26	189	0.108 1	31	3.351 1	11.763 4	108.819 6
27	220	0.092 6	8	0.740 8	8.412 3	90.845 6
28	228	0.077 2	24	1.852 8	7.671 5	99.371 8
29	252	0.061 8	40	2.472 0	5.818 7	94.153 7
30	292	0.046 3	25	1.157 5	3.346 7	72.282 9
31	317	0.030 9	24	0.141 6	2.189 2	70.847 9
32	341	0.015 4	94	1.447 6	1.447 6	74.000 0
33	435	0.000 0				

表 3-5　以乘积限估计法的布氏田鼠生存函数及生命表

（宛新荣等，2001）

个体序号	寿命（d）	存活分数	节间间隔	乘积项	累计项	生命期望（d）
1	0.05	3	2.85	76.60	80.632	
2	4	0	2	1.80	73.75	81.944
3	6	0.85	1	0.85	71.05	84.647
4	7	0.80	2	1	71.10	88.875

（续）

个体序号	寿命（d）	存活分数	节间间隔	乘积项	累计项	生命期望（d）
5	0	0.75	3	2.25	69.50	92.667
6	12	0.70	1	0.70	67.25	96.071
7	13	0.65	2	1.30	66.55	102.385
8	15	0.60	1	0.60	65.25	108.75
9	16	0.55	6	3.30	64.65	117.545
10	22	0.50	33	16.50	61.35	122.70
11	55	0.45	25	1.25	44.85	99.667
12	80	0.40	10	4.00	33.60	84.00
13	90	0.35	10	6.65	29.60	84.571
14	109	0.30	5	1.50	22.95	76.50
15	114	0.25	8	4.00	21.45	85.8
16	122	0.20	29	5.80	17.45	87.25
17	151	0.15	23	3.45	11.65	77.667
18	174	0.10	46	4.60	8.20	82.00
19	220	0.05	72	3.60	3.60	72.00
20	292	0	—	—	—	—

由于静态生命表的生命数据通常来源于特定时刻对种群结构的调查结果，静态生命表所涉及的一般只有寿终数据（或所有数据均按寿终数据处理），其估算过程也较简单；相反，动态生命表所涉及的生命数据类型复杂。在野外条件下，各种偶然事件导致出现各种生命数据类型，例如删失型数据（左删失和右删失数据），使传统的生存函数估计以及生命表编制方法（无删失机制的生命表法）面临困难。在实际分析过程中，必须妥善地处理好删失型数据，否则将影响估算结果的正确性。

在野外条件下，有时会出现特殊的生命数据类型，如迁入个体（或人为追加补充的个体）的生命数据。假定能够通过有效的年龄鉴定方法来确定这些个体的迁入年龄如牙齿磨损状况或者通过经验生长曲线确定年龄，这些个体的生命数据即属于左截断数据。然而，与删失型数据有所不同，左截断型数据可以排除在分析之外而不影响估算的正确性。

第五节　种群数量趋势指标（I）的分析

种群数量趋势指数（I）是指在一定条件下，下一代或下一时期（或年龄段）的数量（N_{n+1}）占上一代或上一段时期数量（N_n）的比值，也就是存活指数。

$$I = \frac{N_{n+1}}{N_n}$$

由于种群的发生消长具有的阶段性特点，首先做组分分析，即

$$I = \frac{N_2}{N_1} \times \frac{N_3}{N_2} \times \cdots \times \frac{N_n}{N_{n-1}} \text{ 或 } I = I_1 \times I_2 \times \cdots \times I_n$$

Morris 和 Watt（1963）提出了著名的 I 值的模式，即 I 值可用世代内各时期的存活率和繁殖力乘积表示：

$$I = S_1 \times S_2 \times \cdots S_n \times S \times P_{\female} \times F \times P_F$$

其中，$S_1 \times S_2 \times \cdots \times S_n$ 分别代表各时期的存活率，$P_{\female}$ 为雌性比率，F 为雌性最高产仔量（生殖力）P_F 为 F 的实际产出率，为实际生殖力与最高生殖力的比值。

第六节　Leslie 转移矩阵

矩阵（Matrix）是具有年龄结构的种群分析工具。Leslie（1945）推导出用矩阵方法来计算种群数量增长的方法，以生命表中的种群年龄结构、各年龄的存活率及各年龄的生育力作为矩阵的元素，在计算机的帮助下，可以计算出种群各年龄的数量及总数量。

方法是，计算开始时先查得在 t 时间种群的一个特定的年龄结构：

N_0 为年龄 0～1 之间的个体数；

N_l 为年龄 1～2 之间的个体数；

N_k 为年龄在 k 到 $k+1$（最大年龄级）之间的个体数。

一般只统计或折算成雌性个体数，在 t 时间的年龄向量可用矩阵表示：

$$N_i = \begin{bmatrix} N_0 \\ N_1 \\ N_2 \\ M \\ N_k \end{bmatrix}$$

这是一个 n 维向量，其中 N_i 是矩阵的元素，它代表着第 x 年龄级中的个体数量。

$$S_x = \frac{L_{x+1}}{L_x} = \frac{L_{x+1} + L_{x+2}}{L_x + L_{x+1}} = \text{从年龄组 } x \text{ 到 } x+1 \text{ 的总存活概率}$$

其中，L_x 为从时间 x 到 $x+1$ 期间的平均存活数

$f_x = S_x m_x = $ 某年龄雌性平均生产的并能存活到下一年龄时间 $x+1$ 的雌后代数

其中，m_x 为生命表中的 x 年龄平均生产雌性数。

所以，在时间 $t+1$ 时的新个体数为：

$$\sum_{x=0}^{k} f_x N_x = f_0 N_0 + f_1 N_1 + f_2 N_2 + \cdots + f_k N_k$$

时间 $t+1$ 时，第一年龄级的个体数为 $S_0 N_0$；时间 $t+1$ 时，第二年龄级的个体数为 $S_1 N_1$；时间 $t+1$ 时，第 x 年龄级的个体数为 $S_x N_x$。这种关系可列成矩阵 M：

$$M = \begin{bmatrix} f_0 & f_1 & f_2 & f_3 & \cdots & f_{k-1} & f_k \\ S_0 & 0 & 0 & 0 & \cdots & 0 & 0 \\ 0 & S_1 & 0 & 0 & \cdots & 0 & 0 \\ 0 & 0 & S_2 & 0 & \cdots & 0 & 0 \\ 0 & 0 & 0 & S_3 & \cdots & 0 & 0 \\ 0 & 0 & 0 & 0 & \cdots & 0 & 0 \\ M & M & M & M & & M & M \\ 0 & 0 & 0 & 0 & \cdots & S_{k-1} & 0 \end{bmatrix}$$

矩阵 M 是由各年龄的生育力与各年龄的生存率组成的方阵。它是一个 n 阶矩阵，其第一行为年龄特征生育力 f_x，在 M 矩阵中 $n-1$ 阶矩阵的对角线元素为各年龄的存活率 S_x。

在 $f_x \geqslant 0$ 和 S_x 为 0~1 时，当查得该种群在 t 时间的各年龄的比例及数量后，Leslie 指出，在任何未来的时刻（$t+x$），该种群各年龄的数量可用下列数学式来表达：

$$\overset{\rightharpoonup}{N}_{t+1} = M \overset{\rightharpoonup}{N}_t$$

$$\overset{\rightharpoonup}{N}_{t+2} = M \overset{\rightharpoonup}{N}_{t+1}$$

仍以内蒙古布氏田鼠为例：

矩阵的核心参数为 3 组基本数据：①种群向量 $\overset{\rightharpoonup}{N}$ 为各月样地内实际调查

值；②各年龄段的雌鼠存活率；③繁殖率由野外实际数据计算。

$$存活率（P_i）=\frac{第\,i\,月鼠数-新标志鼠数}{上月已标志鼠数}\times100\%$$

雌鼠的繁殖率统计按同期幼仔数与母鼠数之比，即

$$繁殖率（F_i）=\frac{第\,i\,月幼鼠数}{同期雌鼠数（不包括雌性幼鼠和亚成体雌鼠）}\times100\%$$

模拟种群 N_{t+1} 时的数量则有种群向量 $\hat{N}_{t+1}=M\hat{N}_t$，其中 M 为转移矩阵。

当矩阵为 $\neq 0$ 时，有唯一的特征值 λ（$\lambda=AM/M$），与 λ 对应的非负特征向量 A 为转移矩阵。λ 为种群达到稳定增长状态的周限增长率。

矩阵经过多次迭代后，λ 所对应的特征向量为种群达到稳定增长的年龄分布。与 λ 对应的特征向量 f 和 v 值分别表示了种群达到稳定增长的年龄结构和每只雌鼠的理论繁殖力（即繁殖价）。各年龄段的繁殖价的计算如下式：

$$v_i=\sum_{j=i}^{s}(\prod_{h=i}^{j-1}P_h)F_j\lambda_{j-i-1}$$

其中 P_h 为第 h 年龄段的存活率，F_j 为第 j 代的繁殖率。

当矩阵中的元素改变后，其矩阵的数值会相应变化甚至改变增长方向。可通过敏感度的变化，检测出对种群变动影响最大的因子，从而确定种群变动的关键因素。在运算过程中，各参数分别按其倍增的比例逐次调整，以此计算出 A'_i 的 λ'_i 值。根据 $|\lambda'_1-\lambda'_k|$ 的范围，确定关键因子。敏感度 $s_i=\dfrac{\overline{vw'}}{vw}$，其中

w 为具有繁殖力的雌鼠数量 $w=\begin{bmatrix}1\\[1mm]\dfrac{G_1}{\lambda_i-P_2}\\[3mm]\dfrac{G_1G_2}{(\lambda_i-P_2)(\lambda_i-P_3)}\end{bmatrix}$，$\overline{v}$ 为繁殖价 v 的均值。

G_j 为繁殖率，P_j 为第 j 年龄的存活率。

Lesile 矩阵对布氏田鼠数量的模拟见图 3-1。

模拟值与实际值的吻合程度很高。不仅变动趋势与实际一致，而且变动数值也非常接近，相关分析的结果模拟值与实际调查值的 $r=0.877$。

当种群处于上升期时，周限增长较长，意味着个体存活率提高，而高峰期周限增长 $\lambda\to1$，种群下降期周限明显缩短，个体的存活率降低。因此，λ 可以作为衡量种群变动趋势的参数，即种群处于上升阶段时，$\lambda>1.232$，种群的周限增长率缩短；当 λ 值小于 1，其增长率下降或出现负增长。

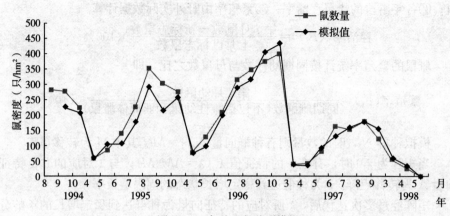

图 3-1　布氏田鼠种群模拟

表 3-6　从矩阵中得到的各月份特征值（λ）

年份	月份	种群特征值（λ）	种群趋势
1995	5	1.273	上升期
	6	1.26	
	7	1.298	
	8	1.461	
	9	1.28	
1996	5	1.172	高峰期
	6	0.978	
	7	0.92	
	8	0.918	
	9	1.286	
	10	0.965	
1997	5	0.514	下降期
	6	0.739	
	7	0.514	
	8	0.497	
总计		1.232	

年龄结构和繁殖强度是种群变动的关键因素。矩阵给出了处于不同增长期的稳定年龄结构和繁殖价（图3-2）。不同时期年龄结构和繁殖率的差异非常显著，上升期间的年龄特点是：①存活的年龄段多于其他时期；②年龄段的比例是幼体＞亚成体＞成体＞老体，年龄结构呈金字塔形。参与繁殖的年龄段虽然与高峰期相同，但3月龄的繁殖价显著高于其他时期。高峰期间各年龄段的比例与繁殖价较为均匀，其幼体的数量尽管仍高于年龄段但与上升期相比，幼鼠的比例下降了33.58%。繁殖价仅有8月龄的越冬鼠高于1（为1.5）。这时3～7月龄的繁殖力均低于同期死亡率，其种群数量尽管较高，但幼鼠加入的比例已不足以保持正增长。种群下降期成体所占的比例最高，且老体鼠几乎消失殆尽。下降期的亚成体在种群中的比例最高，2～3月龄的鼠占到种群总数的49.88%，而能够参加繁殖的成体鼠仅占33.26%。

不同增长期敏感度表明，当种群处于上升阶段，影响其数量的主要因子是繁殖率，此时繁殖率对种群增长的贡献达到1.28；而在高峰期，繁殖率和存活率均有所降低；下降期，平均存活率仅为0.38%，是导致种群下降的主要因子。

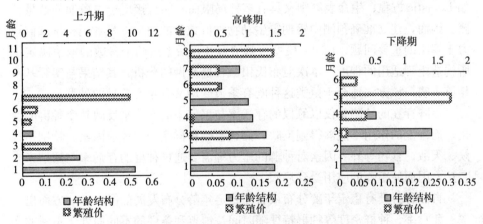

图3-2 布氏田鼠种群不同增长期的稳定年龄结构和繁殖价

注：繁殖价对应上横轴，年龄结构比率对应下横轴。

敏感度曲线（图3-3）说明了3个不同增长期关键因子的作用。种群上升期，4月的繁殖率贡献最高，达到0.624，而在8月由于繁殖期延长，小鼠的出现使种群的增长再次受到繁殖率的影响，而成为保持种群增长的关键因素。高峰期，4～6月主要是存活率的作用，而8、9两个月繁殖率的作用突出。种群下降期，尽管繁殖也处于较高水平，但由于种群的存活率已低于正常水平，以及越冬个体数量不足而导致种群的崩溃。

预测种群动态对于野生动物管理具有十分重要的应用价值。长期以来，各

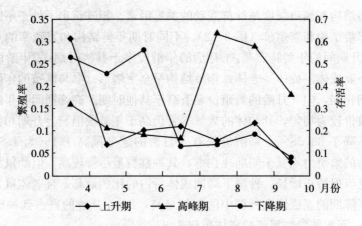

图 3-3　布氏田鼠种群不同增长期的敏感度曲线

种统计方法被用于此类尝试。其中，有些是由数理统计发展形成的，但这类方法的缺陷是不能对数据的参数给出充分的生物学解释。而基于生物特征的模型如 Logistic 方程、生命表等则又具有多种局限而不能直接用于中短期的数量预测。因而，建立准确预测中短期野生动物种群数量的模型，是各国科学家们致力于解决的重要问题。Leslie 模型可繁殖率和存活率这两个参数的取值决定了所构造矩阵适用的程度。本次对布氏田鼠种群所做的分析，其结果与实际基本相符表明，该方法适合于鼠类这种既有季节变动又有年度差异的种群。

矩阵存在的缺陷是仅以雌鼠的存活率与繁殖率的变化来反映整个种群的变化，而雄鼠的作用不能够得到反映，而且影响种群变动的环境因素，特别是气候、天敌、食物等外界因素对种群的压力等需要通过种群的存活率与繁殖率来表达，因而使矩阵的应用受到局限。

自然种群具有稳定年龄分布或有向稳定年龄分布发展的倾向。一方面出生率、死亡率、种群密度等种群特征随时间、地点和条件的不同而处于不断的变化之中；另一方面，其变化又不是无限的，并且不同种类还具有其自身的特点。因此，具有一定的稳定性。其变化的绝对性和稳定的相对性，对于认识种群的增长特征是非常必要的。

将整个变动过程用矩阵的特征值（λ）表达时，得出该地区布氏田鼠稳定种群的周限增长率 λ＝1.232。其结果与生命表的分析基本一致。布氏田鼠的种群更替很快，个体的平均存活时间仅为6～9个月。种群的数量只有依靠高繁殖率才可以维持，所以周限增长率大于一般动物 λ＝1 的情况。在模拟中我们注意到 λ 值不仅可预测样地的种群周限，而且可以能够对其他样地的布氏田鼠种群变动趋势加以估计，这就使模型更具有实用性。

➤ 参考文献

施大钊，高灵旺，任程，等，2004. 应用 Leslie 矩阵对布氏田鼠种群数量的模拟分析 [J].
　　植物保护学报，31（3）：305-310.

孙儒泳，2001. 动物生态学原理 [M]. 3 版. 北京：北京师范大学出版社.

宛新荣，王梦军，王广和，等，2001. 常见寿命数据类型及生命表的编制方法 [J]. 生态
　　学报，21（4）：660-664.

宛新荣，王梦军，王广和，等，2001. 具有左截断、右删失寿命数据类型的生命表编制方
　　法 [J]. 动物学报，47（1）：101-107.

Chitty D，1960. Population processes in the vole and their relevance to general theory [J].
　　Canada Journal of Zoology，38：99-133.

Howard L O，Fiske W H，1911. The important into the United States of the parasites of
　　the gipsy-moth and the brown-tail moth [C]. Bulletin Bureau of Entomology，United
　　States Department of Agriculture，91：1-312.

Lazarus J，1988. Social behaviour in fluctuating populations [M]. New York：Croom Helm
　　in association woth Methuen. Inc.

Lotka A J，1925. Elements of physical biology [M]. Baltimore：Williams & Wilkins Co.

Mackin-Rogalska R，Nabalgo L，1990. Geographical variation in cyclic periodicity and syn-
　　chrony in the commom vole Microtus arvalis [J]. Oikos，59：343-348.

Neilson M M，Morris R F，1964. The regulation of European spruce sawfly numbers in the
　　Maritime Provinces of Canada from 1937 to 1963 [J]. Canadia Entomologist，96：
　　773-784.

Smith H S，1935. The role of biotic factors in the determination of population densities [J].
　　Journal of Economic Entomology，28：873-898.

Stenseth N C，Framstad E，1980. Reproductive effort and optimal reproductive rates in
　　small rodents [J]. Oikos，34：23-34.

Tamarin R H，Adler G H，Sheridan M，1987. Similarity of spring population densities of
　　the island beach vole（Microtus breweri），1972-1986 [J]. Canadian Journal of Zoology，
　　65（8）：2039-2041.

第四章
鼠害的物理控制技术

物理控制技术是人们在与害鼠斗争的生活生产实践活动中总结出的，针对于不同场所、不同害鼠的灭杀方法。其方法从简单的鼠夹、地箭到现代的电子捕鼠器和超声波灭鼠仪。大部分捕鼠器械是按照力学原理设计，支起时暂时处于不稳定的平衡状态，鼠在吃诱饵或通过时，触动击发点，借助器械复原的力量，鼠即被捕获或杀死。一般捕鼠器械的制作原料易得、成本低廉、构造简单、经济安全，可就地取材、灵活应用，可供在不同季节、环境、场所灭鼠。但这类方法一般比较费工，用于消灭残余鼠和零星发生的害鼠比较合适。

第一节 鼠 夹 类

一、踏板夹

踏板夹是最常见的一类鼠夹，其种类和型号很多，有铁板夹（图4-1）、木板夹（图4-2）等，其原理是利用弹簧的弹压作用，夹住触动踏板的害鼠。机制成型的铁板夹，弹性好，价格便宜，牢固耐用，可多次反复使用。踏板夹一般置于鼠洞口、鼠道或鼠经常活动的地方。踏板上端放置诱饵，根据不同的生境和害鼠的习性，一般可采用葵花子、瓜子或花生等。

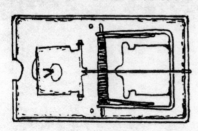

图4-1 铁板夹

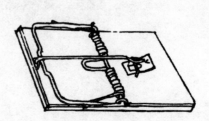

图4-2 木板夹

二、弓形夹

弓形夹又叫钢闸，是一种不放食饵的捕鼠夹，主要用于捕获野鼠或其他体形较大的动物，或者置于不好使用踏板夹的场所。根据材质分为铁皮弓形类和铁丝弓形夹。

铁皮弓形夹又叫钢弓夹，以两个半圆形铁片环为夹，两端轴状，套于底部铁片两端的孔中，能转动（图4-3）。另用1～2个两端挖有空心的弹性钢弓把两个铁片环套住。支夹时把钢弓压下，铁片环向两边张开，用支棍压住一环，支棍末端略微别在夹心踏板上，使其保持不稳定平衡，布放于鼠洞口或鼠经常出没的地方，放置时，应使鼠夹与地面平，支好后在夹周围和板面上撒些土或碎草伪装。鼠通过触踏板时，支棍脱开，钢弓弹起，铁片环合拢，鼠被捕获。钢弓夹一般带有细铁链，以便固定于地面上，防止受伤的鼠类或食鼠动物将夹带走。

铁丝弓形夹的压弓由铁丝制成，用钢丝做弹簧，尾部拴细绳，细绳另一端拴支棍。使用时，掰开压弓，用支棍撬住引发部，使压弓处于不稳定的平衡状态。引发部上挂诱饵。为防止鼠从夹后吃去诱饵或小型鼠从夹弓内漏掉，有的铁丝压弓被加上细铁丝网；为防大型鼠把夹带走或夹从高处掉下伤人，一般夹后系铁链，以便放夹时固定（图4-4）。

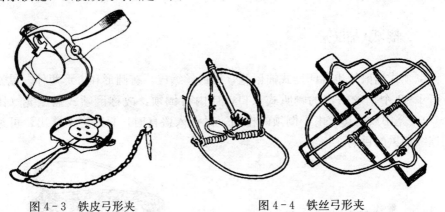

图4-3 铁皮弓形夹　　　　　图4-4 铁丝弓形夹

三、环形夹

环形夹主体为两片对称的带孔铁片，孔与鼠洞洞口大小相近，在柄端部以

穿钉相连，下片有一活动别棍，上片下缘
有一缺刻，借柄部弹簧之力使两环张开
（图4-5）。使用时，将两环合拢，将下环
上的别棍卡在上环的缺刻上，使别棍挡住
夹孔。将其挂于墙上，使夹孔正对鼠洞洞
口，当鼠出洞时触动别棍，别棍脱开，两
铁环左右分开，夹住害鼠。

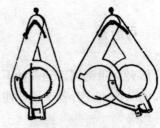

图4-5　环形夹

第二节　鼠　笼

　　鼠笼也有多种形式，分关门式鼠笼、踏板式鼠笼、倒须式鼠笼和活门连续
捕鼠箱等；需用诱饵，可用来捕捉活鼠。鼠笼多用铁丝、木板、铁皮、竹筒等
原料制造。放置鼠笼时，笼口应朝向鼠洞或正对鼠路。

一、捕鼠笼

　　捕鼠笼是最常用的活捕工具。由笼体、活门和机关三部分组成（图4-6）。
捕鼠笼上的机关用弹簧连在活门上，鼠盗食诱饵时拉动机关，活门立即关闭，
即可捕住鼠。

二、倒须式捕鼠笼

　　倒须式捕鼠笼也称印度式捕鼠笼，用铁丝编成，有圆形和方形两种。鼠笼
上有1～3个钢丝编成的喇叭式入口，口内有倒须，故称倒须式捕鼠笼（图
4-7）。笼中放诱饵。由于倒须的作用，鼠钻入盗食时，只能进不能出，可达
到连续捕鼠的目的。

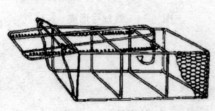

图4-6　捕鼠笼

图4-7　倒须式捕鼠笼

三、踏板式连续捕鼠笼

踏板式连续捕鼠笼用铁丝或铁皮制成，入口用铁皮安装成活门，当鼠踩动踏板一端，因其体重下压而打开活门，鼠翻入笼中，踏板因受到重力的作用而下落，活门关闭。第一只鼠后，后续鼠仍可进入。由于只能进不能出，故可以连续捕鼠（图4-8）。

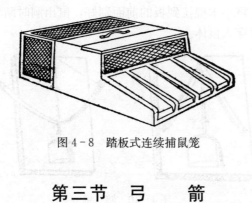

图4-8　踏板式连续捕鼠笼

第三节 弓　箭

一、竹弓

竹弓又称竹剪（图4-9），以竹为材料制成。使用时插放于鼠道上，鼠穿过竹弓孔时，触动消息签，竹弓的上股即弹落，夹捕住鼠。竹弓的造价低廉，轻便易带，捕获率高，常年都可使用。

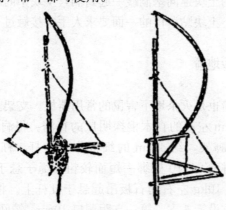

图4-9　竹弓

二、暗箭

暗箭也是就地取材制作，野外、室内均可使用。通常是用一块较厚的木板，下方开一口，板的背面用橡皮（弹簧、竹弓）弦住一根铁丝制作的箭（图4-10）。箭的上端绳系以一小木棍；木板正面下口的下缘装一根能活动的横别棍，并在下口的左上方钉一铁钉。捕鼠时，将下口对准鼠洞，箭向上拉，使箭尖退至下口上缘，将小木棍拉到板的前面别好，鼠出洞时踏动横别棍，小木棍弹起，箭射下即可穿入鼠体。

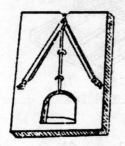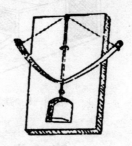

图4-10 暗 箭

三、丁字形弓箭

常用于灭杀地下害鼠。置弓时，离洞口约6～8cm处，将箭头插在洞中央（箭头试插带下的表土掏尽），用土将弓背固定好，然后将钢钎箭提起，用撬杠固定，用手掌搓成的土块连同塞洞线一起封洞，土块中间厚，四周薄，湿度适中，以免封得过死，土块贴洞口的一面要求人手未接触过（图4-11）。

四、三脚架踏板地箭

三脚架踏板地箭也是灭杀地下害鼠的常用器械。支架前，切开地下害鼠的鼠洞，用一长约80cm左右的直木棍探明鼠的直洞。将洞口铲齐，用长约1m的三根木棍做成三脚架，约40cm的细棍作为杠杆，杠杆的一端系一长约50cm的细绳，在杠杆约1/10处绑一短而较粗的绳子悬于三脚架下作为支点（图4-12）。用绳将10kg左右的石板吊起悬于杠杆上。将洞上表土铲平，于支架下鼠洞正中上方设箭3支，第一支距洞口10cm，箭间距6～7cm，箭尖以刚达洞壁表面为准。然后用杠杆将石板吊起，牵线一端缠一小石块，塞进洞口。鼢鼠等地下害鼠推土封洞时，将洞口的石块推出，杠杆失去平衡，石板迅速下落，压箭入洞，即可捕鼠。

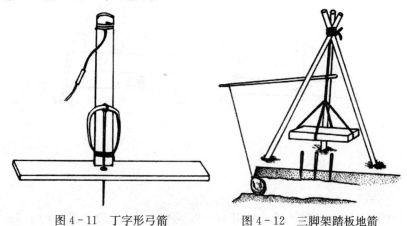

图 4 - 11　丁字形弓箭　　　　　图 4 - 12　三脚架踏板地箭

第四节　板　　压

　　板压法是一种就地取材的便利灭鼠方法，形式多种多样，通常是将绳子一端绑在树或木柱上，另一端系一小木棍。取一石板（或砖、厚木板等），斜立于地面，在其中部绑一细绳并系上诱饵；将小木棍插入细绳中套住。当鼠偷食诱饵时，拉动细绳，小木棍脱落，石板落下，将鼠压死（图 4 - 13）。

图 4 - 13　板压法

第五节　圈　　套

一、枝条法

　　使用有弹力的枝条（如柳条），其粗头端固定于鼠洞附近，细头端弯曲成弓形，并用石头等轻挡端部；枝条上悬挂一根打成活圈套的马尾，套眼对准鼠洞，如图 4 - 14。鼠出入洞时触动马尾，枝条弹起，鼠即被套起吊在空中。使用时应勤检查，防止鼠咬断圈套逃走。

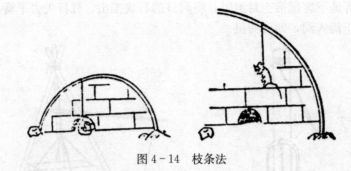

图 4 - 14　枝条法

二、绳套法

主要用于捕捉旱獭。通常使用 18～22 号铁丝 4～6 股拧成长约 1.5m 的铁丝绳，一端做成直径约 1cm 的圈，另一端穿过圈并固定在木桩上，成一直径 15～25cm 的活套。使用时，活套置于旱獭洞的内洞口，用草棍将活套固定于洞壁上。活套放置时间应在旱獭出洞或入洞前，使用过程中应勤检查，及时处理被捕的猎物。捕捉野兔时，可直接用 1 股 18～22 号铁丝制作，将其垂直固定于地形坡度较大的野兔采食道地段（图 4 - 15）。

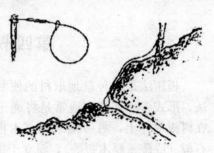

图 4 - 15　绳套法

第六节　剪　　具

该法有 10 多种类型，根据使用工具的形状分为铡或剪。通常使用 6～7 根铁、木或竹条固定成三角形或四角形剪架，其中一边能够活动，一端用竹弓、弹簧或胶皮等弹力部连接，另一端用铁、木、竹棍或细绳支于剪架上或鼠洞口侧小钉上。使用时，将其牢靠放置于鼠洞口，鼠触动踏板或绊绳使支棍与小钉脱离，弹力部复原，活动边向剪架合拢，鼠即被捕获（图 4 - 16）。为增

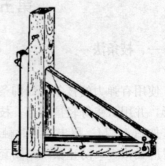

图 4 - 16　剪具类捕杀法

强效果，有的活动边上装有锯齿。

第七节　钓钩类

　　器械主要部分为用两端带钩的弹性钢丝，成夹剪状。两边腰部各绕带有拧成小圈的细铁丝，剪状钩的后部系以铁链绳，链绳另一端拴有别棍针。使用时，挂起嘴钩，使其下部离地面 6～7cm，别棍针穿过后部钢圈，微微别住中部两个小铁圈，使嘴钩合拢，挂上诱饵。鼠跳起吃诱饵时，触动别针，别针和中部的铁圈脱离，钢钩向两边弹开，鼠嘴即被钩住（图 4-17）。

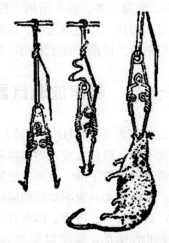

图 4-17　钓钩类捕杀法

第八节　设障埋缸法

　　该法在洞庭湖流域的东方田鼠暴发期间使用非常有效。主要是利用堤坝的特殊地形，在堤坡埋设纤维板屏障，板高 1m，另埋入土下 30mm；在屏外每隔 50m 埋一个大水缸，田鼠被板阻于堤外，人工驱赶鼠入缸内捕杀。在室内，也可利用水缸或小口大肚的坛子、玻璃瓶等，放置诱饵引诱害鼠进入后捕杀。

第九节　电子灭鼠器

　　电子灭鼠器俗称"电猫"，是一种特制的高压电杀鼠工具，其原理是使用变压器把低流量交流电升至 1 600～2 000V 的高压，连接于离地的裸露电缆，当鼠体触动电缆时，电缆—鼠体—大地形成回路，电流通过鼠体将鼠击昏或击死，捕鼠器同时发出声、光信号，人可及时将鼠取下。这种装置适用于防治粮仓或商品库房鼠害，但必须注意安全。

合格的电子捕鼠器应具有下列性能：①高压回路限流功能，其短路电流应小于 60mA；②延时自动切断电源的功能；③高压电输出采用与市电电网绝缘的悬浮输出；④机壳与机内带电部位绝缘良好，机壳附有接地接线柱。

现在的电子捕鼠器具有体积小（DZ－4C 型体积为 9cm×8.5cm×7.5cm）、重量轻（1kg）、效率高（命中率大于 95％）、威力大（10d 能把布放地点的鼠捕绝）、耗电量小、无毒无害、经久耐用、投带方便等优点。适用于食品厂、食物库、种子库、大厨房、住宅等场所。在触电时间短的情况下，捕获的绝大多数是活鼠，可供科研、医药、皮毛利用以及养貂作饲料。

第十节　超声波驱鼠器

超声波（在物理学上指频率大于 15kHz 的声波）能引起鼠大脑和视觉神经紊乱，恐惧和瘙痒，食欲不振，眼红发炎，疼痛抽筋，乱闯乱蹦，自相践踏等现象。长时间作用能致使鼠肾激素下降，破坏生殖器官，直至死亡。正在哺乳的母鼠受超声波干扰后，乳汁枯竭，影响幼鼠的成活。

对褐家鼠的试验表明，对其行为、进食、体重有一定的影响，但影响时间短暂，随着超声波刺激时间的延长，褐家鼠能够逐渐适应。这与 Meeham（1976）和汪诚信（1990）的观点基本一致。在试验开始 1～2d 内，鼠行为明显异常；第三天起异常反应越来越不明显；3d 后，其行为基本恢复正常。故超声驱鼠功能尚有争议。

第十一节　粘鼠胶板法

粘鼠胶板法是利用黏性物质粘捕鼠的一种方法。一般使用松香和植物油（桐油、蓖麻油）等熬制成胶，涂于纸板上，置于害鼠经常出没的室内场所，粘捕害鼠。其特点是无味无臭，简便易行，安全卫生。使用时不受气候影响，可重复使用。

根据粘鼠板的大小和涂胶重量，可分为 A、B、C、D 等 4 种型号，按照折叠层次，又可分为一折型和多折型两种。粘胶根据成分的不同分为以下几种：

一、松香类粘鼠胶

用松香和机油，按一定比例混合，加热熬制而成的一种粘鼠胶，松香含量高时黏度大，是较早使用的一种粘鼠胶。春季、秋季温度适宜的情况下有效期仅 10 余 d，粘力也有限。

二、"四合一"粘鼠胶

"四合一"粘鼠胶的成分为聚甲基丙烯酸 500g、松香 500g、20 号机油 500g、麦芽糖 150g。制作时，先将前三种原料一并放入容器中，用文火加热，待全部溶解后，加麦芽糖 150g 拌和，至沸并发出糖香味时即可。使用时，取黏合剂涂在硬纸上，中间放置诱饵。

三、101 - 粘鼠胶

101 - 粘鼠胶是一种高性能粘鼠胶，主要成分为改性的聚酸醋乙烯的丙酮溶液。常温下为黏稠的树脂状液体，溶剂挥发后，呈无色透明膏状体，固体含量为 65%，黏度为 20.000 4～60.000mPa·s，在 5～40℃时有很强的黏性，当温度升到 50℃时，会产生很小的流动性，但不会产生溢流现象。无毒，化学性质稳定，遇强碱稍有反应。使用时，将鼠胶瓶浸于沸水中化成糊状，于约 16cm^2 的木板、铁片或硬纸上涂粘鼠胶 50g，中间放置诱饵。涂胶的厚度视鼠的大小而定，一般以 1～2mm 为宜，放置于鼠经常出没的室内。

第十二节　爆破灭鼠法

一、烟炮灭鼠

灭鼠烟炮具有熏蒸剂的特点，对人畜无害；制作容易，可就地取材。目前使用的大多数烟炮，对杀灭洞内鼠起主要作用的成分是一氧化碳。一氧化碳无色、无味，可与温血动物血红素结合，使其失去交换氧气的能力窒息而死。

烟炮的主要成分是燃料和助燃剂。常用燃料有木屑、煤粉、炭粉和干畜粪末等。常用的助燃剂有硝酸钾、硝酸钠、硝酸铵，也可用氯化钾或黑火药。硝酸钾、硝酸钠助燃性能好，不易潮解，但硝酸钾价格高；硝酸铵助燃性能较好，价格低廉，容易获得，但易潮湿，用量较大。助燃剂的用量以能使燃料在短时间内燃尽，而不产生火焰为宜。烟炮灭鼠剂制作或使用不慎时，易引起火灾，需小心谨慎。

二、LB 型灭鼠雷管

LB 型灭鼠雷管是专门炸灭各种地下鼠类的新型工具。LB - 3 型、LB - 4 型是鼢鼠的克星。LB - 3 型管长 2.6cm，脚线长 35～40cm，装药种类为 DDNP，装药量为 0.4g。LB - 4 型灭鼠管长 3.0cm，脚线长 35～45cm，装药种类为 DDNP，装药量为 0.45g。LB 型灭鼠管不引爆炸药，威力小，仅能炸死各种地下鼠，不致对社会造成危害。

第十三节　其他捕鼠方法

一、灌水法

灌水法主要适用于离水源较近、土壤致密等环境中灭鼠。在靠近水源的地方，挖开鼠洞并灌水，使鼠溺亡或被迫逃出洞外，便于人工捕杀。

选择有鼠的鼠洞，把洞口挖成漏斗状，将水灌入，满后稍停，观察水面有无小气泡出现，如有气泡连续冒出，不必再灌，说明鼠已溺水。若鼠没被淹死，稍后就会出洞。做好人工捕杀准备，鼠出即捕。灌水后要将鼠洞封闭堵实，以防未死鼠复苏后逃出。如遇沙质土壤，在水中加些黏土，效果较好。雨后引积水灌洞，可取得事半功倍的效果。

二、挖洞法

挖洞法主要用于野外洞穴比较简单的鼠种。判断洞中是否有鼠是本法取得成功的重要前提。挖洞前应先堵住周围的其他洞口，从一个洞口用树枝、铁丝等探明洞道走向，不宜用手探洞，以防被鼠洞内的虫、蛇等咬伤，向前挖进。挖洞中应仔细分辨被鼠临时堵塞的洞道。一旦发现有鼠，用铁锨等工具捕捉。

该法虽费工，但效果明显，不需要特殊工具，在消灭残鼠、调查鼠类密度和研究鼠类生态时常被采用。

三、烟熏法

即挖开洞道，在洞口点火，使烟吹进洞内，鼠被烟熏后致死或逃出洞外，人工捕杀。熏烟时，于燃料中加入一些干辣椒或硫黄粉，效果会更好。

四、洞外守候法

常用于捕杀地下害鼠，通常是用铁锨铲除土丘，露出洞口，迅速退至2～3m处静观，不要发出任何响动，待其将洞口堵住，再铲除堵土，露出洞口，如此反复2～3次，基本可明确洞道的去向。最后将确定有鼠的洞口切开，把洞道上面的土铲薄，在洞口守候，待其堵洞时，迅速捕捉。捕杀方法有两种：一是当鼠再次堵洞时，在洞口后面10～15cm处，观察鼠正在洞道口刨土的地面涌动，迅速对准涌动处，用铁锨下铡，可将田鼠铡死或翻上地面拍死；另一方法是在洞口后方30～40cm处，用铁锨下铡，堵住鼠退路，然后继续挖开洞口，田鼠再堵洞口，重复几次，直至田鼠无处逃避时，将其翻到地面杀死。

五、灯光捕捉法

对于许多夜间活动的啮齿动物，可以利用灯光捕捉。两人慢慢行走，同时用灯光照射沙堆、灌木丛、沟渠、道旁的各个角落。鼠被灯光照射后，呆若木鸡，可乘机用长柄扫网捕捉或长竿横扫，捕杀。利用草兔趋光习性，可使用机动车辆追赶捕捉，一般1～10km内，可将其活捉。

六、跌洞法

该法对防治棕色田鼠效果很好。寻找田间新排出的沙土丘，挖去松土找到洞口后，用手指（戴手套）将洞口泥土轻轻掏净。由此洞口垂直向下挖一光滑圆形直径约20cm、深约60cm的坑，坑底压实。跌洞上口盖上草皮。每隔15min左右检查一次，发现田鼠跌于坑内即行捕杀。坑可连续使用几次（图4-18）。

图4-18 跌洞法

七、竹笪围捕法

竹笪围捕法是南方地区捕杀农田褐家鼠、小家鼠、黄毛鼠和板齿鼠等的一种有效方法。该法用 50cm 高的竹笪，长几十米至数百米，黎明前或黄昏前围在田边，每隔 30m 开一出口，出口外埋口水缸，缸口与地齐平，缸内装七成水，水中滴些煤油并覆盖上谷壳。鼠通过笪门时，就会跌入缸内溺死。这可看作最早的围筒法（TBS）。

八、人工捕打法

当庄稼收割、堆放、拉运和堆垛时，隐蔽于其中的害鼠暴露于外，用枝条抽打捕杀。根据我国东北地区的经验，水稻收割时，用此法捕打东方田鼠，效率可达 73%～75%；大豆收割拉运时，捕打效率达 76%～90%。

九、盆扣法

用木棍轻支盆边，在木棍的下端扎一根短线绳或细铁丝，上缚诱饵，当鼠偷食时，撞动了木棍就会被扣在盆内。该法主要适用于室内、粮仓及厨房内的害鼠捕捉。

十、陷鼠法

置一大的水缸，装水半缸，上浮糠皮，鼠入吃糠即被淹死。

十一、吊桶法

将内部光滑的桶或玻璃瓶横放于地面，口部拴绳，绳的另一端穿过高处滑轮或管道，牵至隐蔽处。鼠进入容器吃饵时，立即拉绳，容器竖立，鼠无法逃脱而被捕。

十二、翻柴草堆灭鼠法

该法通常为入秋后，野鼠向草堆、秸秆堆集中，在其中筑巢越冬。定期翻开柴草堆，人工捕杀。鼠多居于离地 1m 左右的草堆下层。翻完捕杀后，若堆底有鼠洞，可采用挖洞法或灌水法全歼洞中之鼠。

第五章
主要化学杀鼠剂及其应用

第一节　杀鼠剂的性质

　　化学灭鼠是指用有毒化合物杀灭鼠类。化学杀鼠剂包括经口药、熏蒸剂、驱避剂和绝育剂等。其中经口药（也称胃毒剂）使用最为广泛。早在公元前人类已有使用胃毒剂砷化物灭鼠的记载。20世纪化学工业的发展又使磷化锌、氟乙酸钠、红海葱、士的年等应用于灭鼠。第二次世界大战后，有机化合物开始大量用于灭鼠。特别是20世纪50年代以来，抗凝血剂迅速普及，成为在世界范围内普遍使用的灭鼠药。目前，这类药物仍被认为是首选的灭鼠剂。

一、经口杀鼠剂

　　与其他灭鼠方法比较，经口灭鼠剂的特点如下。

　　（1）投放简单，工效高，适于各种环境灭鼠。尤其在大面积灭鼠时，其工效为其他方法的许多倍。

　　（2）灭效高，见效快。鼠类觅食频率很高，经口灭鼠剂使用得当，可在短时间内灭杀大量个体。其灭效可达90％以上，这也是其他方法难以比拟的。

　　（3）经济投入低。由于经口灭鼠剂使用浓度低，投饵量小，单位面积成本很低，适用于大面积灭鼠。

　　（4）使用、管理不当会造成人畜误食中毒、误杀野生动物，甚至造成环境污染。由于多数经口杀鼠剂作用对象范围较广泛，对人畜有毒，且多采用粮食和其他可食用的食品作为毒饵的载体，若稍有疏忽即可能发生人畜误食中毒。而投撒到野外的毒饵经常会导致鸟类和其他野生动物的大量死亡。有些药物化学性质稳定，当食肉类动物吃了被毒的鼠类后造成二次中毒。还有些药物具有挥发性或可被植物吸收，从而造成环境污染。

经口灭鼠剂的选择主要考虑以下因素。

1. 毒力的评价

灭鼠剂毒力的大小是以致死中量（写作 LD_{50}）作为标准的。它是指受试动物被毒死 1/2 个体时，每千克受试动物所用的药物剂量，其单位是 mg（药物）/kg（受试动物体重）。LD_{50} 的数值越小，灭鼠剂的毒力越强。灭鼠剂的毒力分为 5 级：

经口灭鼠剂的毒力等级

毒力等级	极毒	剧毒	毒	弱毒	微毒
LD_{50} (mg/kg)	<1.0	1.0~9.9	10.0~99.9	100~999.9	>1 000

常用的杀鼠剂毒力在 LD_{50} 1~50mg/kg 为宜，即为剧毒至毒这两个毒力等级之间。毒力过强，安全问题突出，且毒饵的配制工艺要求高。毒力过弱则饵料消耗大，也影响杀鼠效果。杀鼠剂的毒力还与动物接受药物的途径有关，相同的浓度口服与舔服或注射中毒反应会相差较大。

此外，表示毒力的指标还有最小致死量（MLD），指受试动物开始出现中毒而死亡时所使用的药物剂量；全致死量（LD_{100}），指受试动物全部死亡时所用的最小剂量。这两种指标在应用时不如 LD_{50} 灵敏易测，且易因动物对药物耐受差异而有较大波动，因此实际上很少使用。应该说明的是，在配制毒饵时，为保证灭效，常用的杀鼠剂浓度大多高于 LD_{100}。

2. 杀鼠剂的选择性

所谓杀鼠剂的选择性是指杀鼠剂是否对靶标动物具有专一性。理想的杀鼠剂应只对鼠类，甚至某种鼠类有毒而对人、畜和其他动物无害；但目前这种药物尚在研究探索之中。因而，在实际工作时，应根据灭杀对象和环境情况尽量使用对人、畜、禽毒力小的药物。国家农药监督部门要求在杀鼠剂的标签上注明对各种动物的毒力。

3. 杀鼠剂的适口性

经口杀鼠剂如有鼠类不喜欢的味道或气味将会影响其杀鼠效果。在判断药物适口性的好坏时需对靶标动物进行实际测试，切忌以主观感觉评价。如磷化锌具有刺鼻的辛辣味，并不为人所喜欢，却可被多数鼠类接受。一般情况下，鼠类对花生油比芝麻油更易接受。当杀鼠剂的适口性较差时，可采取以下措施：

（1）掩盖。在毒饵中加入一定量的调味剂，如加糖、油等。

（2）微囊化。用微囊包衣技术将药物包裹起来，使鼠类进食过程中不会拒绝毒饵。

（3）改变药物剂型。在不影响毒力的情况下，将其改变为可被鼠类接受的剂型。

4. 鼠对药物的抗性

鼠类的抗药性表现为个体或种群对药剂耐受程度增强，以致原剂量不能达到灭杀的作用。具有抗药性的鼠类还可将其遗传给下代，出现这种情况后，再次灭鼠时其灭杀效果会大幅度降低。目前，已有一些抗凝血剂类的药物发现了抗药种群。另一方面，急效药物也会使食入毒饵但未致死的个体将食入毒饵的不适感觉与毒饵联系在一起，再次遇到毒饵时会出现拒食现象。因而，在一个地区所使用的杀鼠剂应交替轮换。

5. 杀鼠剂的作用速度

杀鼠剂的作用速度有两个含义，一是毒饵被采食后，出现不适反应的时间，一是毒饵使鼠类致死所用的时间。通常将投药后1~2d即可发现大量死鼠的药物称为急效药；在5~7d方可发现死鼠的药物称为缓效药；在这两者间的药物称为亚急效药物。

在过去的很长时间内，杀鼠剂的作用速度越快越受欢迎。但实践证明，作用速度快会使部分个体在食入致死量前就感到不适而中止采食毒饵，尚未吃到毒饵的个体在见到同类大量死亡的情况下也会发生拒食（不仅是对鼠药，其他原因的大量死亡也是如此），甚至会短期迁移。而缓效药的中毒潜伏期长，鼠类食入毒饵后缓慢产生中毒症状，绝大多数个体有充分的机会食入致死量从而保证了杀灭效果。特别是当人、畜误食后有较充足的时间进行抢救。缓效药的缺点则是消耗的毒饵量高，长期使用易产生抗药性。

6. 杀鼠剂的二次中毒

鼠类采食杀鼠剂后不能在体内分解，又被其他动物（鼠的天敌）所食而发生中毒的现象，称为杀鼠剂的二次中毒。目前，市场上见到的杀鼠剂都不能完全避免二次中毒，但其程度却有较大的差别。在使用中应尽量选择二次中毒较小的药物。有些杀鼠剂因二次中毒的问题突出而被禁止使用。

7. 解毒药

为避免人、畜的误食中毒，杀鼠剂应具备专用的特效解毒药。目前，抗凝血剂类杀鼠剂的特效解毒药是维生素 K_1。而其他杀鼠剂的解毒药品多为缓解药，在使用前要依实际情况对症配给，遵从医嘱。

8. 药物的溶解性

由于毒饵的配制浓度一般较低，如药物可溶于水或其他可食溶液（食油、酒、甘油等）。其配制工艺会比较简单，配制质量也易保证。用水溶液配制的毒饵应干燥后使用，否则易发霉变质。

二、杀鼠剂的载体

经口杀鼠剂通常不能直接使用，它须与载体混拌成毒饵后方可被鼠类取食。因而，载体是否对靶标动物具有诱惑力是达到杀灭效果的关键。为此，配制毒饵时应注意以下几个问题。

1. 选择诱惑力强的饵料

不同鼠种、不同地方、不同环境的鼠类对食物的喜食性有很大差别。例如，居民区内的褐家鼠在呼和浩特地区对玉米的喜食程度超过小麦，而在临河市则恰好相反。又如，粮食仓库内的褐家鼠喜食胡萝卜和蔬菜叶，小家鼠则喜食谷子、玉米碴。为此，灭鼠前要做饵料试验，针对当地害鼠的食性选择适当的饵料，切忌主观判断，以免影响杀灭效果。

为大规模灭鼠配制毒饵所选择的饵料种类不宜过多，通常1～2种即可。这是由于在投饵员较多、时间比较集中的情况下，其操作性要强，方法简便易行方可达到设计要求。一次配制大量的多汁毒饵也易腐败。

鉴于以粮食作饵料的经济消耗较大，人们对能否采用非粮代用品进行了长期的探索。目前，已用于实际灭鼠的非粮毒饵有纸屑、胡萝卜干、草籽、草粉颗粒及白垩土等。一般非粮毒饵的适口性较差，需要用添加剂增加诱惑效果，其工艺往往比较复杂，杀灭效果也不够稳定。

2. 颗粒的大小

毒饵中的杀鼠剂含量关系到灭鼠效果。浓度过低，不易达到鼠类的致死量，而且易产生抗药性；浓度过高，鼠类拒食，效果反而更低，成本也随之增加。消灭野鼠时应达到1粒毒饵即可达到致死量，消灭家鼠时要求0.2～1g毒饵中含有一个全致死量。为此，毒饵颗粒应与药物毒力大小相吻合。

其计算公式如下。

杀灭野鼠：饵料颗粒×致死中量＝药物浓度×0.2

杀灭家鼠：饵料颗粒×致死中量＝药物浓度×0.04

3. 毒饵的添加剂

在灭鼠时，被毒杀的个体所消耗的成本并不高。但为了保证杀灭效果，投饵量常常需要高于实际消耗量的几倍。因而，毒饵的成本就需要进行周密计算，力求将其降至最低水平。在毒饵中加入一定量的添加剂常可达到这一目的。

添加剂包括黏着剂、引诱剂、警戒色、稀释剂、防腐剂等。

黏着剂的作用是增加药物的附着力。常用的黏着剂有植物油、面汤、米汤等。植物油的黏着力强，能防止毒饵干缩，又有很好的诱惑作用，被广泛使用。豆油、菜籽油、花生油、棉籽油都是理想的黏着剂，一般每千克毒饵加入20～30g即可。面汤、米汤干后易形成硬壳，作黏着剂时需现配现用，其用量为饵料重量的10％。

良好的引诱剂应能明显增加毒饵采食率，使用得当不仅能提高杀灭效果，且可节约大量饵料，是长期以来灭鼠研究的热点。一般情况下，食糖、味精、盐、油脂和蛋白含量高的食品均具有一定的引诱力。但实践说明，这些引诱剂的作用并不稳定，酒和香油的引诱作用常因地区和环境有较大的差异。奶粉、肉渣、油渣等易变质的动物性引诱剂多用于家庭的小范围灭鼠。而不宜长期储存或在野外使用。香精、色素几乎没有引诱作用，有时还会引起鼠类拒食。

三、毒饵的投放

投饵前要了解当地的主要鼠种、环境特点、鼠类密度、投饵面积、灭鼠药物的性质，在此基础上确定所需人力、投饵方式。灭鼠前和灭鼠过程中还要向群众宣传有关的灭鼠知识，取得群众的理解和支持。

常用的投饵方法有洞口投饵、条带投饵、毒饵盒投饵等方式。

1. 洞口投饵

选择有鼠类活动的洞口将毒饵直接投入洞内或洞口旁。其优点是鼠类易于发现，采食率较高。但耗用人力大，工效较低。

2. 条带投饵

按一定距离将毒饵呈条状均匀地投撒在地面，使鼠类寻觅毒饵。一般投饵量为每米1～2g；条间距以主要害鼠的活动半径为依据，田鼠、仓鼠为15～25m，黄鼠、家鼠为30～50m。这种方法的优点是工效高，易于大面积作业。但鼠密度差异较大的地方，杀灭效果会受到影响。

3. 毒饵盒投饵

在需常年保持无鼠害的环境中，可采用毒饵盒投饵法灭鼠。做法是将毒饵盒按一定距离安装在灭鼠区内，经常保持盒内有饵料。当发现鼠类盗食饵料后及时换上新毒饵。毒饵盒的样式可因地制宜。此种方法的经济投入较大，需有人常年管理。但可保持长期无鼠害，特别是在防止鼠类数量回升时具有明显的效果。

第二节 常用经口杀鼠剂

一、常用经口杀鼠剂

1. 敌鼠

英文名称：diphacinone；diphacin

化学名称：2-（2，2-二苯基乙酰基）-1，3-茚二酮

又名：野鼠净

化学结构式：

$C_{23}H_{16}O_3$ （340.4）

性质：敌鼠是一种抗凝血的高效杀鼠剂。由偏二苯基丙酮在甲醇钠催化剂存在下，与苯二甲酸甲酯作用而制得。纯品为黄色针状结晶，工业品是黄色无臭针状晶体。熔点 146～147℃。微溶于水，溶于丙酮、乙醇等有机溶剂。性质稳定，无腐蚀性，加热至 207～208℃，由黄色变成红色，至 325℃分解，稳定性好，可长期保存不变质。实践中最常使用的是其与碱液生成的水溶性敌鼠钠盐（Diphacin-Na-salt）。

2. 敌鼠钠

英文名称：sosium diphacinon

化学名称：2-（2，2-二苯基乙酰基）-1，3-茚满二酮钠盐

又名：敌鼠钠盐、双苯杀鼠酮钠盐

化学结构式：

性质：敌鼠钠盐纯品为淡黄色粉末，无臭无味，无腐蚀性，化学性质稳定。可溶于 80℃以上热水，溶解度为 5％。可破坏血液中的凝血酶原，使之失去活力，并能使毛细血管变脆，抗张力减退，血液的渗透性增强，损害肝小

叶。鼠类中毒后 2～3d 凝血酶原减少 80％～90％，出现致命的内出血，如有外伤，很快流血不止而失血死亡。敌鼠钠盐的毒力约比敌鼠大 3 倍，但适口性较差。一般鼠类服用敌鼠钠盐后 3～4d 内安静死亡。由于药物作用缓慢，即使鼠类中毒后，也仍会取食毒饵，这与急效药的效果截然不同。

配制毒饵时，要佩戴口罩，配制结束后，要用肥皂清洗用具和手两次，再用清水洗净。敌鼠钠是目前应用最广泛的第一代抗凝血杀鼠剂品种之一。具有适口性好、效果好等特点，一般投药后 4～6d 出现死鼠。在鼠体内不易分解和排泄。有抑制维生素 K 的作用，阻碍血液中凝血酶原的合成，使摄食该药的老鼠内脏出血不止而死亡。中毒个体无剧烈的不适症状，不易被同类警觉。敌鼠钠盐灭杀家鼠的浓度为 0.025％～0.03％，杀灭野鼠的浓度可加大到 0.05％～0.1％，超过此限度会因适口性差而降低杀灭效果。

主要剂型：80％敌鼠钠盐粉剂。市售的是 1％敌鼠粉剂、1％敌鼠钠盐。

防治对象及使用方法：主要用于城乡居民住宅、粮库、工厂、车、船、码头等地杀灭家鼠，也可用于旱田、稻田、林区、草原杀灭野鼠。一般采用 250～500mg/kg 的浓度，需要连续多次投毒，但也有根据鼠量多少，用 1 000mg/kg 的毒饵一次投入。毒饵大部分用米和面配制，也有用地瓜丝、胡萝卜丝等作饵料的，可根据各地情况选择鼠类喜食物作饵料，加入 2％～5％ 食油效果更好。

500mg/kg 米饵的配制：将 0.5g 敌鼠钠溶于适量的热水（80℃以上，下同），浸泡 1 000g 米，将药水全部吸收，晾干后即成米饵。

500mg/kg 面饵的配制：将 0.5g 敌鼠钠溶于热水，用 1 000g 面粉和匀，烤成面饼即得。

毒饵投放：500mg/kg 毒饵每天投放 1 次，吃多少补多少，吃光加倍，连续投 3～5d。必须投放足够的毒饵量，防止漏吃或不够吃。一般都投到鼠洞附近或鼠类经常活动的地方。居民住宅灭鼠时，事先"断粮"迫使老鼠去吃毒饵，灭鼠效果更好。粮库、粮店灭鼠时，采用毒水效果更好，因为老鼠一般吃过粮食以后，总要口渴找水喝。毒水含药量 0.1％～0.5％为宜。

敌鼠钠对鸡、猪、牛、羊较安全，而猫、狗、兔较敏感，死鼠要深埋处理。对人毒性大，如发现人误食中毒时，可用特效解毒药维生素 K_1 解毒，但维生素 K_3 和中药止血药仙鹤草素无解毒作用。误食后可服用维生素 K 解毒，并及时遵照医生指导抢救。药剂应贮于阴凉、干燥处。

3. 氯敌鼠

英文名称：chlorophacinone

化学结构式：

$C_{23}H_{15}ClO_3$ （374.8）

性质：产品为黄色针状结晶，无臭无味，不溶于水，可溶于丙酮、乙醇、乙酸乙酯和油脂，化学性质稳定。毒理与敌鼠钠盐相同，且有抗氧化磷酸化作用。急性毒力比杀鼠灵大。对人和家畜的毒力较小，鸡、鸭、鹅对此药有较高的耐受性。从急性毒力看，与第二代抗凝血剂相似，潜伏期4～5d。与谷物、水果、蔬菜都能均匀混合。使用浓度为0.005%～0.025%。适口性好，一般不产生拒食性。适于毒杀野鼠，每公顷投饵量约3 000g。

4. 杀鼠灵

商品名称：华法灵

英文名称：warfarin

化学结构式：

$C_{19}H_{15}Ol_4$ （342.8）

性质：纯品为无臭无味的白色结晶粉末，工业品略带粉色。微溶于甲醇、乙醇、乙醚和油类，不溶于水。在碱液中可形成水溶性钠盐。其毒理作用与敌鼠一致。有较好的适口性。防治褐家鼠的毒饵浓度为0.012 5%，在多种鼠类混生的地方可用0.025%毒饵。所需耗饵量大于其他抗凝血剂药物，使用中又要连续投饵，因而不宜用来防治野鼠。由于自20世纪50年代起已大量用于灭鼠，在一些地区产生了抗药性种群。

5. 杀鼠迷

商品名称：杀鼠醚

英文名称：cumatetralyl

化学结构式：

$C_{19}H_{16}O_3$ （292.3）

性质：纯品为淡黄色结晶粉末，无臭无味，不溶于水。其作用毒力与杀鼠灵相当，适口性优于杀鼠灵，配制后可使毒饵带有香蕉味，对鼠类有较强的引诱性。其毒理与敌鼠钠盐、杀鼠灵等第一代抗凝血剂基本相同。中毒潜伏期为7～12d，二次中毒的危险很小。防治家鼠的毒饵浓度为 0.037 5%。用 0.75%的母粉 1 份，饵料 19 份，植物油 0.5 份及适量警戒色充分搅拌，即可。

6. 溴敌鼠

商品名称：溴敌隆

英文名称：bromadiolone

化学结构式：

性质：纯品为白色结晶粉末，工业品呈黄白色，几乎不溶于水。性质稳定，在 40～60℃的高湿下不变质。属第二代抗凝血剂，毒力强，能杀死抗杀鼠灵等抗性鼠类种群，且适口性好，二次中毒危险小。毒理同其他抗凝血剂。对多种鼠类有高的毒杀力，特别对小家鼠的杀灭效果尤佳。一般使用浓度为0.005%。溴敌隆的毒力强，作用时间快，须谨慎使用。在配制、贮藏、运输、分发的各环节须专人负责，人员接触后要及时洗涤，注意安全。

7. 溴鼠灵

商品名称：大隆

英文名称：brodifacoum

化学结构式：

$C_{31}H_{23}BrO_3$（523.9）

性质：为黄白色结晶粉末；不溶于水，可溶于氯仿。毒理与其他抗凝血剂相同，但作用速度快得多。大隆属第二代抗凝血剂，是各种抗凝血剂中毒力最强的一种，兼有急性灭鼠剂和慢性灭鼠剂的优点。对各种鼠类的急性口服LD_{50}均小于 1mg/kg。潜伏期1～20d，对非靶标动物较危险，二次中毒的危险比第一代抗凝血剂大。大隆的靶谱广，毒力强，一般使用浓度仅为 0.001%～0.005%，液剂的杀灭效果好于粉剂，饵料用米的效果好于稻谷。由于现阶段尚未有可取代大隆的灭鼠剂，所以不要轻易使用此药，以免产生抗性种群。

防治家栖鼠种可采用一次性或者间隔式投饵法。一次性投饵可视鼠密度高低，每间房布 1～3 个饵点，每个饵点 5g 毒饵。间隔式投饵是在一次性投饵的基础上，1周后予以补充投饵，以保证所有个体都能吃到毒饵，取得较好的杀灭效果。

防治野栖鼠种一次性投饵就可奏效。饵点可沿田埂、地垄设置，每间隔5～10m布一个饵点。每个饵点投5g毒饵。采用这两种投饵方法防治黄毛鼠、黑线姬鼠、大仓鼠等野栖鼠种效果很好。防治达乌尔黄鼠每洞投7～10g毒饵，灭洞率90%以上。

使用评价：从大隆对各种啮齿动物的毒力来看，是一种较为理想的灭鼠剂，兼有急性和慢性灭鼠剂的优点。大隆灭鼠靶谱广，适口性好，可减少投饵次数。由于急性毒力强，故对人、禽、畜危险性也有所增加。特殊场所禁止使用。

8. 氟鼠灵

商品名称：杀它仗、氟鼠酮、氟羟香豆素

英文名称：stratagem；flocoumafen

化学名称：3-［3-（4'-三氟甲基苄基氧代苯-4-基）-1，2，3，4-四氢-1-萘基］-4-羟基香豆素。

化学结构式：

$C_{33}H_{25}O_4F_3$（542）

性质：原药为淡黄色或近白色粉末，有效成分含量90%，比重为1.23，熔点161～162℃，闪点200℃，25℃时蒸气压为2.67～6Pa。在常温下（22℃）微溶于水，溶解度为1.1mg/L，溶于大多数有机溶剂。纯品为白灰色结晶粉末，难溶于水，可溶于丙酮；有稍溶于水的胺盐。属于第二代抗凝血剂，其化学结构与生物活性都与大隆类似。具有适口性好、毒力强、使用安全、灭鼠效果好的特点。对啮齿动物的毒力与大隆相近，并对第一代抗凝血剂产生抗性的鼠类有同等的效力。由于急性毒力强，鼠类只需摄食其日食量10%的毒饵就可以致死，所以适宜一次投毒防治各种害鼠。氟鼠灵对非靶标动物较安全，但狗对其很敏感。毒饵使用浓度为0.005%，适于灭杀农田及室内鼠类。对非靶标动物的急性毒力较低，可广泛应用于防治各类害鼠。

原药大鼠急性经口 LD_{50} 为0.46mg/kg，急性经皮 LD_{50} 为0.54mg/kg。对皮肤和眼睛无刺激作用。在试验剂量内对动物无致突变作用。繁殖试验无作用剂量为0.01mg/kg，在动物体内主要蓄积在肝脏。该药对鱼类高毒，虹鳟鱼

LC_{50}为 0.009 1mg/L，对鸟类毒性也很高，5d 饲养试验，野鸭 LC_{50}为 1.7mg/L。

剂型：商品为 0.1％粉剂及 0.005％饵剂两种。

防治对象及使用方法：可用于防治家栖鼠和野栖鼠，主要为褐家鼠、小家鼠、黄毛鼠及长爪沙鼠等。适口性好，急性毒力大，鼠一次摄食即可达到防治的目的，因此一次性投药即可。

0.1％粉剂主要以黏附法配制毒饵使用，配制比例为 1：19。饲料可根据各地情况选用适口性好的谷物，用水浸泡至发胀后捞出，稍晾后以 19 份饵料拌入 1 份 0.1％杀它仗粉剂。也可将 0.5 份的食用油拌入 19 份饵料中，使每粒谷物外包一层油膜，然后加入 1 份 0.1％杀它仗粉剂搅拌均匀即可使用。所配得毒饵的有效成分含量为 0.005％。防治家栖鼠类，每间房设 1～3 个饵点，每个饵点放置 5g 毒饵，隔 3～6d 后对各饵点毒饵被取食情况进行检查，并予以补充；防治野栖鼠类，可按间隔 5～10m 等距离投饵，每个饵点投放 5～10g 毒饵，在田埂、地角、坟丘等处可适当多放些毒饵。防治长爪沙鼠，可按洞投饵，每洞 1g 毒饵即可。

氟鼠灵对非靶标动物比较安全，其选择性毒力优于其他同类的杀鼠剂。对猫、鸡较安全。但对狗、鹅敏感，使用时应加以注意。维生素 K_1 为其特效解毒药。

二、非抗凝血剂类灭鼠药

磷化锌（zinc phosphide）

化学分子式：Zn_3P_2（258.1）

性质：为现代仍在使用的唯一无机化合物灭鼠药。其化学纯品为海绵状灰色金属态块，或为深灰色粉末，有近似大蒜的气味，不能大量燃烧。遇酸则产生剧毒的磷化氢气体。属于急效灭鼠剂，毒力发挥较快，死鼠多发生在 24h 以内。

使用技术：磷化锌的选择性差，鸟类对其尤为敏感，应特别控制使用范围。毒饵的配制：可用各种谷物或蔬菜按 3％～10％的含量配制毒饵。黏着剂可以选择各种植物油或稀面粉糊使毒剂均匀地黏附在诱饵的表面即成。应用磷化锌杀灭家栖鼠类时，为提高引诱效果，也可因地制宜地采用动物性饵料，如肉块，鱼块等。

三、停止或禁止使用的杀鼠剂

有一些化学经口类杀鼠剂因其危险性大，或污染强而已停止或禁止使用。

停止使用的杀鼠剂：安妥（antu）、灭鼠优（pyrinuron）、灭鼠安（RH-945、DLP-945）、红海葱（red squill）、士的年（mousetox）、亚砷酸（arse-nousoxide）。

国家明令禁止使用的杀鼠剂：氟乙酰胺（1081、sodiurn fluoroactate）、氟乙酸钠（1080、sodium monofluroacetate）、毒鼠强（tetramine）、毒鼠硅（silatrane）、甘氟（glftor）。

第三节　杀鼠剂中毒诊断与抢救措施

抢救杀鼠剂中毒人员通常分3步进行，一是摸清发病原因，尽快清除未被吸收的毒药，阻止其继续入体；二是使用有效解毒药解毒，促使其尽快排出；三是关注并发症状，采取各种措施减轻患者的后遗症。

保护胃的方法如下。

1. 吸附

给患者喂0.2%～0.5%活性炭，无活性炭时可用骨炭、白陶土、硅藻土代替用吸附剂。

2. 中和

肥皂水、石灰乳、镁乳等弱碱性溶液可中和强碱性毒物，破坏有机磷毒药。用1%～2%小苏打（碳酸氢钠）溶液，能中和胃酸，沉淀多种生物碱，螯合某些重金属。因碳酸氢钠与碳酸钙遇酸会产生二氧化碳气体，一次用量不宜过多。尤其不适于腐蚀性毒药，以防胃扩张后被腐蚀穿孔。氢氧化镁溶液能中和酸性中毒，使之变成中性盐类。弱酸物质、各种酸果汁能中和强碱性灭鼠剂。

3. 沉淀

浓茶水含鞣酸，可使大部分无机毒药沉淀，适用于含铝、铅、钴、铜、锌等金属盐的毒药。

附表　化学杀鼠剂

序号	中文名	别名	英文名	化学名称	化学分子式	CAS编号	特　性
1	安妥	萘硫脲	antu	α-甲萘硫脲	$C_{11}H_{10}N_2S$	86-88-4	硫脲类急性杀鼠剂，胃毒作用，干扰葡萄糖合成
2	碳酸钡	沉淀碳酸钡、毒重石、纳米碳酸、高纯碳酸钡	barium carbonate	碳酸钡	$BaCO_3$	513-77-9	已淘汰，急性杀鼠剂，钡离子损害心脏跳动，致死于瘫痪

（续）

序号	中文名	别名	英文名	化学名称	化学分子式	CAS编号	特　性
3	歼鼠肼		bisthiosemi	N′，N′-甲叉二（氨基硫脲）	$C_3H_{10}N_6S_2$	39603-48-0	速效杀鼠剂
4	杀鼠酮	鼠完、品酮	pindone	2-叔戊酰-1,3-茚满二酮	$C_{14}H_{14}O_3$	83-26-1	第一代茚满二酮类抗凝血杀鼠剂
5	异杀鼠酮		valone	22-异戊酰基-1,3-茚满二酮	$C_{14}H_{14}O_3$	83-28-3	第一代茚满二酮类抗凝血杀鼠剂
6	杀鼠灵	灭鼠灵、华法令、华法林	warfarin	3-(1-丙酮基苄基)-4-羟基香豆素	$C_{19}H_{16}O_4$	81-81-2	第一代羟基香豆素类抗凝血杀鼠剂
7	溴敌隆	灭鼠酮、乐万通、溴敌鼠、溴特隆	bromadiolone	3-(3-[4-溴-(1,1-联苯基)-4-羟基]-3-羟基-1-苯丙基)-4-羟基-2H-1-苯并吡喃-2-酮	$C_{30}H_{23}BrO_4$	28772-56-7	第二代香豆素类抗凝血杀鼠剂，对第一代抗凝血剂产生抗性的害鼠有效
8	维生素D_2	钙化醇、麦角钙化醇	ergocalciferol	9，10-开环麦角甾-5，7，10(19)，22-四烯-3β-醇	$C_{28}H_{44}O$	50-14-6	过量会造成中毒死亡
9	亚砷酸钙	亚砒酸钙	calcium arsenite	亚砷酸钙	$Ca_3(AsO_3)_2$	27152-57-4	可吸入、食入、经皮吸收
10	氰化钙		calcium cyanide	氰化钙	$Ca(CN)_2$	592-01-8	窒息性毒剂
11	α-氯醛糖	氯醛葡糖、糖缩氯醛	alpha-chloralose	1,2-O-2,2,2-三氯亚乙基-α-D-呋喃糖	$C_8H_{11}Cl_3O_6$	15879-93-3	麻醉剂，抑制中枢神经，降低代谢过程
12	氯鼠酮	鼠顿停、氯敌鼠	chlorophaci-none	2-[2-(4-氯苯基)-2-苯基乙酰基]-1,3-茚满二酮	$C_{23}H_{15}ClO_3$	3691-35-8	第一代茚满二酮类抗凝血杀鼠剂
13	氯化苦	硝基三氯甲烷	chloropicrin methane	三氯硝基甲烷	CCl_3NO_2	76-06-2	高毒熏蒸剂，已禁用
14	比猫灵	氯灭鼠灵、氯杀鼠灵	coumachlor	3-[1-(4-氯苯基)-3-氧丁基]-4-羟基香豆素	$C_{19}H_{15}ClO_4$	81-82-3	第一代羟基香豆素类抗凝血性杀鼠剂

（续）

序号	中文名	别名	英文名	化学名称	化学分子式	CAS编号	特性
15	克灭鼠	克鼠灵、呋杀鼠灵、薰草呋	coumafuryl	3-[1-(2-呋喃基)-3-氧代丁基]-4-羟基-2H-1-苯并吡喃-2-酮	$C_{17}H_{14}O_5$	117-52-2	第一代羟基香豆素类抗凝血杀鼠剂
16	杀鼠醚	杀鼠迷、克鼠立、立克命、杀鼠萘、鼠毒死	coumatetralyl	4-羟基-3-(1,2,3,4-四氢-1-萘基)-香豆素	$C_{19}H_{16}O_3$	5836-29-3	第一代羟基香豆素类抗凝血灭鼠剂
17	鼠立死	甲基鼠灭定、杀鼠嘧啶	crimidine	2-氯-4-二甲氨基-6-甲基嘧啶	$C_7H_{10}ClN_3$	535-89-7	中枢神经刺激剂
18	亚砷酸铜		cupric arsenite	亚砷酸铜	$CuHAsO_3$	10290-12-7	呼吸中枢麻痹剂
19	双杀鼠灵	敌害鼠、双华法令	dicoumarin	3,3'-亚甲基-双(4-羟基香豆素)	$C_{19}H_{12}O_6$	66-76-2	抗凝血性杀鼠剂
20	鼠得克	联苯杀鼠萘	difenacoum	3-(3-联苯基-1,2,3,4-四氢萘-1-基)-4-羟基-2H-1-苯并吡喃-2-酮	$C_{31}H_{24}O_3$	56073-07-5	第二代香豆素类抗凝血杀鼠剂
21	敌鼠	敌鼠钠盐、野鼠净、双苯胀鼠酮、二苯茚酮、得伐鼠	diphacinone	2-(2,2-二苯基乙酰基)-1,3-茚满二酮	$C_{23}H_{16}O_3$	82-66-6	第一代茚满二酮类抗凝血杀鼠剂
22	虫鼠肼	法尼林	fanyline	氟乙酸-2-苯酰肼	$C_8H_9FN_2O$	2343-36-4	—
23	氟乙酰胺	灭蚜胺	fluoroacet-amide	氟乙酰胺	C_2H_4FNO	640-19-7	急性杀鼠剂，有机氟化合物，国内禁用
24	灭鼠脲	普罗米特、灭鼠丹、扑灭鼠	promurit 或 muritan	1-(3,4-二氯苯)-氨基硫脲	$C_7H_6Cl_2N_4S$	5836-73-7	硫脲类急性杀鼠剂，干扰葡萄糖合成

（续）

序号	中文名	别名	英文名	化学名称	化学分子式	CAS编号	特性
25	鼠特灵	鼠克星、灭鼠宁	norbormide	5-(α-羟基-α-2-吡啶苄基)-7-(α-2-吡啶亚苄基)-5-降冰片二烯-2,3-二甲酰亚胺	$C_{33}H_{25}N_3O_3$	991-42-4	使生命中枢缺氧而死
26	毒鼠磷		gephacide	O,O-双(p-氯代苯基)-N-亚氨乙酰基硫代磷酰胺酯	$C_{14}H_{11}Cl_2N_2O_4PS$	4104-14-7	胃毒作用，急性有机磷杀鼠剂，抑制神经组织和红细胞内的胆碱酯酶
27	扑鼠脲	灭鼠优	pyrinuron	N-(4-硝基苯基)-N-(3'-吡啶基甲基)脲	$C_{13}H_{12}N_4O_3$	53558-25-1	尿素类急性杀鼠剂，干扰烟酰胺的代谢
28	蓖麻毒素	蓖麻毒蛋白	ricin	异源二聚体糖蛋白	蛋白质	无	抑制蛋白质合成
29	海葱素	红海葱	scilliroside	(3β,6β)-6-(乙酰氧代)-3-(β-D-吡喃葡萄糖基氧代)-8,14-二羟基-蟾-4,20,22-三烯内酯	$C_{32}H_{44}O_{12}$	507-60-8	急性杀鼠剂；抑制心脏跳动，死于心脏麻痹
30	灭鼠硅	毒鼠硅、氯硅宁、硅灭鼠	silatrane	1-(4-氯苯基)-2,8,9-三氧代-5-氮-1-硅双环(3,3,3)十一烷	$C_{12}H_{16}ClNO_3Si$	29025-67-0	急性杀鼠剂，作用于运动神经，国内禁用
31	砷酸氢二钠	砷酸钠（一氢）、砷酸二钠	disodium arsenate	砷酸氢二钠	Na_2HAsO_4	7778-43-0	毒性靶器官肝和肾
32	亚砷酸钠	偏亚砷酸钠、亚砒酸钠	dodium arsenite	亚砷酸钠	$NaAsO_2$	7784-46-5	毒性靶器官肝和肾
33	氰化钠	山奈、山奈钠、山奈奶	sodium cyanide	氰化钠	$NaCN$	143-33-9	氰基与Fe^{3+}结合，阻断呼吸作用的电子传递

（续）

序号	中文名	别名	英文名	化学名称	化学分子式	CAS编号	特性
34	氟乙酸钠	一氟乙酸钠、1080	sodium fluoroacetate	氟乙酸钠	$C_2H_3FO_2Na$	62-74-8	急性杀鼠剂，有机氟化合物，国内禁用
35	毒鼠碱	二甲双胍、双甲胍、马钱子碱、士得宁	strychnine	二甲双胍	$C_{21}H_{22}N_2O_2$	57-24-9	中枢神经刺激剂
36	磺胺喹恶啉	球菌胺、磺胺喹沙啉、磺胺喹恶啉	sulfaquinoxaline	N-2-喹恶啉基-4-氨基苯磺酰胺	$C_{14}H_{12}N_4O_2S$	59-40-5	损伤心、肝、脾和肾
37	毒鼠强	没鼠命、四二四、三步倒、闻到死	tetramine	四亚甲基二砜四胺	$C_4H_8N_4O_4S_2$	80-12-6	急性杀鼠剂，中枢神经兴奋剂，国内禁用
38	醋酸铊	乙酸亚铊	thallium acetate	醋酸铊	$TlCOOCH_3$	563-68-8	神经毒剂，国内禁用
39	硝酸铊	硝酸亚铊	thallium nitrate	硝酸铊	$TlNO_3$	10102-45-1	神经毒剂，国内禁用
40	硫酸铊	硫酸亚铊	thallium sulfate	硫酸铊	Tl_2SO_4	7446-18-6	神经毒剂，国内禁用
41	杀鼠脲	灭鼠特	thiosemicarbazide	氨基硫脲	CH_5N_3S	79-19-6	硫脲类急性杀鼠剂，干扰葡萄糖合成
42	白磷	黄磷	phosphorus white	白磷	P_4	12185-10-3	已淘汰，保存麻烦
43	磷化锌	亚磷酸锌、耗鼠尽	zinc phosphide	磷化锌	Zn_3P_2	1314-84-7	高毒、急性无机广谱杀鼠剂，作用于神经中枢

第六章

毒饵站灭鼠技术

毒饵站是指鼠类能够自由进入取食而其他动物（如鸡、鸭、猫、狗、猪等）不能进入取食且能盛放毒饵的一种装置。2000年首先在四川省开展毒饵站灭鼠技术研究与应用示范，2003年组织四川、浙江、贵州等18个省（自治区、直辖市）实施了"农区毒饵站灭鼠技术研究与应用推广"项目，在该项目实施过程中，研制开发了具有自主知识产权的灭鼠毒饵投放装置（毒饵站），并且获得了国家专利（专利证书号：第709178号）。同时，毒饵站灭鼠技术获得了2002—2003年度联合国粮食与农业组织（FAO）最高奖——爱德华·萨乌马奖（EDOUARDSAOUMA AWARD），这是中国首次获得该奖项，成为世界上第六个获得该奖项的国家。回良玉副总理对农村鼠害系统控制技术（即毒饵站灭鼠技术）获FAO大奖作了如下批示："首先对四川省植保站获FAO大奖表示祝贺。望农业部认真总结经验，组织推广安全、高效、经济、环保控制鼠害技术，切实减轻农村鼠害"。近几年来，毒饵站灭鼠技术作为农区鼠害可持续治理技术之一，因其具有高效、安全、环保、持久等优点，已在全国30多个省（自治区、直辖市）农区灭鼠中得到了广泛的应用，得到了农户广泛认可。全国各地研制开发了不同类型的毒饵投放装置，集成了高效、安全、经济、环保、持久的毒饵站灭鼠技术，创新了农田灭鼠的投饵技术，解决了我国农区安全使用药物灭鼠的技术关键，形成了以毒饵站灭鼠技术为核心的农区鼠害综合防治技术体系。

第一节　毒饵站的种类及使用方法

一、毒饵站的种类及制作方法

我国农区灭鼠中推广应用的毒饵站种类较多，主要类型有竹筒毒饵站、PVC管毒饵站、矿泉水瓶（或可口可乐等饮料瓶）毒饵站、花钵毒饵站、简瓦毒饵站和瓦筒毒饵站等。PVC管材取材方便，价格便宜，每个毒饵站成本约 1.5 元左右，制作的毒饵站不易破裂，而且美观、实用，群众容易接受。竹筒毒饵站因长期日晒雨淋，容易出现竹筒破裂现象，影响防雨防潮，因此，在竹材匮乏的地区，应用 PVC 管毒饵站统一灭鼠更具有推广价值。矿泉水瓶（或可口可乐等饮料瓶）毒饵站也具有取材方便，成本低，而且可以变废为宝等优点，但也存在矿泉水瓶比较轻，容易破损，使用寿命短等缺点。不同类型毒饵站各具优缺点，而且适用范围和防治鼠类种类也不尽相同。

1. 竹筒（或 PVC 管）毒饵站

竹筒毒饵站制作材料为当地产的竹子，直径 5～6cm；PVC 管毒饵站制作材料为市场上销售的 PVC 管材，直径 5～6cm，PVC 管是一种常见的塑料管，具有强度高、耐腐蚀等优点。制作时农田区毒饵站将竹子（或 PVC 管）锯成 55cm 长的竹筒（或 PVC 管），把竹节中间打通，竹筒（或 PVC 管）两头各留 5cm 长的"耳朵"防雨，用铁丝做两个固定脚做支架，"耳朵"朝下，将铁丝脚架插入田埂，离地面 3cm 左右，以免雨水灌入（图 6-1）。农舍区毒饵站直接将竹子（或 PVC 管）锯成 30cm 长的竹筒（或 PVC 管），打通竹节即可（图 6-2）。竹筒（或 PVC 管）毒饵站主要适用于农田区和农舍区灭鼠（图 6-3、图 6-4）。

图 6-1　农田区竹筒（或 PVC 管）毒饵站示意图　图 6-2　农舍区竹筒（或 PVC 管）毒饵站示意图

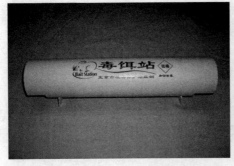

图 6-3　农田区 PVC 管毒饵站示意图　　图 6-4　农田区竹筒毒饵站示意图

2. 矿泉水瓶（或可口可乐等饮料瓶）毒饵站

制作材料为使用过的矿泉水瓶（或可口可乐等饮料瓶），随处可见，可以利用这些废弃物来制作毒饵站。制作时直接把矿泉水瓶（或可口可乐等饮料瓶）两端去掉，用铁丝把两端固定，铁丝留 15cm 用于插入地下，矿泉水瓶（或可口可乐等饮料瓶）距地面 3cm 左右（图 6-5）。主要适用于农田区和农舍区灭鼠。

3. 简瓦毒饵站

制作材料直接用农村盖房用的简瓦，将两片简瓦合起来用铁丝扎紧即可（图 6-6）。主要适用于农田区灭鼠。

图 6-5 农田区投放的矿泉水瓶　　图 6-6 农田区投放的简
　　　毒饵站示意图　　　　　　　　瓦毒饵站示意图

4. 花钵毒饵站

将口径为 20cm 左右陶瓷花钵（或废旧的花盆）的上端边缘敲开一个缺口，缺口口径在 5～6cm 之间，翻过来后扣在地面即可（图 6-7）。主要适用于农舍区灭鼠。

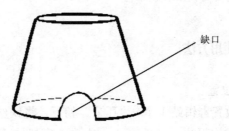

缺口

图 6-7 农舍区花钵毒饵站示意图

5. 瓦筒毒饵站

由黏土制成，长度 40cm、内径 10 cm、内呈圆柱形，经窑高温烧制而成（图 6-8）。主要适用于农田区和农舍区灭鼠。

除上述毒饵站外，还有用黏土、纸及塑料制成的毒饵站（图 6-9 至图 6-11）。

图 6-8　农田区瓦筒毒饵站示意图

图 6-9　农田区黏土烧制的毒饵站示意图

图 6-10　农田区纸制毒饵站示意图

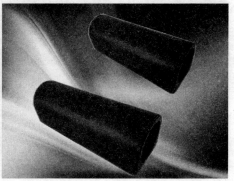

图 6-11　农舍区塑料毒饵站示意图

二、毒饵站的使用方法

1. 放置数量及位置

农田每 667m² 放置毒饵站 1 个，"耳朵"朝下，将铁丝脚架插入田埂，将毒饵站固定于田埂或沟渠边，离地面 3cm 左右，害鼠捕获率在 10％以上时放置毒饵站 2 个。农舍每户投放毒饵站 2 个，重点放置在房前屋后、厨房、粮仓、畜禽圈等鼠类经常活动的地方，用砖块等物固定。

2. 投饵量及时间

每个毒饵站放置毒饵 20～30g，放置 3d 后根据害鼠取食情况补充毒饵。毒饵站可长期放置，重复使用。使用鼠药可选用 0.005％溴敌隆毒饵、0.005％溴鼠灵毒饵、0.5％溴敌隆水剂等抗凝血杀鼠剂或商品毒饵。

第二节　毒饵站灭鼠的优点

在过去农区灭鼠中，传统的投饵方式是采用裸露投饵法投放毒饵，把毒饵直接撒投在地上。一般在春、秋两季灭鼠，而此时田间雨水较多，裸露投放在田间的毒饵易受潮而发生霉变，导致害鼠拒食，影响防治效果，同时又有大量毒饵残留在田间，造成环境污染，非靶标动物也容易误食中毒。而采用毒饵站投放毒饵开展农区灭鼠，儿童、畜禽不易接触到毒饵，对人和畜禽安全，而且毒饵不被雨水冲刷，不易受潮霉变，可长久发挥药效，节约灭鼠成本，能减少田间残留毒饵量，对环境不造成污染，而且毒饵站取材方便，成本低，制作简单，可长期投放，重复使用，毒饵可持续发挥作用，可对害鼠进行长期控制。通过四川、浙江、贵州等地多年来的试验示范研究，毒饵站灭鼠与传统裸投毒饵灭鼠比较具有以下优点。

1. 经济

四川省彭山县观音镇用毒饵站在两个村共投饵 180kg，为常年灭鼠投饵量的 30%，大大节约了毒饵。两个村通过使用该技术，大大降低了灭鼠成本，共节约粮食 400kg、资金约 2 500 元左右（含投工情况）。裸投毒饵灭鼠所用粮食是毒饵站灭鼠的 3.2 倍，所用资金是毒饵站灭鼠的 3.4 倍（图 6 - 12）。又如北京在养殖场使用毒饵站，平均每年少投放毒饵 15kg。

2. 高效

尽管毒饵站灭鼠投饵量低，但由于毒饵消耗率高，在四川两个村的试验中，毒饵消耗率分别为 45% 和 51%，都大大高于常年大面积灭鼠的毒饵消耗

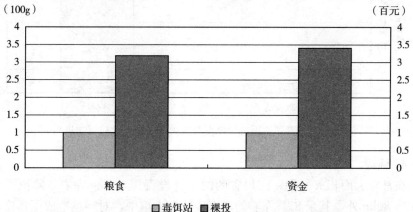

图 6 - 12　毒饵站灭鼠与裸投毒饵灭鼠的成本比较（四川）
注：粮食纵坐标为左轴，资金纵坐标为右轴。

率 10%~20%。所以两个村的灭鼠效果也好，分别为 84.6%、79.1%，较裸投毒饵灭鼠的灭效 67.7%、68.8%高（图 6-13）。各地的试验示范结果也证明了这一点。

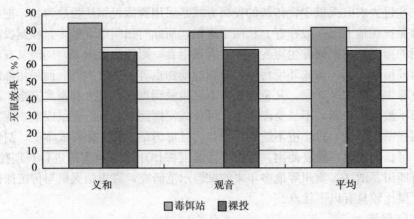

图 6-13　毒饵站灭鼠和裸投毒饵灭鼠效果比较（四川）

3. 安全

示范中发生两起非靶标动物误食的事件，而在常年灭鼠中两个村有 25~60 起动物误食的事件（图 6-14）。各地在多年使用毒饵站灭鼠的过程中也基本没有相关中毒事故报告。

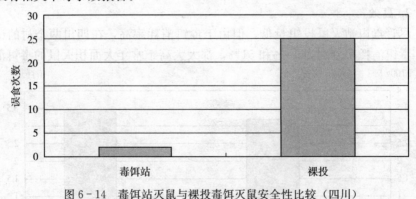

图 6-14　毒饵站灭鼠与裸投毒饵灭鼠安全性比较（四川）

4. 环保

在常年大面积灭鼠中，四川省的两个村投毒饵 600kg 左右，除鼠类消耗的 40~80kg 外，其余 85%左右的毒饵残留在土壤中，对环境造成了污染；而使用毒饵站技术，不仅投饵量大大降低，且剩余的毒饵继续发挥作用，不对环境造成污染（图 6-15）。

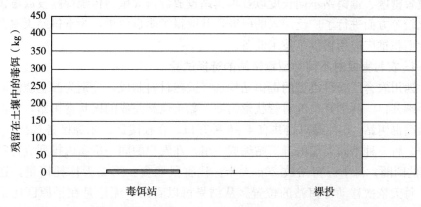

图 6 - 15　毒饵站灭鼠和裸投毒饵灭鼠环保性比较（四川）

5. 持久

四川省 2001 年在试验调查中发现，尽管 6 月的降雨多，但在放置 100d 后毒饵发霉变质的毒饵站仅占 4.8%，其余毒饵站中的毒饵没有生霉发芽，仍然有效。而裸投毒饵通常在 1 周内因生霉、发芽而失效（图 6 - 16）。

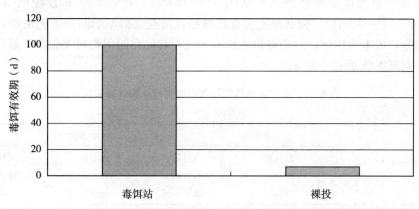

图 6 - 16　毒饵站灭鼠与裸投毒饵灭鼠有效期的比较（四川）

第三节　毒饵站灭鼠试验研究与推广

一、毒饵站灭鼠试验研究

毒饵站灭鼠技术的试验研究得到各地的高度重视，先后出现许多研究报道，主要针对不同类型毒饵站适口性及灭鼠效果、毒饵站投放位置、毒饵站最适放置密度、毒饵站不同长度以及毒饵站投放毒饵灭鼠与传统裸露投放毒饵灭鼠比较等方面进行了广泛深入的研究，并取得了明显效果，为毒饵站灭鼠在全国大面积推广应用提供了技术储备。

1. 农村害鼠对不同类型毒饵站的选择试验

四川农舍区 5 种类型的毒饵站均选择天然材料制成，分别为黏土烧制而成的一端开口、两端开口的弯管状毒饵站，黏土烧制而成的碗状毒饵站，水泥盒及竹筒毒饵站。5 种毒饵站共有 4～6 种开口。在丘陵区、平原区各选择 50 户农户。将 5 种不同类型的毒饵站编成一组，在农户的同一房屋内排列成直径约 1 米的圆圈，每个毒饵站放 20g 大米，让害鼠取食。第二天称耗饵量，连续 5d。每天依次移动毒饵站的位置。从结果可以看出，无论是在平原区还是在丘陵区，害鼠对不同类型毒饵站的选择基本一致，其取食次数和耗饵量均是碗状黏土类和竹筒毒饵站为高。在平原区，害鼠在碗状黏土类毒饵站和竹筒毒饵站中的取食次数分别为总次数的 23.9% 和 36.2%，取食量分别为总量的 26.4% 和 39.0%。丘陵区与之类似，分别为 50.4%、24.8% 和 50.1%、24.0%（表6-1）。经过对取食次数统计分析，四川农村家栖鼠对上述不同类型的毒饵站选择差异显著（平原区 $X^2 = 123.75$，$P = 0.001$；丘陵区 $X^2 = 280.95$，$P = 0.001$）。碗状黏土类毒饵站和竹筒类毒饵站的制作工艺简单，取材方便，成本均较低，一个毒饵站成本 1 元左右，在四川农村大面积灭鼠及长期控制鼠类活动中可为首选。

表 6-1　农村家栖鼠对不同类型毒饵站的选择实验

（四川，2001）

毒饵站类型	平原区				丘陵区			
	取食次数	占总量百分比（%）	耗饵量（g）	占总量百分比（%）	取食次数	占总量百分比（%）	耗饵量（g）	占总量百分比（%）
黏土类（一端开口）	44	9.8	277	8.0	3	2.7	51	3.3
黏土类（两端开口）	69	15.4	470	13.6	9	8.0	134	8.6
黏土类（碗状）	107	23.9	915	26.4	57	50.4	783	50.1
水泥类	66	14.7	452	13.0	16	14.2	220	14.1
竹筒	162	36.2	1 353	39.0	28	24.8	376	24.0

广东所用的毒饵站有 3 种类型，即竹筒毒饵站、PVC 管毒饵站和瓦筒毒饵站。竹筒毒饵站分 A、B 型两种，其中 A 型为两端均开口的双孔型；B 型为一端开口，一端封闭的单孔型。PVC 管毒饵站采用口径 5 cm 或 7 cm 的 PVC

管制作，长度均为 30 cm。瓦筒毒饵站的口径为 8 cm，用黏土高温烧制成圆柱状，长度分别为 30 cm、40 cm 和 50 cm 3 种规格。研究结果表明，两端开口的双孔毒饵站具有较高取食率，同时对毒饵也有较好的保鲜效果，口径 8～10 cm、长度 40～50 cm 的瓦筒毒饵站在取食率、防治效果、防盗及来源等方面比 PVC 管更有优势。

广西使用竹筒毒饵站、塑料毒饵站和 PVC 管毒饵站，在水稻田、玉米田、甘蔗田、果园及农宅 5 个不同生境研究竹筒毒饵站、PVC 管毒饵站和塑料毒饵站控鼠害效果，每个生境分别设竹筒毒饵站、PVC 管毒饵站和塑料毒饵站 3 个处理，每个处理 3 个重复。从结果可以看出，3 种毒饵站灭鼠效果显著，其中竹筒毒饵站和塑料毒饵站灭鼠效果相对较好，竹筒毒饵站在水稻田、甘蔗田和农宅灭鼠效果最高，分别达 88.3％、89.4％和 91.9％，塑料毒饵站在玉米田和果树园中的灭鼠效果最高，分别达 86.1％和 84.7％，PVC 管毒饵站灭鼠效果相对较低，但 PVC 管毒饵站在 5 种生境中的防治效果均在 76％以上（表6-2）。

表6-2　不同类型毒饵站灭鼠效果比较

（广西，2005）

毒饵站类型	水稻田（％）	甘蔗田（％）	玉米田（％）	果园（％）	农宅（％）
竹筒毒饵站	88.3	89.4	83.3	82.5	91.9
塑料毒饵站	86.0	86.7	86.1	84.7	89.1
PVC 管毒饵站	79.0	77.8	77.8	76.0	81.0

北京试验表明，砖、瓦、塑料、PVC 等材质的毒饵站取食率不存在显著差异，说明制作毒饵站的材质可广泛取材（如可乐瓶、瓦罐、硬纸筒、砖瓦、破旧烟筒、陶土等），选材原则是经济、耐用，结果见表6-3。

表6-3　不同材质毒饵站毒饵消耗量调查表

（北京，2006）

位置	毒饵站类型	药后 5d		药后 10d		药后 15d		总消耗率（％）
		消耗量（g）	消耗率（％）	消耗量（g）	消耗率（％）	消耗量（g）	消耗率（％）	
地边排水渠	可乐瓶	321	64.2	167	33.4	8	1.6	33.1
	瓦罐	300	60.0	207	41.7	52	10.4	37.2
地中排水渠	可乐瓶	450	90.0	259	51.8	206	41.2	61.0
	瓦罐	382	95.5	255.2	63.8	147.2	36.8	65.4

吉林选用口径 6 cm 的塑料管、再生塑料管及口径为 5 cm 的 PVC 管制作毒饵站。农舍放置的毒饵站为长度 38 cm（包括用来遮雨的突出部分）的 PVC 管，分别为 40 cm、50 cm 的塑料管和再生塑料管 5 种规格；农田放置的毒饵站为长度 40 cm 和 50 cm 的塑料管和再生塑料管共 4 种规格。试验表明，从毒饵站的长度来看，38 cm、40 cm、50 cm 均可以。从节约成本来考虑，在农舍和农田灭鼠都会选用 38 cm（其中突出部分长度为 5 cm）的长度。在毒饵站的口径上，以口径 6 cm 为宜，以便于个体大的褐家鼠等钻入取食。而口径 5 cm 的只便于个体较小的小家鼠、黑线姬鼠等取食，没有通用性。PVC 管、塑料管和再生塑料管制作毒饵站均可以，从成本来看要首选 PVC 管，其次是再生塑料管，最后是塑料管。

  北京在顺义区南彩镇的果园进行了农田毒饵站长度筛选试验，试验设 33cm、40cm、50cm 3 种长度的 PVC 管毒饵站共 3 个处理。随着毒饵站长度的增加，药后 15d 毒饵的总消耗率呈下降趋势。其中 33cm 的毒饵站总消耗率最高（4.8%），50cm 的毒饵站总消耗率最低（3.7%）。经显著性测定，3 个长度毒饵站的取食率没有达到显著差异水平，说明 3 种长度的毒饵站均可在农田灭鼠中使用。3 种长度的毒饵站灭鼠效果良好，药后 15d、30d 的灭鼠效果均为 100%。

  北京在通州区张家湾镇上店村进行了养殖场毒饵站长度的筛选试验，共设 30cm、40cm、45cm 3 个长度 PVC 管毒饵站及空白共 4 个处理。结果表明，各环境毒饵取食量和取食率差异不大，但各环境内的毒饵取食量和取食率明显高于外部，说明养殖场各环境鼠密度均较高，应全面布药。根据害鼠的取食习惯，应适当加大各环境内的毒饵投放量。不同长度的毒饵站的毒饵消耗差异明显，其中以 40cm 长的毒饵站毒饵取食量和取食率最高，药后 15d 的总取食量和总取食率分别为 1 167g 和 43.2%；以 45cm 长的毒饵站最低，药后 15d 的总取食量和总取食率分别为 137g 和 5.1%。经显著性测定，40cm、30cm 长的毒饵站取食量均与 45cm 长的毒饵站达到显著差异水平，但二者之间不存在显著差异。说明养殖场使用的毒饵站适宜长度为 30～40cm。

  各地研究结果表明，无论用自然材质还是塑料等无特殊气味的材质制作的毒饵站对害鼠没有显著的驱避，而且害鼠喜欢在两头都有开口的毒饵站里取食，也与害鼠的警惕习性有关系。可以根据当地情况选择来源广泛、成本低廉、经久耐用的材质制作不同类型的毒饵站。而毒饵站的规格（长度、开口大小、材质等）应该根据各地害鼠种类、习性等情况来确定，如广东的板齿鼠个体比较大，则毒饵站开口应在 8 cm 左右，四川等地就可以选择开口 6 cm 左右的，体型稍大的褐家鼠也可以自由出入。长度也应该根据当地实际情况，选择效果好、省材料、加工方便的合适长度。

2. 毒饵站位置放置试验

四川省分别在彭山县观音镇陈家村、梓潼村和杨柳村选择 30 个农户设置毒饵站,每村视为一个重复。分别在每个农户的猪圈、仓房、卧室、厨房、室外前屋檐和室外后屋檐设置一个毒饵站。毒饵站用竹筒制成,长 30cm,直径 4~6 cm。每晚在毒饵站中放入 20g 小麦,次日称取耗饵量,并补足 20g,连续 5d。试验结果表明,害鼠在猪圈中毒饵站的取食量最大,然后依次为室外后屋檐、仓房、厨房、室外前屋檐和卧室。不同位置间差异显著($F=104.65$,$df=17$,$P<0.01$),结果见表 6-4。

表 6-4　农舍不同位置毒饵站取食量

(四川,2001)

位　置	Ⅰ（陈家村）(g)	Ⅱ（梓潼村）(g)	Ⅲ（杨柳村）(g)	合计(g)
仓房	120.0	1 325.0	266.0	1 711.0
厨房	116.0	1 108.0	235.0	1 459.0
卧室	131.0	877.0	114.0	1 122.0
猪圈	127.0	1 609.0	555.0	2 291.0
室外前屋檐	159.0	1 026.0	158.0	1 343.0
室外后屋檐	317.0	1 520.0	359.0	2 196.0

广西试验表明,毒饵站位置设在厨房和屋外墙角取食量较大,分别为 658g 和 641g,客厅和猪圈取食量较少,害鼠对各毒饵站的取食量在第三天、第四天达到一个高峰,第五天开始回落。总体上看,5d 各毒饵站取食量保持在较高的水平(表 6-5)。

表 6-5　毒饵站不同放置位置选择试验饵料消耗情况

(广西,2005)

毒饵站位置	毒饵消耗量（g）					
	农户 1	农户 2	农户 3	农户 4	农户 5	合计
屋外房檐下	36	89	117	126	87	455
屋外墙角	49	103	187	164	138	641
猪圈	37	49	89	76	71	322
厨房	51	96	173	186	152	658
客厅	32	42	75	53	55	257

鼠类活动场所与食物因素、人类活动有很大关系，猪圈和仓房的食物条件相对丰富，为这两类栖息地中害鼠取食量高的主要原因。后屋檐则人员活动较少，为栖息在室外的害鼠进入房舍的通道之一。因此，在灭鼠活动中应注意在猪圈、后屋檐及仓房等场所设置毒饵站。在农田应该根据害鼠活动习性和降雨涨水情况，将毒饵站放置在田埂边上，并要离地面有 2～3 cm 左右的距离，一是害鼠有在田埂边活动的习性，二是可以防止涨水灌入毒饵站浸泡毒饵。

3. 毒饵站农田放置密度试验

四川省 2000 年分别在彭山县黄丰镇和观音镇选择旱地和水稻田各 3 块，每块样地的面积均为 2.4 hm²。在每种类型的 3 块样地中分别放置 12 个、24 个、36 个竹筒毒饵站（即每 hm² 5 个、10 个、15 个），每晚每个毒饵站放 10g 大米，让害鼠取食，第二天称耗饵量，连续 5d。竹筒毒饵站用长 60 cm 的竹筒制成，直径为 4～6 cm，两端有高 10 cm 左右的支架。支架插入地下，竹筒口离地面 2～3 cm。在水稻田中毒饵站沿田埂放置，在旱地中毒饵站尽量均匀放置。试验结果表明，水稻田中每 hm² 放置 5 个、10 个、15 个毒饵站，单个毒饵站的 5d 平均耗饵量分别为 20.4 g、27.0 g 和 16.5 g，用耗饵量作方差分析，3 种放置密度间均无显著差异。用取食次数作卡平方测验，其放置密度与取食次数间也无显著差异（表 6 - 6）。

表 6 - 6　竹筒毒饵站在田间不同放置密度取食量及取食次数

（四川，2001）

放置密度	水稻田			旱地		
（个/ hm²）	5	10	15	5	10	15
耗饵量（g）	245	540	593	75	186	375.5
平均耗饵量（g）	20.4	27.0	16.5	6.3	7.8	10.4
取食次数	38	86	109	20	56	101
平均取食次数	3.2	3.6	3.0	1.7	2.3	2.8

由于鼠类的活动存在一定的领域性，在鼠密度一定的情况下，毒饵站的放置密度增加到一定程度时，其平均取食量及取食次数理应下降。当放置密度从 10 个/hm² 增加到 15 个/hm² 时，其平均耗饵量及取食次数均有下降的趋势，毒饵站的放置密度可能过密，在当前鼠密度条件下，灭鼠时以每 hm² 放置 10 个毒饵站为宜。

为进一步筛选出不同鼠密度下毒饵站的最适放置密度，四川省于 2001 年在彭山县试验在鼠害高密度区（10％以上）和低密度区（10％以下）分别放置不同密度的毒饵站（0.07 hm² 1 个，0.13 hm² 1 个，0.20 hm² 1 个）及相同的无毒小麦毒饵站。每小区面积 6 hm²，小区间以河道和道路相隔。处理前后分别进行前饵和后饵测定，即每个饵站中放无毒小麦 50 g，5 d 后称耗饵率。灭效采用校正灭效［校正灭效＝1－（处理后饵×对照前饵）/（处理前饵×对照后饵）×100％］计算。在鼠密度 18％的高密度区，每 0.07 hm² 放置 1 个毒饵站的防治效果达到 90％以上，而 0.13 hm² 1 个和 0.21 hm² 1 个毒饵站的防治效果均低于 80％。在鼠密度 8.5％的低密度区，每 0.07 hm² 放置 1 个和 0.13 hm² 放置 1 个毒饵站的防治效果都达到 90％左右（表 6－7）。因此，在鼠密度 5％～10％时宜选用 0.13 hm² 1 个毒饵站。

表 6－7　不同鼠密度区与不同毒饵站数量的灭鼠效果观察

（四川，2001）

处　　理		处理区（g）		对照区（g）		防治效果
		前饵	后饵	前饵	后饵	（％）
高密度区	每 0.07 hm² 1 个	298	32	150	301	94.65
（鼠密度 18％）	每 0.13 hm² 1 个	258	65	265	312	78.60
	每 0.20 hm² 1 个	276	78	314	321	72.36
低密度区	每 0.07 hm² 1 个	176	0	201	302	100.00
（鼠密度 8.50％）	每 0.13 hm² 1 个	155	68	168	687	89.27
	每 0.20 hm² 1 个	157	74	156	269	72.67

　　广西分别也在农田鼠害高密度区（10％以上）和低密度区（10％以下）进行不同数量毒饵站灭鼠效果试验，结果见表 6－8、表 6－9。

表 6－8　农田不同密度区不同毒饵站数量灭鼠效果

（广西，2005）

毒饵站放置密度		试验后捕获率（％）	试验前捕获率（％）	防治效果（％）
高密度区	0.067 hm² 1 个	3.33	26.67	87.5
（鼠密度 10％以上）	0.13 hm² 1 个	3.67	24.00	84.7
	0.2 hm² 1 个	5.33	21.33	78.1
低密度区	0.067 hm² 1 个	0.67	5.67	87.4
（鼠密度低于 10％）	0.13hm² 1 个	1.00	6.00	83.3
	0.2hm² 1 个	1.33	8.33	84.0

表6-9　农宅不同密度区不同毒饵站数量灭鼠效果

(广西，2005)

毒饵站放置密度		试验前捕获率（%）	试验后捕获率（%）	防治效果（%）
高密度区（鼠密度高于10%）	每户1个	18.67	4.00	78.6
	每户2个	19.33	2.67	86.2
	每户3个	26.67	3.33	87.5
低密度区（鼠密度低于10%）	每户1个	8.00	2.00	75.0
	每户2个	5.00	0.67	86.6
	每户3个	9.33	1.33	85.7

　　广西试验表明，在高鼠密度区毒饵站设置数量对防治效果的影响大于低鼠密度区，说明在低鼠密度区毒饵站设置数量略微减少对长效控鼠影响不大，可长期控制鼠害在较低的水平，但高密度区需要设置足够的毒饵站以保持灭鼠效果。在农田毒饵站试验中，每0.067 hm²、0.13 hm²放置1个毒饵站在高鼠密度区和低鼠密度区防治效果差异不大，因此每0.13 hm²放置1个毒饵站即可，若鼠密度升高可适当增加毒饵站数量，农宅毒饵站情况也相似，当每户放置2个和3个毒饵站时灭鼠效果差异也较小，因此，农户毒饵站每户2个也能基本达到控制鼠害的目的。

　　各地研究结果表明，在农田使用毒饵站灭鼠，可以根据鼠密度，在鼠害高密度区（10%以上）每667m²放置1~2个毒饵站，在低密度区（10%以下）每667m²放置1个就可以达到控制鼠害的目的。农户每户放置2个毒饵站即可基本控制鼠害。

4. 毒饵站投饵与裸露投饵的比较试验研究

　　在广西无论是农田还是农宅灭鼠，毒饵站长效控鼠效果都比裸投毒饵要好，毒饵站在农田和农宅灭鼠效果分别达84.9%和87.9%，而裸投毒饵防治效果为75.1%和77.7%（表6-10）。

表6-10　毒饵站技术与裸投毒饵灭鼠效果比较

(广西，2005)

处　　理	农　　田		农　　户	
	毒饵站	裸投毒饵	毒饵站	裸投毒饵
处理区耗饵率（%）	7.2	13.5	6.9	13.7
对照区耗饵率（%）	47.7	54.3	56.8	61.3
防治效果（%）	84.9	75.1	87.9	77.7

贵州省2004—2007年在余庆、息烽、大方、桐梓、仁怀5县（市）农田区进行PVC管毒饵站、竹筒毒饵站、矿泉水瓶毒饵站与裸露投放毒饵试验。结果表明，投饵后3 d平均取食率分别为27.24％、30.64％、9.72％和65.07％，投饵后15d调查，防治效果分别为78.98％、82.98％、76.37％、83.72％（表6-11）。不同类型毒饵站投放毒饵与裸露投放毒饵防治效果比较接近，说明PVC管毒饵站、竹筒毒饵站、矿泉水瓶毒饵站在贵州省农田灭鼠中均具有推广应用价值。

表6-11　贵州省不同投饵方法农田鼠类的取食率及防治效果

(贵州，2009)

投饵方法	试验地点	试验时间	取食率（％）	防治效果（％）
PVC管毒饵站	余庆县	2004年10~11月	33.60	84.14
	仁怀市	2004年9~10月	45.67	80.19
	息烽县	2004年10~11月	30.92	87.00
	桐梓县	2007年10~11月	10.60	76.92
	余庆县	2007年8~9月	15.40	66.67
竹筒毒饵站	余庆县	2004年5~6月	55.48	81.29
	余庆县	2004年10~11月	31.88	77.73
	仁怀市	2004年9~10月	48.47	83.51
	息烽县	2004年10~11月	27.33	88.61
	大方县	2004年4~5月	—	86.37
	桐梓县	2007年10~11月	10.90	83.33
	余庆县	2007年8~9月	9.80	80.00
矿泉水瓶毒饵站	桐梓县	2007年10~11月	9.69	72.73
	余庆县	2007年8~9月	9.75	80.00
裸露投放毒饵	余庆县	2004年5~6月	60.90	83.37
	息烽县	2004年10~11月	—	82.07
	大方县	2004年4~5月	69.24	85.71

在湖南，农田毒饵站灭鼠效果优于裸露投放毒饵灭鼠，竹筒毒饵站和PVC毒饵站防治效果为87.94％和86.36％，分别高出常规裸露投放6.78％和5.2％（表6-12）。

表 6 - 12　毒饵站技术与裸投毒饵灭鼠防治效果比较

(湖南，2004)

灭鼠技术	农田鼠密度（%）		防治效果（%）
	灭鼠前	灭鼠后	
竹筒毒饵站	4.23	0.51	87.94
PVC 毒饵站	4.18	0.57	86.36
裸露投放毒饵	4.30	0.81	81.16

陕西省 PVC 毒饵站和裸露投放毒饵两种灭鼠技术在农田、住宅灭鼠后 10d 调查，农田 PVC 毒饵站灭效为 86.97%，与裸露投放毒饵效果比较，高出 4.89%；住宅区 PVC 毒饵站比裸露投放毒饵灭鼠效果高出 1.97%（表 6 - 13）。

表 6 - 13　毒饵站技术与裸投毒饵灭鼠效果

(陕西，2005)

试验区	灭鼠技术	生境	灭鼠前			灭鼠后			防治效果（%）
			置夹数（个）	捕鼠数（只）	捕获率（%）	置夹数（个）	捕鼠数（只）	捕获率（%）	
马渠村	PVC 毒饵站	农田	212	7	3.30	233	1	0.43	86.97
		住宅	270	15	5.56	200	2	1.00	82.01
泥沟村	裸露投放毒饵	农田	208	8	3.85	435	3	0.69	82.08
		住宅	208	10	4.81	208	2	0.96	80.04

山西省两种灭鼠技术在农田、住宅灭鼠后 10 d 调查，防治效果均达 80% 以上。在农田 PVC 毒饵站和裸露投放毒饵防治效果分别为 87.9%、81.4%，差异显著；在住宅区 PVC 毒饵站和裸露投放毒饵灭鼠效果差异不显著（$P<0.05$）。据适口性观察，农田 PVC 毒饵站和裸露投放毒饵平均取食率分别为 30.92%、27.33%，住宅区 PVC 毒饵站和裸露投放毒饵平均取食率分别为 24.50%、22.58%。

在广西无论是农田还是农宅灭鼠，毒饵站长效控鼠效果都比裸投毒饵要好，毒饵站在农田和农宅灭鼠效果分别达 84.9% 和 87.9%，而裸投毒饵为 75.1% 和 77.7%。

上述各地的试验可以看出，使用毒饵站灭鼠，由于毒饵利用率高，灭鼠效果达 80% 以上，明显高于传统裸露投放毒饵灭鼠。

5. 毒饵筒长期控制害鼠观察

房舍区：四川在彭山县义和乡选择 20 户农户，10 户为处理区，10 户为对照区。在每户设置 2 个毒饵筒，分别置于后屋檐和猪圈内。处理区每个毒饵筒内放入 50 g 50mg/kg 溴敌隆小麦毒饵，每月观察两次毒饵消耗情况，如有取食补足 50 g。对照区内的毒饵筒设置、投饵量及投饵方法与处理区相同，饵料为无毒小麦。

农田区：在彭山县观音乡选择两片 5 hm² 的农田。两片农田的害鼠密度、地形、生态条件及农耕农艺措施基本一致，分别作为处理区与对照区。在处理区和对照区内分别放置 25 个毒饵筒。处理区每个毒饵筒内放入 25 g 50mg/kg 溴敌隆小麦毒饵，每月观察两次毒饵消耗情况，如有取食补足 25 g。对照区内的毒饵筒设置、投饵量及投饵方法与处理区相同，饵料为无毒小麦。

无论是农田区还是房舍区，其害鼠控制效果均在 80％以上，因此，在实际应用中，其效果应当更好。该试验房舍区每户设置两个饵站，农田为每 667 m² 1 个，毒饵站用量及用药量均不大，便于推广。

北京在通州区的 3 个养殖场进行长期控制鼠害试验，试验设饱和投饵、饱和投饵＋毒饵站控鼠、空白对照 3 个处理，每个养殖场为 1 个处理。结果表明，在养殖场高鼠密度的情况下，应采用一次性饱和投饵，迅速压低害鼠密度，每个规模的养殖场平均投饵量 23.6 kg。在一次性饱和投饵后，继续在养殖棚、料库外布放毒饵站控制残余害鼠，并配合使用防鼠网及交替使用鼠药等措施，可有效抑制害鼠的反弹，药后 6 个月防治效果仍在 90％以上，从而实现了对养殖场害鼠的持续控制。

二、毒饵站灭鼠技术推广应用

我国农区鼠害呈加重发生的趋势，农区鼠害发生面积不断扩大，鼠传疾病呈上升态势，灭鼠防病形势严峻，毒鼠强安全隐患问题突出，生态环境污染与安全问题等较为突出。2003 年全国农业技术推广服务中心组织四川、浙江、贵州等 18 个省（自治区、直辖市）开展农区毒饵站灭鼠关键技术研究与应用推广，通过加强组织领导，广泛宣传发动，开展技术培训，建立灭鼠示范区等形式，创新农村灭鼠组织方式，大力推广以毒饵站为主体的鼠害综合防治技术，提高技术到位率，收到了良好的社会效果，目前该项技术已在全国 31 个省（自治区、直辖市）及新疆生产建设兵团推广应用。仅据 2003—2006 年 18 个省（自治区、直辖市）统计，完成农田毒饵站灭鼠累计推广面积 702.58 万 hm²，推广农户 3 734.93 万户，农田灭鼠效果平均为 80.0％～94.2％，农户灭鼠效果平均为 85.0％～95.3％，累计挽回粮食损失 24.16 亿 kg，节省药饵及工本费 15 524.51 万元，新增经济效益 30.85 亿元，投入产出比为 1∶

10.96。同时使全国近 6 000 万农户从中受益，并增强了广大群众的科学灭鼠意识和灭鼠水平，减少了环境污染和人畜中毒事件的发生，鼠传疾病发病人数明显下降，有力地配合了全国毒鼠强专项整治工作的开展，巩固了毒鼠强专项整治成果，取得了明显的经济、社会和生态效益。

总之，毒饵站灭鼠技术得到了广大人民群众的认可，将是我国今后一段时期防治农区鼠类的主要推广应用技术，具有广阔的推广应用前景。现就如何加大毒饵站灭鼠技术的推广应用提出以下几点建议。

一是加强领导，加大毒饵站灭鼠技术宣传、培训力度。鼠害给人类、农业生产带来的重大损失，并不亚于其他自然灾害，面对严峻鼠情，要控制鼠害，关键在于各级政府部门要提高认识，加强领导。因此，要切实把农田灭鼠工作作为减灾工作列入各级政府的议事日程，增加灭鼠经费投入，加大毒饵站灭鼠技术宣传、培训力度，创新灭鼠技术宣传、培训形式，普及和提高农民科学灭鼠水平，提高毒饵站灭鼠技术的到位率，使毒饵站灭鼠技术知识家喻户晓，人人皆知，在全国范围内大力开展毒饵站灭鼠技术大面积推广应用，这对于控制鼠害发生、减轻鼠类对农业生产的危害将发挥重要的作用。

二是加大毒饵站投饵装置的研制开发力度。各级植保部门可根据当地资源情况，结合害鼠种类及生活习性，研制开发具有推广价值的其他材料的新型毒饵站，体现出不同的地方特色，如陶瓷、塑料、纸箱、水泥盒、瓦筒毒饵站等，其目的都是方便鼠类自由出入，以提高取食率和防治效果，减少其他非靶标动物误食中毒的风险，只要能够达到经济、安全、高效、环保等优点即可。

三是把毒饵站灭鼠技术与农业、生态、物理、生物等各项防治措施有机结合。农区鼠害可持续治理技术是一项有利于环境保护、有利于鼠类的可持续控制、有利于农业可持续发展的综合措施。农区灭鼠是植保工程中一项重要工程，农区鼠害问题实质上是一个生态问题，应从确保农业可持续发展战略方针来考虑鼠害的控制，要综合考虑农业、生物、物理机械以及化学防治措施的有机结合和协调，以讲究整体效益为目的。因此，针对农区鼠害的防治，应优先考虑农业防治（生态控制），加强鼠情预测预报，大办灭鼠示范点，建立农区鼠害综合防治示范区，合理安全使用杀鼠剂，改进投饵技术，大力推广应用毒饵站灭鼠技术。同时，充分发挥自然因素（包括天敌）的控制作用，因时、因地、因鼠制宜地采用综合的配套技术措施，实行优化的综合防治措施，使防治对策由单纯的化学防治，逐步走向生态控制、物理防治、生物防治相结合的综合防治，使农区鼠害可持续治理技术与环保目标接轨，从而达到将农区鼠害控制在经济允许水平以下，达到经济、社会和生态三大效益有机统一的目的。

四是交替使用灭鼠药物和毒饵饵料。化学防治是目前国内外防治害鼠应用最为广泛的方法，也是当今世界各国鼠害防治的基本途径。从未来鼠害防治的发展趋势来看，无论城市、农村，还是鼠类严重的农田区，化学灭鼠仍是鼠害综合治理的主要手段之一。它突出的优点是灭效高、见效快，无论在害鼠大量发生为害以前，还是已经大量发生为害，化学药物灭鼠都可及时收到显著的防治效果。但长期在一个环境里使用同一灭鼠药物或毒饵饵料会引起鼠类的警惕而拒食，影响防治效果。因此，在今后灭鼠工作中，不能长期单一使用一种灭鼠药物或毒饵，必须与其他杀鼠剂或毒饵饵料进行交替使用，以利于保持和提高鼠类适口性，达到高效灭鼠的目的。

➤ 参考文献

何慎，2005. 瓦筒毒饵站农田灭鼠效果初报 [J]. 甘肃农业，25 (12)：74.

黄立胜，陈玉托，姚丹丹，等，2008. 广东农区毒饵站灭鼠技术试验研究 [J]. 广东农业科学 (7)：68 - 71.

黄立胜，姚丹丹，黄军定，等，2008. 瓦筒毒饵站的应用研究 [J]. 广东农业科学 (8)：86 - 88.

蒋凡，徐翔，罗林明，等，2005. 毒饵站投饵技术在农村灭鼠中的应用研究 [M] //成卓敏. 农业生物灾害预防与控制研究. 北京：中国农业科学技术出版社：583 - 588.

金星，杨再学，刘晋，等，2009. 贵州省毒饵站灭鼠技术的研究与应用 [J]. 贵州农业科学，37 (9)：107 - 112.

金燕，唐国来，王伟民，等，2007. 毒饵站灭鼠技术试验初报 [J]. 上海农业科技 (3)：132 - 133.

刘初生，2009. 隧道型塑料毒饵站灭鼠效果试验 [J]. 中国植保导刊，29 (4)：36 - 37.

刘晓芳，徐杰，张迅，等，2004. 农田竹筒毒饵站灭鼠新技术 [J]. 安徽农业 (8)：20.

刘赵康，何齐钱，刘光亮，2005. "毒饵站"灭鼠技术试验初报 [J]. 内蒙古农业科技 (2)：29 - 30.

潘世昌，李梅，邓启国，等，2007. 毒饵站灭鼠技术研究 [J]. 农技服务，24 (6)：56 - 57.

师小梅，赵治萍，郑卫锋，2008. 褐家鼠活动规律与毒饵站比对试验研究 [J]. 山西农业科学，36 (12)：77 - 78.

谈孝凤，刘晋，杨再学，等，2005. 0.005%溴鼠灵毒饵毒杀农田鼠类和家栖鼠类药效试验 [J]. 贵州农业科学，33 (1)：48 - 50.

唐声田，毛明江，2006. 农田毒饵站灭鼠试验 [J]. 广西植保，19 (1)：15 - 16.

王朝斌，蒋凡，郭聪，等，2003. 竹筒毒饵站农田灭鼠效果观察 [J]. 植保技术与推广，23 (10)：31 - 32.

王朝斌，袁春花，罗林明，2003. 家栖鼠对 5 种类型毒饵站的选择研究 [J]. 中国媒介生物学及控制杂志，14 (3)：190 - 191.

王显报，袁春花，2004.UPVC管材毒饵站在城镇灭鼠中的应用研究［J］. 中国媒介生物学及控制杂志，15（4）：295.

徐翔，蒋凡，尹勇，等，2005. 毒饵站农舍灭鼠最佳放置位置研究［J］. 中国植保导刊，25（10）：35.

徐翔，罗林明，蒋凡，等，2005. 不同鼠密度农田毒饵站的最适放置密度研究［J］. 中国媒介生物学及控制杂志，16（5）：383.

徐翔，王朝斌，蒋凡，等，2004. 家栖鼠对农舍不同位置放置毒饵站的选择性［J］. 植物医生，17（5）：26.

徐翔，王朝斌，蒋凡，等，2005. 农田不同鼠密度最适毒饵站放置密度研究［J］. 中国植保导刊，25（5）：34.

杨玉萍，2005. "毒饵站"灭鼠技术要点［J］. 植物医生，18（5）：39-40.

杨再学，郑元利，2004. 0.005％溴鼠灵毒饵毒杀吴茱萸种植区鼠类药效试验［J］. 山地农业生物学报，23（6）：549-551.

杨再学，郑元利，金星，2006. PVC管"毒饵站"在农区灭鼠中的应用效果［J］. 贵州农业科学，33（2）：26-28.

杨再学，2009. 中国黑线姬鼠及其防治对策［M］. 贵阳：贵州科技出版社：179-185.

尹德惠，何余江，杨贵林，等，2005. 不同类型"毒饵站"对鼠类防治效果试验观察［J］. 植物医生，18（3）：32-34.

袁志强，郭永旺，张永安，等，2005. 北京地区应用毒饵站灭鼠的试验效果［M］//邵振润，梁帝允. 植物保护应用技术进展. 北京：中国农业出版社，354-357.

袁志强，杨秀环，张永安，2007. 不同长度管形毒饵站在养殖场灭鼠试验报告［J］. 当代畜牧（2）：52-53.

张建国，龚玉峰，2005. "毒饵站"灭鼠技术探索与推广［M］//邵振润，梁帝允. 植物保护应用技术进展. 北京：中国农业出版社：357-359.

赵敏，张国忠，李荣，2007. 溴敌隆竹筒毒饵站法农田灭鼠效果试验［J］. 植物保护，33（2）：130-131.

郑元利，杨再学，李大庆，等，2009. 不同类型毒饵站灭鼠对比试验观察［J］. 植物医生，22（3）：27-29.

郑元利，杨再学，2008. 毒饵站种类及其使用技术［J］. 农技服务，25（8）：69，108.

朱文平，2008. 不同类型毒饵站灭鼠的适口性及防治效果对比试验［J］. 植物医生，21（3）：41-42.

第七章

鼠害的生物控制技术

使用杀鼠剂不但污染环境，还极易造成天敌动物的二次中毒。有关研究表明，即使是较安全的抗凝血灭鼠剂，也难以避免天敌动物的二次中毒（Hegdal，1988），而天敌动物的减少，又为害鼠的发生提供了有利条件。随着有害生物综合治理（IPM）思想的发展，鼠害的综合治理也逐渐成为研究领域的主要方向。鼠害综合治理最基本的内涵就是协调利用鼠害的各种限制性因素来控制害鼠种群数量，生物控鼠（或称天敌控鼠）即是这诸多限制性因素中重要的一种。

在各种灭鼠方法中，天敌可能是最早利用的一种。古埃及壁画表明猫在公元前 6 世纪就已经和人类生活在一起（Clytton，1987）。Zeuiner（1963）认为应用天敌灭鼠几乎是随着人类开始耕种就产生了。在我国，早在公元前 300 年的《礼记·郊特牲》中就有"腊八之祭……迎猫，为其食田鼠也"的记载。近几十年来，由于有害生物综合治理概念的兴起等原因，对于害鼠综合治理领域内的生物防控技术引起越来越多的重视。可以说，充分利用鼠类的各类捕食性天敌以及对人、畜无害而对鼠类有致病力的病原微生物或体内寄生虫来控制鼠类的种群数量在理论与实践上均有重要的意义。

第一节 鼠的捕食性天敌

Lauri（1987）曾指出："……捕食（寄生）和竞争相互作用，不但是改变种群的重要力量，也是整个群落变化的基本过程"。鼠类天敌的范围较广，从概念上说，凡能影响鼠类繁殖、生存的生物均可视为鼠类天敌；习惯上说，天敌是指捕食鼠类的兽、禽以及爬行动物等。猛禽类、小型猫科动物和鼬科动物是害鼠最主要的天敌类群，它们有的以食鼠为主，有的兼食鼠类。据陈华盛（1995）报道，山西吉县中华鼢鼠的天敌共有 8 科 26 种；新疆的林业害鼠天敌有 5 目 11 科 31 属 60 种；江庆澜等（1995）报道珠江三角洲鼠类的各类天敌包括兽类、鸟类和蛇类共 20 余种，它们对控制害鼠数量、保护生态环境起着重要的作用。

一、捕食性兽类

在我国，害鼠的捕食性兽类主要包括哺乳纲的鼬科、犬科、灵猫科和猫科的一些种类。

（一）鼬科（Mustelidae）动物

鼬科动物均为中小型肉食兽，一般体型细长，四肢和尾较长，前、后肢均具 5 趾，趾端具爪，营夜行性或半夜行性生活；有的种类在肛门附近有臭腺；多数种类陆栖，亦有半水生生活的种类。我国有鼬科动物 9 属 20 种。

1. 黄鼬（*Mustela sibirica*）

黄鼬俗名黄鼠狼、黄狼、黄皮子等。

外形识别特征： 体长 25～39 cm 左右（雌性比雄性体小），尾长将近 15 cm，体细长，四肢较短，犬牙锐利，颈长、头小，尾毛蓬松。全身棕黄色或橙黄色，吻端和颜面部深褐色，腹面颜色较淡；夏毛颜色较深，冬毛毛色浅淡而带光泽。

分布与栖息特征： 我国大部分地区均有分布。一般生活在野外或居民点周围，偶尔藏身于城市；经常在石洞、树穴或田埂、墙基、废砖堆或房屋废墟里栖息；夜间活动，一般独居；活动灵巧，视觉与听觉敏锐，善于游泳，遇敌时可由臭腺放出臭气作为自卫武器。夏、秋季多在野外寻食，冬季缺食时常常进村袭击家禽；主要以鼠类为食，也吃蛙、蛇或其他小动物。在一般情况下，一只黄鼬每年可吃鼠数百只，不过，随着环境的不同，它的食物构成也有差别。

2. 青鼬（*Mustela flavigula*）

青鼬又名黄喉貂、黄腰狐狸、蜜狗，是国家二级保护动物。

外形识别特征： 体形大小如家猫，身体细长如圆筒形，长约 40～60 cm，体重 1 600～3 000 g；头部为三角形，鼻端裸露，耳小而圆；四肢短健，足具 5 趾，爪小、曲而锐利；尾长超过体长 1/2，圆柱状；全身棕褐色或黄褐色，头部及颜面黑褐色，喉、胸部橙黄色，腹部灰褐或沙黄色，尾黑色；四肢下段黑褐色。

分布与栖息特征： 国内主要分布于河北、山西、黑龙江、吉林、安徽、福建、河南、湖北、湖南、广东、广西、陕西、云南、甘肃、西藏等地区；多栖息于山地森林或丘陵地带，穴居在树洞及岩洞中；善于攀缘树木陡岩，行动敏捷；黄昏与夜间活动频繁，多数成对活动，很少成群。主要以啮齿动物、鸟、鸟卵、昆虫及野果为食，酷爱食蜂蜜，故称"蜜狗"。

3. 黄腹鼬（*Mustela kathiah*）

黄腹鼬又名香菇狼、松狼、小黄狼。

外形识别特征：体形比黄鼬小，但更细长；体长 26～34 cm，尾长超过体长的 1/2，体重 200～300 g；体毛短，背腹毛色分界线明显；体背面从吻端经眼下、耳下、颈背到背部及体侧、尾和四肢外侧均呈棕褐色；体腹面从喉、颈下腹部及四肢内侧呈沙黄色；四肢内侧金黄色，下部浅褐色，在前足掌部内侧有一小块白色毛区；嘴角、颏及下唇为淡黄色。

分布与栖息特征：国内主要分布在浙江、安徽、福建、江西、湖北、广东、广西、海南、四川、贵州、云南、陕西等地。栖息于山地和盆地边缘，喜出没于河谷石堆、灌丛、林缘，栖居高度可达海拔 4 000 m 左右；清晨和夜间活动，肛门两侧的臭腺大小为 9 mm×6 mm，危急时也能放出臭气。以鼠类和昆虫为主要食物，也捕食蛙和小鸟等，有时窜入村落盗食家禽。

4. 艾鼬（*Mustela eversmanii*）

艾虎又叫两头乌、地狗等。

外形识别特征：外形与黄鼬相近，但更粗壮，体重可达 2 kg，体长 40～45 cm，尾长 12～16 cm，颈部较长且粗，尾不及体长的 1/2；颈与前背混杂稀疏的黑尖毛，后背及腰部毛尖转为黑色；背部及尾基暗褐至浅棕色，茸毛米黄色，腰背部及臀部的毛尖均为黑褐色，鼻周、下唇、面颊及下颌白色；鼻的上部、两眼间和耳基前缘棕褐色或棕黑色，耳尖则为白色；喉、胸部向后沿腹中线到鼠鼷部均为黑褐色，腹中线两侧乳黄色；四肢、尾部为黑色。

分布与栖息特征：国内分布于吉林、辽宁、内蒙古、河北、山西、陕西、青海、新疆、四川、西藏、江苏等地。栖息在野外，行动敏捷，能上树，善游泳，性情凶猛，白天活动。食性和黄鼬相近，但不进入居民区。

5. 鼬獾（*Melogale moschata*）

鼬獾又名猸子、山獾、白猸。

外形识别特征：体形粗短，平均体长为 33～43 cm，尾长 15～23 cm，一般不及体长的 1/2；头大，猪鼻，鼻端尖而裸出，并斜向下方，鼻垫与上唇间有白毛；头顶有明显的大白点；耳小而圆；四肢短，爪侧扁而利，前爪长度约为后爪的两倍；头、颈、背及四肢外侧为浅灰褐色，毛基灰白色，针毛具有白毛尖；喉、胸、腹及四肢内侧为乳白色，额部、眼后、颊部以及颈侧具有不定形的白色或污白色斑；从头颈向后至背脊前段有长短不等的断续白色纵纹；尾与体毛同色，尾下则为白色。肛门有腺体，受到威胁时就会释放臭气。

分布与栖息特征：国内主要分布在江苏、安徽、江西、福建、台湾、湖

北、湖南、广东、广西、陕西、四川、贵州、云南等地；一般栖息于海拔
1 000 m以下的丘陵山地，在 500 m以下的混交林的林缘、灌木、河谷中较为
常见，在平原农田及林网地区也有活动，喜群居；营穴居生活，夜行性，黄昏
和晚上为活动高峰，白天也偶尔出洞，活动范围小而固定；爬树本领高超。主
要以小型啮齿动物为食，也吃水果、昆虫、蠕虫等。

6. 狗獾（*Meles meles*）

狗獾又名獾、獾八狗子、猹。

外形识别特征：体形肥胖，体重可达 10～12 kg，体长 45～55 cm。头扁、
鼻尖、耳短、颈短粗，尾巴较短，四肢短而粗壮，前、后足均具棕黑色爪，足
底裸露，前爪强大，长度约为后爪的 2 倍，适于掘土；背毛硬而密，基部为白
色，近末端的一段为黑褐色，毛尖白色，体侧白色毛较多；头部有 3 条白色纵
纹，其中面颊两侧各 1 条，中央 1 条由鼻尖到头顶；耳缘除中间一小段为黑色
外全为纯白色，耳内黑色；下颌、喉部和腹部以及四肢都呈棕黑色；尾毛黑棕
色毛段短，白色毛段长，但个体毛色变异大。

分布与栖息特征：国内除台湾和海南外其他各地均有分布；多栖息在丛山
密林、坟墓荒山、溪流湖泊以及山坡丘陵的灌木丛中，单独或结小群生活，善
挖洞；营穴居，常有数个洞口，洞穴较大，离地面 2～3 m，洞的直径约 1.5
m，洞道全长可达 15 m，有几个进出口，"卧室"有干草、树叶等铺垫；夜间
活动，拂晓回洞。食性杂，喜食植物的根茎，以玉米、花生、蔬菜、瓜类、豆
类、昆虫、蚯蚓、青蛙、鼠类和其他小型哺乳及爬行动物为食。

鼬科动物中艾虎和黄鼬的数量较多，灭鼠作用较大，比如 1 只艾虎每年可
食鼠类 300～500 只。其他如伶鼬（*M. nivalis*）体小但喝鼠血，据报道 1 只
伶鼬每年可消灭的鼠类更多，甚至超过 2 000 只。另外白鼬（*Mustela er-
minea*）、香鼬（*Mustela altaica*）、虎鼬（*Vormela peregusna*）等鼬类广泛分
布在我国各地，它们也吃小型啮齿类动物，但由于他们的数量太少，难以发挥
应有的灭鼠作用。

（二）犬科（Canidae）动物

犬科动物多为中等体型的食肉动物，全部为陆栖，均能游泳，极少数种类
偶尔会爬树，体形矫健，四肢细长而善跑，面部长，吻端突出。前足 5 指，后
足 4 趾；爪钝不能伸缩，趾行性。嗅、听、视觉灵敏。全球共有 12 属 34 种，
我国有 4 属 6 种。

1. 红狐（*Vulpes vulpes*）

红狐又叫狐狸、草狐、赤狐等。

外形识别特征：体形细长，约 50～90 cm，重 4～10 kg；面部狭窄，耳大，吻尖；腿短，尾毛松，长度超过体长一半。背部红棕色，颈肩和身体两侧毛色略浅，夹杂黄色，并杂以少许黑棕色毛。头部灰棕色，部分毛尖为白色，耳下和颈两侧色略浅，耳背黑色或黑棕色，耳缘为灰棕色。唇、颊部、下颏至胸为灰白色，腹部浅灰棕色。四肢外侧与背部相同，为棕灰色和红棕色，内侧浅黄棕色，前肢外侧有 1 条黑色纵纹，由上臂一直延伸到脚背面；尾背面红棕色，部分毛尖黑色，形成明显横纹，尾末端毛白色。

分布与栖息特征：红狐适应性强，分布较广，在我国大部分省（自治区、直辖市）都有分布；常栖息在丘陵、海拔 1 500 m 左右的山区和城镇周围的森林、灌丛、草甸中。穴居，夜行性，听觉、嗅觉发达，性狡猾，行动敏捷。主要以小型啮齿类动物为食，也取食野禽、蛇、蛙、昆虫等，有时也偷袭家禽。

2. 沙狐（*Vulpes corsac*）

沙狐也叫东沙狐。

外形识别特征：体形和红狐相似，但比红狐小，体长 50～60 cm，尾长 25～35 cm，体重 2～3 kg，是中国狐属中最小的。四肢相对较短，耳廓大而薄，毛细血管发达。四掌有肉垫。嗅觉和视力好。毛色呈浅沙褐色到暗棕色，头上颊部较暗，耳壳背面和四肢外侧灰棕色，鼻周、腹下和四肢内侧为白色，尾基部半段毛色与背部相似，末端半段呈灰黑色，夏季毛色近于淡红色。

分布与栖息特征：国内分布于新疆、青海、甘肃、宁夏、内蒙古、西藏等地。一般栖息在荒原及半沙漠地区，没有固定住所，经常栖居在旱獭的废弃洞中。昼伏夜出，行动快而敏捷；狐臭不明显。食物包括各种鼠类、鼠兔、野兔和小型鸟类等，也吃昆虫和野果，耐饥力强。

3. 貉（*Nyctereutes procyonoides*）

貉别名狸、貉子等。

外形识别特征：外形似狐但较小而肥胖，体长 50～65 cm，尾长 25 cm 左右，体重 4～6 kg；吻短而尖，耳短而圆，面颊生有长毛；四肢和尾较短，尾毛长而蓬松；体背和体侧毛均为浅黄褐色或棕黄色，背毛尖端黑色，从头顶到尾部形成 1 条黑色纵纹；吻部棕灰色，两颊和眼周的毛为黑褐色，从正面看为"八"字形黑褐斑纹，腹毛浅棕色，四肢浅黑色，尾末端近黑色；尾毛腹面浅灰色。毛色因地区和季节不同而有差异。

分布与栖息特征：在我国广泛分布于河北、山西、黑龙江、辽宁、江苏、安徽、江西、福建、河南、湖北、湖南、广东、广西、浙江、陕西、四川、贵州、云南等地。生境较广，在平原、丘陵、河谷、溪流附近均有栖息，一般利用其他动物的废弃洞穴或营巢于树根际和石隙间，有时也与獾同穴，有"一丘之貉"之说。白天在洞内睡眠，傍晚开始 2～3 只小群外出觅食，活动范围常在半径 6km 的范围内进行活动，至次日凌晨入洞，行动缓慢，易于捕捉、驯养。主要以鱼、虾、蛇、蟹、鼠类、鸟类及鸟卵等为食，也吃植物性食物，如浆果、谷物等，还吃真菌。

（三）灵猫科（Viverridae）动物

灵猫科动物一般体形细长，四肢短，善攀缘，但以地面生活为主；足具 4 趾，第一趾较其他趾短，足掌除足垫部分裸露外其余均被以短毛；皮毛多斑纹和腺体发育也是这类动物最常见的特征。我国有 4 属 9 种。

1. 椰子狸（Paradoxurus hermaphroditus）

也叫棕榈猫、花果狸、糯米狸、椰子猫、香瑶。

外形识别特征：大小似小灵猫，体长 48～55 cm，尾长约等于或超过体长，体重 2～3 kg；吻较短，足部掌垫与糠垫相连，爪有伸缩性，具肛门腺。头部黑色并具白斑，从鼻端到后头有 1 条白色纵纹。背部棕黄色，体背有 5 条显著的黑色纵条纹；体侧有纵列的黑褐色斑点；胸部污黄，腹部暗黄或棕灰色；四肢和尾灰色。

分布与栖息特征：国内仅分布于海南、广东、广西、云南和四川。一般栖于热带雨林、季雨林及亚热带常绿阔叶林，营树栖生活，昼伏夜出，常成对在树上活动和觅食；食性杂，食物有鼠类、小鸟、蛇、蜥蜴、昆虫等，也吃野桃、荔枝、龙眼、野枇杷及野蕉。

2. 斑灵狸（Prionodon pardicolor）

斑灵狸也叫斑林狸、虎狸。

外形识别特征：体长约 40 cm，体重约 500 g；全身黄褐色，体背散生暗色圆斑或卵圆斑；颈背有两道黑色颈纹，尾长，上有9～11个黑色环；颜面部狭长而吻鼻向前突出，面部无斑纹；趾行性，掌垫与碾垫分成 4 个小叶，并作弧形排列；会阴短，没有香腺。

分布与栖息特征：斑灵狸是国家二级保护动物，国内仅见于广东、广西、贵州、四川、云南。生活于海拔 2 000 m 左右的山地阔叶林林缘灌丛、亚热带稀树灌丛或高草丛附近；营地面生活，也可上树；独居，夜行性。以鼠类、蛙类、小鸟和昆虫等小动物为食，有时也到村边寨旁盗食家禽，在人口稀少的山寨，甚至会潜入房内捕鼠。

（四）猫科（Felidae）动物

全世界现存猫科动物约有 38 种，我国有 4 属 13 种。本节介绍的几种属于鼠类天敌的猫科动物均属于猫亚科（Felinae）。猫亚科包括现存猫科的绝大多数种类，分布广泛，统称为小型猫类，与大型猫类的区别是不发出吼叫声。猫亚科成员无论体型大小，均擅长爬树。除家猫外，我国目前生活在野外的猫亚科动物数量均很少，虽然多数都是捕鼠能手，但是由于数量少限制了其控鼠作用。

1. 兔狲（*Felis manul*）

兔狲也叫羊猞狸、玛瑙。

外形识别特征：体形粗壮而短，大小似猫，体长 47～65 cm，体重 2～3 kg；额部较宽，吻部很短，颜面由于直立而近似猿猴脸型；瞳孔为淡绿色，收缩时呈圆形，但上、下方有小的裂隙，呈圆纺锤形；耳朵短而圆，两耳相距较远，耳背红灰色；头顶灰色，具有少数黑色的斑点；颊部有两条细横纹；全身毛被密而柔软，腹毛长于背毛；体背为浅红棕色、棕黄色或银灰色，背部中线处色泽较深，后部还有数条隐暗的黑色细横纹；尾巴粗圆，长度约为 20～30 cm，上面有 6～8 条黑色的细纹，尾端黑色；四肢具 2～3 条黑横纹。

分布与栖息特征：兔狲是国家二级保护动物，分布于西藏、四川、青海、甘肃、新疆、内蒙古、河北、北京及黑龙江等地。视觉、听觉较为敏锐，避敌时行动迅速；叫声与家猫相似，但较粗野。耐寒冷，栖息于草原、稀树林、荒漠或戈壁地区等，常单独活动，居于石缝、石块下或以旱獭洞为窝。食物以啮齿类动物为主，偶尔盗食家禽。

2. 丛林猫（*Felis chaus*）

丛林猫又叫狸猫、麻狸。

外形识别特征：体形比家猫大，体长 60～75 cm，尾长 25～35 cm，重约 3～5 kg。全身的毛色较为一致，缺乏明显的斑纹；眼睛的周围有黄白色的纹，耳朵的背面为粉红棕色，耳尖为褐色，上面有一簇稀疏的短毛，但没有猞猁那样长而显著；背部呈棕灰色或沙黄色，背中线处为深棕色，腹面为淡沙黄色；四肢较背部的毛色浅，后肢和臀部具有 2～4 条模糊的横纹；尾巴的末端为棕黑色，有 3～4 条不显著的黑色半环。

分布与栖息特征：丛林猫是国家二级保护动物，分布于四川、云南、新疆和西藏。既能生活在近海平面的低地，又可生活在海拔 3 000 m 左右的山地，一般栖息于河崖和湖边草丛或灌木丛，也栖于海岸森林或长有高草的树林以及田野和村庄附近；昼行性。食物主要为鼠类和蛙类，也捕食鹧鸪、雉类和孔雀等鸟禽，有时也吃腐肉和植物果实。

3. 豹猫（*Felis bengalensis* Kerr）

豹猫又叫狸猫、山猫、野猫。

外形识别特征：大小似家猫，体长 54～65 cm，重 2～3 kg；脸颊宽阔，使得头看起来相当圆润；两耳间距较近，耳根宽阔，耳廓深；眼睛大而明亮，呈圆杏核状，黄色、金色至绿色，通常有眼线；四肢及尾部长短适中，健壮有力，肌肉感强；整体感觉强健、平衡感佳。额部有 4 条黑纹而内侧 2 条延至尾基，眼外侧后下方有两条黑纹，黑纹之间夹有白色宽带；耳背中部具一白色块斑；喉后部有3～4列棕黑色地带；鼻砖红色，有鼻线；背部、腹面和四肢具纵列斑点，腰及臀部斑点较小；体背毛呈土黄色；腹毛近污白色。

分布与栖息特征：国内广见于除新疆干旱地区外的各省（自治区、直辖市），国家二级保护动物。善于奔跑和偷袭，能攀缘上树，常在黄昏、夜间单独活动于林区，也见于灌木丛中，胆大、凶猛，夜间出来活动。食物以鸟类为主，也常以伏击的方式捕食鼠、兔、鸟、蛙等。

4. 荒漠猫（*Felis bieti*）

外形识别特征：体形较家猫大，体长约 60～80 cm，尾长 29～40 cm，肩高约 25 cm，体重 5.5～9 kg。吻部短宽，四肢略长；身上毛长而密，茸毛丰厚。头部棕灰或沙黄色，额部有 3 条暗棕色纹，上唇黄白色，胡须白色，鼻孔周围和鼻梁棕红色；两个眼内角各有 1 条白纹；耳尖生有 1 簇棕色短毛，耳内侧毛长而密，呈棕灰色。眼后颊部有 1 条横贯的棕褐色条纹。体背部与头部颜色一致，背部中央红棕色，背中线不明显；四肢内侧和胸、腹面淡沙黄色。全身无明显条纹，仅臀部和前肢内侧有数条细而不明显的暗纹，四肢外侧各有4～5条暗棕色横纹；尾末梢部有 5 个黑色半环，尖部黑色。

分布与栖息特征：荒漠猫是国家二级保护动物，分布于四川、青海、甘肃、宁夏和陕西等地。主要栖息于多灌木的稀树林，海拔 3 000 m 左右的高海拔地区以及荒漠地带偶尔也可见到。单独活动，居于岩石缝或石块下，听觉、嗅觉发达；晨、昏活动。食物以鼠类为主，也捕食小鸟、雉鸡、蜥蜴、蛙类等。

二、爬行类捕食天敌

鼠类的爬行类捕食天敌主要指的是蛇类。蛇类是无足的爬虫类冷血动物的总称，身体细长，四肢退化，无足、无可活动的眼睑，无耳孔，无四肢，无前肢带，身体表面覆盖有鳞。目前世界上的蛇目（Serpentiformes）11 科约 400属 2 700 余种，其中毒蛇有 600 多种，分布于北纬 67°至南纬 40°范围。我国有蛇类 8 科 55 属 194 种，其中陆地常见的主要毒蛇约 48 种，海生毒蛇 10 余种，大部分蛇种集中于长江以南、西南各省（自治区、直辖市）。

常见的捕食鼠类的蛇有以下几种。

（一）无毒蛇类

1. 赤链蛇（*Dinodon rufozonatum*）

游蛇科（Colubridae）游蛇亚科（Colubrinae）链蛇属（*Dinodon*）蛇类，也叫火赤链、红四十八节、红长虫、红斑蛇、红花子、燥地火链、红百节蛇、血三更、链子蛇。

外形识别特征：体长可达 100～180 cm；头较宽扁，呈明显三角形，黑色，鳞缘红色；体背均匀布满红黑相间的规则横纹，体两侧为散状黑斑纹，腹部鳞片灰黄色，腹鳞外侧有黑褐色斑，尾较短细；性格凶猛，体色鲜艳，属于后毒牙类毒蛇，毒液含以血循毒为主的混合毒素（毒液对冷血动物作用较强），对人毒性很小，到目前为止还没有人员伤亡的具体报道，故常归为无毒蛇类。

分布与栖息特征：国内除宁夏、甘肃、青海、新疆、西藏外，其他各省（自治区、直辖市）均有分布。大多生活于田地、丘陵及平原的近水地带，也常出现于住宅周围，以树洞、坟洞、地洞或石堆、瓦片下为窝；为夜行性蛇类，多在傍晚出没，22 时以后活动频繁；杂食性，主要以老鼠、蟾蜍、青蛙、蜥蜴、鱼类、蛇、鸟及动物尸体为食。

2. 双斑锦蛇（*Elaphe bimaculata*）

游蛇科（Colubridae）锦蛇属（*Elaphe*）蛇类。

外形识别特征：体长 70～120 cm；头背灰褐色，眼后有一黑带达口角；在颈背形成两条平行的镶黑边的带状斑，体背中央有褐色哑铃状或成对的横斑纹，体侧的斑纹与背部的斑纹交错排列；腹面有半圆形或三角形小黑斑。

分布与栖息特征：为我国特有蛇种，分布于河北、江苏、浙江、安徽、江西、山东、河南、湖北、重庆、四川、陕西、甘肃等地。性情温顺，常见于平原或丘陵旷野以及村边、草丛、坟堆等地，捕食鼠、蜥蜴和壁虎。

3. 王锦蛇（*Elaphe carinata*）

俗名臭王蛇、黄颔蛇、王蛇（四川）、锦蛇、黄蟒蛇、王蟒蛇、油菜花、臭黄蟒、棱锦蛇（黑龙江）、棱鳞锦蛇（福建）、菜花蛇（江苏）、王字头（贵州）、松花蛇（贵州、湖北、四川）、臭青松（台湾）、菜花蛇（浙江）、臭黄颔等，属游蛇科（Colubridae）锦蛇属（*Elaphe*）。

外形识别特征：体长可达 150～200 cm；幼体与成体色斑差别较大，幼体背面茶色，枕部有两条短的黑纵纹，体背前、中段具有不规则的细小黑斜纹，往后逐渐消失成小黑点，至尾端形成两条纵向的细黑线，腹面粉红色或黄白色。幼体体长达 80 cm 左右时变成成体，成体头、背鳞缝黑色，中央黄色，显

"王"字形斑纹，瞳孔圆形；体背鳞片四周黑色，中央黄色；体前部具有黄色横斜纹，形似油菜花瓣，体后部的横纹消失；腹面黄色，具黑色斑。

分布与栖息特征：国内分布于河南、陕西、四川、云南、贵州、湖北、安徽、江苏、浙江、江西、湖南、福建、台湾、广东、广西等地。栖息在山地，平原及丘陵地带，活动于河边、水塘边、库区及其他近水域的地方；善爬树，食性杂，以蛙类、鸟类、鼠类及各种鸟蛋为食。

4. 玉斑锦蛇（*Elaphe mandarinus*）

俗名高砂蛇（台湾）、神皮花蛇（浙江）、玉带蛇（福建）、杏树根子、桑根蛇、美女蛇等，属游蛇科（Colubridae）锦蛇属（*Elaphe*）。

外形识别特征：全长可达 100 cm 左右；头、背黄色，有 3 条黑斑；体背灰色或紫灰色，背中央有 1 行 30～40 个黑色斑组成的菱形斑，菱形斑中央及边缘黄色；体侧具有紫红色小斑点；腹面灰白色，散有长短不一、交互排列的黑斑。有些个体黑色素消失，仅菱形斑略有少量黄色，还有些个体头部鳞被也发生异常愈合或分裂，称为白化异鳞玉斑锦蛇。

分布与栖息特征：国内分布于北京、天津、上海、重庆、辽宁、江苏、浙江、安徽、福建、台湾、江西、湖北、湖南、广东、广西、四川、贵州、云南、西藏、陕西、甘肃等地；主要生活于丘陵与山区林地，经常在山区居民点附近、水沟边或山上草丛中出没，平原区住宅区附近偶尔也可以见到；以鼠类等小型哺乳动物为食，也有吃蜥蜴的报道。

5. 棕黑锦蛇（*Elaphe schrenckii*）

俗名黄花松、乌虫、乌松等，属游蛇科（Colubridae）锦蛇属（*Elaphe*）。

外形识别特征：全长可达 150～200 cm，体重 0.5～1.5 kg。该蛇种随产地不同颜色差异较大，湖南、浙江的颜色较浅，北京的颜色鲜艳且花纹明显，东北的颜色较深，基本呈黑色；同一产地的蛇种从幼体、亚成体至成体色斑变化也较大，一般幼体色斑较复杂，头、体背棕褐色，上、下唇鳞乳白色；成体头、背青黑色，从眼后到口角具黑色纹，上、下唇鳞及头颈、腹鳞、尾下鳞腹面均为锦黄色；每片鳞的后缘均有黑边，从顶鳞缝后段开始向枕部两侧有一醒目的暗黄色"人"字形斑，从眼后到口角有 1 个带状黑斑；自颈部到尾端有 30 多条灰黄色向土黄色过渡的横斑，这些横斑在两侧呈不规则的分叉，有的前后交叉相连，有的在背部中线断开不相连；从颈部两侧到第一横斑前各有 1 条暗黄色或淡褐色细纹。

分布与栖息特征：国内分布于黑龙江、吉林、辽宁（新宾和清原）、河北、山东、湖南、湖北、浙江等地；活动于平原、山区的林边、草丛、耕地，也在住宅附近出没甚至进入房内；性情比较温和，不受威胁时，一般不咬人。以鼠类为食，亦吃鸟类及鸟蛋。

6. 黑眉锦蛇（*Elaphe taeniura*）

别名黄颔蛇、枸皮蛇、黄喉蛇、慈鳗、黄长虫、家蛇、广蛇、菜花蛇、三索蛇、秤星蛇等，属游蛇科（Colubridae）锦蛇属（*Elaphe*）。

外形识别特征： 为大型无毒蛇，全长可达 170～230 cm。头和体背黄绿色或棕灰色；眼后有 1 条明显的黑纹延伸至颈部，这也是该蛇命名的主要依据；体背的前、中段有黑色梯形或蝶状的斑纹，略似秤星，所以该蛇又名"秤星蛇"；这些斑纹由体背中段往后逐渐变浅，但有 4 条清晰的黑色纵带直达尾端；中央有数行背鳞，具弱棱边；腹部灰黄色或浅灰色，腹鳞及尾下鳞两侧具黑斑。

分布与栖息特征： 主要分布在辽宁、河北、山西、甘肃、西藏、四川、安徽、海南、台湾、广东、广西、福建、云南、贵州、江苏、浙江、湖南、湖北、江西、河南、陕西等地。善攀爬，性凶猛，一般生活在高山、平原、丘陵、草地、田园及村舍附近，也常在稻田、河边及草丛中出没；喜食鼠类，常因追逐老鼠出现在农户的居室内、屋檐及屋顶上，在南方素有"家蛇"之称，被誉为"捕鼠大王"，年捕鼠量多达 150～200 只。

7. 灰鼠蛇（*Ptyas korros*）

别名青梢蛇、黄金条、黄梢蛇、黄金蛇、索蛇、上竹龙、黄肚龙、过树龙（广西），游蛇科（Colubridae）鼠蛇属（*Ptyas*）。

外形识别特征： 蛇体细长，约 70～160 cm，体重 0.3～0.5 kg；眼大而圆，颊部内凹；头体背面棕褐色或橄榄灰色，躯干后部和尾背鳞缘黑褐色，体背与体侧有 9～12 条浅褐色的纵纹，通常不明显，整体略显网纹；上唇鳞下部和下唇鳞及头体前的腹面淡黄色，腹鳞多灰白色或从前往后渐淡而近乳白色，尾下鳞有的为棕黄色。

分布与栖息特征： 国内分布于云南、贵州南部、广西、广东、湖南、江西、浙江、福建、台湾、香港等地；常栖息于溪流或水塘边的灌木或竹丛上；水田、溪流或草丛中也较常见，白天活动较多。喜欢在土坎的草丛、灌丛中捕食鼠类，故有鼠蛇之称；也捕食少量蛙和蜥蜴、小鸟等。

8. 滑鼠蛇（*Ptyas mucosus*）

俗名乌肉蛇、草锦蛇、长标蛇、水绿蛇、水律蛇（广东）、山蛇（福建泉州、晋江）、乌歪（德宏）、长柱蛇、黄闺蛇、水南蛇、锦蛇、南蛇、黄土蛇、黄乌梢等，游蛇科（Colubridae）鼠蛇属（*Ptyas*）。

外形识别特征： 外表和灰鼠蛇相近，最大区别是其腹部的颜色不是像灰鼠蛇那样黄。一般体型较大，头型较长，眼大而圆，颊部略微内陷；头背呈黑褐色，体背棕色，体后部有不规则的黑色横纹，至尾部成为网状；唇鳞呈淡灰色，后缘黑色；腹面前段红棕色，后部淡黄色。

分布与栖息特征：广泛分布于广西、广东、福建、台湾、浙江、江西、湖南、湖北、四川、贵州、云南、西藏等地；多生活于海拔800 m以下的山区、丘陵、平原地带；也常出现在坡地、田基、沟边以及居民点的近水区域。行动迅速，昼夜活动，是有名的"捕鼠能手"，也捕食少量蟾蜍、蛙、蜥蜴、蛇等。

（二）毒蛇类

1. 繁花林蛇（*Boiga multomaculata*）

也叫繁花蛇，属游蛇科（Colubridae）林蛇属（*Boiga*）。

外形识别特征：体长50～70 cm，头大、颈细，头、颈区分明显，躯尾细长，缠绕性强；头背有箭头状斑纹，眼眶后缘至口角有一黑褐色粗浅纹是其较明显的辨认特征；上、下唇灰白色，唇鳞后缘具黑斑；体背呈灰褐色，身体两侧有两行交互排列的黑褐色大圆斑，在近腹鳞处交互排列着四行不规则的小圆斑；尾背的斑纹不规则，密布黑褐色的斑点；腹面呈浅灰色，每片腹鳞有3～4个近三角形褐色斑点。

分布与栖息特征：分布于浙江、福建、江西、湖南、广东、广西、海南、贵州、云南、香港、澳门等地；一般生活于丘陵多林木的地区，营树栖，善于攀爬，常夜间活动，捕食鸟、蜥蜴、鼠类等。

2. 银环蛇（*Bungarus multicinctus*）

别名竹节蛇、白节黑、白带蛇、白节蛇、白菊花、团箕甲、寸白犁铲头、寸白蛇、金钱白花蛇（幼蛇干的中药名）等，属眼镜蛇科（Elapidae）环蛇属（*Bungarus*）。

外形识别特征：银环蛇是我国毒性最强的蛇类之一，全长100 cm左右；头部呈椭圆形，略大于颈部，吻端钝圆，眼较小；体背有黑白相间的环纹，其中白色横纹宽约1～2个鳞片是其最明显的辨认特征；腹面白色；背鳞正中1行鳞片（脊鳞）扩大呈六角形。

分布与栖息特征：国内有两个亚种，其中指名亚种主要分布于安徽、江西、福建、浙江、台湾、湖北、湖南、广东、海南、广西、四川、贵州等地，云南亚种仅产于中国云南西南部。多栖息于平原、丘陵或山麓的近水处，傍晚或夜间活动。捕食泥鳅、鳝鱼和蛙类，也吃各种鱼类、鼠类、蜥蜴和其他蛇类。

3. 舟山眼镜蛇（*Naja naja atra*）

别名膨颈蛇、蝙蝠蛇、五毒蛇、扁头风、扇头风、琵琶蛇、吹风蛇、吹风鳖、饭铲头、饭匙头等，属眼镜蛇科（Elapidae）眼镜蛇属（*Naja*）。

外形识别特征：全长100～200 cm；头呈椭圆形，与颈区分不十分明显；头背具典型的9枚大鳞，受惊扰时，前半身竖起，颈部扁平扩展显露出项背特有的白色眼镜状斑纹，此斑纹的各种饰变是其最明显的辨认特征；头、体背面呈黑色、黑褐色或暗褐色，部分蛇具有若干白色或黄白色的窄横纹，在幼体时较为明显；头腹及体腹面呈污白色或黄白色，颈腹面具灰黑色的宽横斑，其前方还有两个黑点，腹面在体中段之后逐渐呈灰褐色或黑褐色。

分布与栖息特征：是我国特有蛇种，分布于安徽南部、江西、浙江、福建、台湾、湖北、湖南、广东、海南、广西、四川、贵州、云南、西藏等地区；多栖息于沿海低地到海拔1 700 m左右的平原、丘陵与山区，常见于灌丛、竹林、溪涧或池塘岸边、稻田、路边、城郊，偶尔甚至进入住宅花园或住房。白昼与夜晚均活动，白昼活动居多，活动表现明显的趋光性。食性广，鱼、蛙、蜥蜴、鼠、鸟及鸟蛋、蛇等均是其取食对象。

4. 白头蝰（*Azemiops feae*）

别名白块，属蝰蛇科（Viperodae）蝰亚科（Viperinae）白头蝰属（*Azemiops*）。

外形识别特征：全长50～80 cm；吻短而宽，眼较小；头部与颈背淡黄白色，呈深褐色或浅褐色；头背正中有一黄白色中线，前窄后宽，终止于颈部第七至十列背鳞处是其最明显的辨认特征；喉部有一黄色的云状纹；体背面呈紫黑或褐色，具（10～15）＋（3～4）对朱红色横斑，左右横斑交错排列或在背中线彼此相遇，背鳞平滑；腹面呈橄榄灰色，散以小白点。

分布与栖息特征：分布于云南、贵州、四川、西藏、陕西、甘肃、广西、安徽、江西、浙江、福建等地区。主要栖息于海拔100～1 600 m的丘陵、山区的路边、碎石地、稻田、草堆、耕作地旁草丛中，住宅附近偶尔也可见到，甚至进入室内。晨、昏活动，捕食鼠类等小型啮齿动物和食虫目动物为生。

5. 尖吻蝮（*Agkistrodon acutus*）

又称百步蛇、五步蛇、七步蛇、蕲蛇（中药名）、山谷蘲（音 bie）、百花蛇（中药名）、中华蝮等，属蝰蛇科蝮亚科（Crotalinae）蝮属（*Agkistrodon*）。

外形识别特征：头大呈三角形，吻端有由吻鳞与鼻鳞形成的一短而上翘的突起是其最明显的辨认特征；头背呈黑褐色，有对称的大鳞片，具颊窝；体背呈深棕色及棕褐色，背面正中有一行（15～21）＋（2～6）个方形大斑块；腹面呈白色，有交错排列的黑褐色斑块；体形粗短，体表粗糙；尾尖一枚鳞片侧扁而尖长，俗称"佛指甲"，也是其较明显的辨认特征。

分布与栖息特征： 国内已知的分布区域有安徽南部、重庆、江西、浙江、福建北部、湖南、湖北、广西北部、贵州、广东北部及台湾等地。生活在海拔100～1 400 m的山区或丘陵地带；大多栖息在300～800 m的山谷溪涧附近，偶尔也进入山区的村宅，出没于厨房与卧室之中，天气炎热时一般进入山谷溪流边的岩石、草丛或树根下等阴凉处度夏，冬天在向阳山坡的石缝及土洞中越冬。喜食鼠类、鸟类、蛙类、蟾蜍和蜥蜴，尤以捕食鼠类的频率最高。

6. 竹叶青（*Trimeresurus stejnegeri*）

又名青竹蛇、焦尾巴、焦尾仔、火烧尾（武夷山），蝰科蝮亚科的一种。

外形识别特征： 全长60～90 cm；头较大，呈三角形，眼与鼻孔之间有颊窝（热测位器）；通身绿色是其辨认特征之一，腹面稍浅或呈草黄色，眼睛、尾背和尾尖焦红色；另一重要辨认特征是其体侧常有一条由红白各半的或白色的背鳞缀成的纵线；尾较短，具缠绕性，头背都是小鳞片。

分布与栖息特征： 我国长江以南各省（自治区、直辖市）均有分布；吉林长白山也曾发现。一般栖息于海拔150～2 000 m的山区溪边草丛中、灌木上、岩壁或石上、竹林中、路边枯枝上或田埂草丛中，多于阴雨天活动，在傍晚和夜间最为活跃；喜欢上树，常缠绕在溪边的灌木丛或小乔木上，会主动攻击人，是广东、福建、台湾等地的主要伤人蛇种。有扑火和聚居习性，昼夜活动，多在夜间觅食。以蛙、蝌蚪、蜥蜴、鸟和鼠为食。

三、捕食性鸟类

隼形目（Ciconniiformes）鸟类共5个科290多种，我国有鹰科和隼科2科计23属59种，包括了我们常说的鹰、隼、鸢、雕、鹫、鸢等。隼形目鸟类的共性是嘴、爪强大而弯曲，蜡膜裸出，两眼侧置，除鹗外外趾均不能反转，尾脂腺被羽；体形矫健，翅强健，飞行迅捷；腹面的颜色比背面的颜色浅，有利于猎捕中隐蔽；通常3趾向前，1趾向后，呈不等趾型，屈趾肌腱发达，趾端钩爪锐利，加强了钩爪的抓握力，利于撕裂和刺穿。隼形目鸟类体形差别也很大，如我国猛禽中最大的兀鹫，翅长达75.5～83.9 cm，双翅展开长达200 cm以上，体重达8 000～12 000 g；小型的小隼仅比麻雀稍大，翅长10.6～11.7 cm，体重仅50～62 g。

隼形目鸟类栖息环境多样多变，在高山、平原、山麓、丘陵、草原、海岸峭壁、江河湖泊或沼泽草地等处均可见到，多为白昼单独活动。依据体形的不同，其食物从哺乳动物到昆虫各有差异，但多数以动物性食物为主，因季节而有差异；食物中不消化的残余，如骨、羽、毛等，常形成小团块吐出，可以以此判断其行踪。需要说明的是所有隼形目鸟类都已被列入《世界自然保护联盟》(IUCN) ver 3.1：2009 年鸟类红色名录。

以下介绍几种常见的食鼠猛禽。

(一) 隼科 (Falconidae) 动物

隼科的特征是翅稍长而狭尖，飞行快速，善于在飞行中追捕猎物；嘴先端两侧具单齿突，捕猎技术高超，常被人们饲养用于狩猎。我国有 12 种。常见的以鼠类为食或兼食鼠类的有。

1. 红隼 (*Falco tinnunculus* Linnaeus)

红隼别名茶隼、红鹰、黄鹰、红鹞子等。

外形识别特征：体长约 31～37 cm。虹膜暗褐色；嘴蓝灰色，先端黑色，嘴基部和蜡膜黄色；跗蹠（音：chán）和趾深黄色，爪黑色。体色有两性差异：雄鸟头顶、后颈、颈侧呈蓝灰色，具黑褐色羽干纹；背、肩羽毛呈砖红色，并有三角形黑褐色横纹，腰和尾上羽毛蓝灰色，尾羽具黑褐色横斑及宽阔的黑褐色次端斑；下体呈皮黄色，上胸和两肋有褐色三角形斑纹及纵纹，腿上羽毛和尾下羽毛呈黄白色或银灰色。雌鸟上体深棕色，杂以黑褐色纵斑，翅膀上的羽毛呈黑褐色，边缘呈白色，下体皮黄色，斑纹较多；其他部分与雄鸟相同。

分布与栖息特征：国内主要分布在北京、河北、山西、内蒙古、辽宁、吉林、黑龙江、上海、浙江、安徽、福建、江西、山东、河南、湖北、广东、广西、海南、四川、贵州、云南、西藏、陕西、甘肃、青海、宁夏、新疆、台湾、香港等地区。常栖息于山区植物稀疏的混合林、开垦耕地及旷野灌丛草地，单独或成对活动，飞的较高，叫声刺耳。在多树木的地方，大都侵占喜鹊、乌鸦以至松鼠的旧巢；在无树的地方，常营巢于河岸及岩壁的洞穴中，有的住在树洞中。红隼以猎食时有翱翔习性而著名，白天经常扇动两翅在空中作短暂停留，观察猎物，一旦锁定目标，则收拢双翅俯冲而下直扑，然后再从地面上突然飞起迅速升上高空；有时也站在悬崖、岩石、树顶和电线杆等高处等候，等猎物出现时猛扑捕食。主要以老鼠、雀形目鸟类、蛙、蜥蜴、松鼠、蛇等小型脊椎动物为食，也吃蝗虫、蚱蜢、蟋蟀等昆虫。

2. 红脚隼 (*Falco vespertinus*)

红脚隼别名青鹰、青燕子、黑花鹞、红腿鹞子等。

外形识别特征：体长 26～30 cm，体重 124～190 g；虹膜暗褐色，嘴黄色，但先端呈石板灰色；跗和趾橙黄色，爪淡黄白色。雄鸟、雌鸟及幼鸟在体色上都有差异，雄鸟上体多为石板黑色，颏、喉、颈侧、胸、腹部为淡石板灰色，胸部具较细的黑褐色羽干纹，肛周、尾下覆羽，覆腿羽棕红色。雌鸟上体大致为石板灰色，具黑褐色羽干纹，下背、肩具黑褐色横斑，颏、喉、颈侧乳白色，其余下体淡黄白色或棕白色，胸部具黑褐色纵纹，腹中部具点状或矢状斑，腹两侧和两肋具黑色横斑。幼鸟和雌鸟相似，但上体较显褐色，具显著的黑褐色横斑；初级和三级飞羽黑褐色，具带棕色的白色边缘，下体棕白色，胸和腹纵纹明显；肛周、尾下覆羽，覆腿羽淡皮黄色。

分布与栖息特征：红脚隼几乎遍及我国各地。主要栖息于低山疏林、林缘、山脚平原以及丘陵地区的沼泽、草地、河流、山谷和农田耕地等开阔地区，尤其喜欢有稀疏树木的平原、低山和丘陵地区。飞翔时两翅快速扇动，间或进行一阵滑翔，也能通过两翅的快速扇动在空中作短暂的停留。主要以蝗虫等昆虫为食，有时也捕食小型鸟类、鼠类、蜥蜴、石龙子、蛙等小型脊椎动物。

3. 猛隼（*Falco severus*）

外形识别特征：大小与燕隼差不多，体长 25～30 cm，体重 180～490 g；虹膜为黑褐色，嘴淡蓝灰色，先端黑色，跗跖与趾为黄色，爪黑色；头部和飞羽为黑色，其余上体均为石板灰色，颊部、喉部和颈部的侧面等均为棕白色或黄白色，下体包括翅膀下面均为暗栗色，没有斑纹，与燕隼明显不同；颊部全为黑色，也没有髭纹。

分布与栖息特征：国内分布于广西、海南、云南以及新疆等地。常栖息于有稀疏林木或者小块丛林的低山丘陵和山脚平原地带，茂密的森林中比较少见；常单独或成对活动，在清晨和黄昏最为活跃；常在空中一边飞行，一边追捕猎物，捕到后直接带到树上去啄食；主要以鞘翅目昆虫、小鸟和蝙蝠为食，也吃老鼠和蜥蜴等。

4. 游隼（*Falco peregrinus*）

游隼别名花梨鹰、鸭虎等。

外形识别特征：体长 38～50 cm，翼展 95～115 cm，体重 647～825 g，寿命 16a 左右；虹膜暗褐色，眼睑和蜡膜黄色，嘴铅蓝灰色，嘴基部黄色，嘴尖黑色，脚和趾橙黄色，爪黄色。头顶和后颈暗蓝灰色到黑色，有的缀有棕色；背、肩蓝灰色，具黑褐色羽干纹和横斑，腰和尾上覆羽亦为蓝灰色，但稍浅，横斑也较窄；尾暗蓝灰色，具黑褐色横斑和淡色尖端；翅上覆羽淡蓝灰色，具黑褐色羽干纹和横斑；飞羽黑褐色，具污白色端斑和微缀棕色斑纹，内翈具灰白色横斑。幼鸟上体暗褐色或灰褐色，具黄色或棕色羽缘；下体淡黄褐色或黄白色，具黑褐色纵纹；尾蓝灰色，具肉桂色或棕色横斑。

分布与栖息特征：游隼一部分为留鸟，一部分为候鸟，也有的在繁殖期后四处游荡，共分化为 19 个亚种，我国仅有 4 个亚种，但数量都不多，分布于黑龙江、吉林、辽宁、北京、河北、内蒙古、山西、上海、浙江、台湾、广东、广西、新疆、青海、宁夏、贵州、云南、浙江等地。一般栖息于山地、丘陵、荒漠、半荒漠、海岸、旷野、草原、河流、沼泽与湖泊沿岸地带，也到开阔的农田、耕地和村屯附近活动。飞行迅速，性情凶猛，叫声尖锐；通常在快速鼓翼飞翔时伴随着一阵滑翔；多数时候都在空中飞翔巡猎，发现猎物时首先快速升上高空，然后将双翅折起使翅膀上的飞羽和身体的纵轴平行，头收缩到肩部向猎物猛扑下来，据测量它的俯冲速度最快可达 350 km/h，被称为动物界的"空中子弹"。主要捕食野鸭等中小型鸟类，也捕食鼠类和野兔等小型哺乳动物。

5. 猎隼（*Falco cherrug*）

猎隼别名猎鹰、兔鹰、鹘子等，可驯养用于狩猎。

外形识别特征：体长 27.8～77.9 cm，体重 510～1 200 g；头顶浅褐色，虹膜褐色，眼下方有不明显的黑色线条，眉纹白色，嘴灰色，蜡膜浅黄色，脚浅黄色；颈背偏白色，上体多为褐色并略具横斑，与翼尖的深褐色形成对比；尾上有狭窄的白色羽端；下体偏白色，翼尖深色，翼下大覆羽上有黑色细纹；翼形比游隼钝而色浅。幼鸟上体褐色较成体深，下体布满黑色纵纹。与游隼的区别为尾下覆羽白色，叫声似游隼但较沙哑。

分布与栖息特征：分布于新疆阿尔泰山及喀什地区、西藏、青海、四川北部、甘肃、内蒙古等地；一般栖息于低山丘陵和山脚平原地区，在无林或仅有少许树木的旷野和多岩石的山丘地带活动。当发现地面上的猎物时，先飞行到猎物的上方，然后收拢双翅，使翅膀上的飞羽和身体的纵轴平行，头则收缩到肩部，以 75～100 m/s 的速度向猎物猛冲过去，在靠近猎物的瞬间，稍稍张开双翅，用后趾和爪打击或抓住猎物。主要以中小型鸟类、野兔、鼠类等动物为食。

除上述几种隼外，我国还有几种隼科鸟类也兼食鼠类，但数量都较少，控鼠作用不明显。包括白隼（*Falco gyrfalco*，别名巨隼，分布于黑龙江、辽宁瓦房店和新疆喀什等地，栖息于岩石海岸、开阔的岩石山地、沿海岛屿、临近海岸的河谷和森林苔原地带）、小隼（*Microhierax melanoleucos*，分布于江苏、浙江、安徽、江西、贵州、云南、广东、广西、福建等地，栖息于森林、河谷的开阔地带，常立于无遮掩的树枝上）、矛隼（*Falco rusticolus*，别名海东青、巨隼，分布于青海、新疆、黑龙江、辽宁等地，栖息于开阔的岩石山地、沿海岛屿、临近海岸的河谷和森林苔原地带）、黄爪隼（*Falco naumanni*，分布于内蒙古、吉林、辽宁、河北、北京、山东、河南、四川、云南等地，栖息于旷野、荒漠草地、河谷疏林）等，在此不一一赘述。

（二）鹰科（Accipitridae）动物

鹰科成员非常复杂，我们所熟悉的猛禽如鹰、雕、鹞、鸳和旧大陆兀鹫都是鹰科的成员，一般都统称为"鹰"；有时也将体型较大的称为"雕"，体型较小的称为"鹞子"。鹰科鸟类嘴切缘具弧状垂突，适于撕裂猎物吞食；嘴基部通常被蜡膜或须状羽；翅宽圆而钝，善于在高空持久盘旋翱翔。鹰科可进一步划分为9个亚科，我国有鸢亚科、鹰亚科、雕亚科、鸳亚科和秃鹫亚科，共20属46种，多数被列为国家一级或二级保护动物。

下面介绍几种常见的以鼠为主要食物构成的鹰科成员。

1. 短趾雕（*Circaetus gallicus*）

外形识别特征：体长约65～80 cm，虹膜黄色，嘴黑色，蜡膜灰色，脚偏绿。上体灰褐色，下体白而具深色纵纹，喉及胸单一褐色，腹部有不明显的横斑，尾部有不明显的宽阔横斑。亚成体鸟较成鸟色浅。飞行时覆羽及飞羽上长而宽的纵纹极具特色；盘旋及滑翔时两翼平直，常停在空中振羽。冬季通常无声，偶作哀怨的叫声。

分布与栖息特征：国内主要分布于新疆维吾尔自治区境内。常栖息于空旷的原野、森林和农田地带，用枯树枝在树顶部枝杈筑巢，一般距离地面的高度为2～15 m；偶尔也在悬崖上营巢；食物主要为蛇类、蜥蜴类、蛙类、小型鸟类以及小型啮齿动物如野兔、野鼠等，也吃腐肉。

2. 鹰雕（*Spizaetus nipalensis*）

外形识别特征：鹰雕属大型猛禽，身长66～84 cm，翼展134～175 cm，雌鸟体重可达3 500 g，雄鸟可达2 500 g。最明显的特征是头后有长的黑色羽冠，常常垂直地竖立于头上；虹膜金黄色，嘴黑色，蜡膜黑灰色，脚和趾为黄色，爪为黑色；上体为褐色，有时缀有紫铜；腰部和尾上的覆羽有淡白色的横斑，尾羽上有宽阔的黑色和灰白色交错排列的横带；头侧和颈侧有黑色和皮黄色的条纹，喉部和胸部为白色，喉部还有显著的黑色中央纵纹，胸部有黑褐色的纵纹；腹部密被淡褐色和白色交错排列的横斑，跗跖上被有羽毛，同覆腿羽一样，都具有淡褐色和白色交错排列的横斑。飞翔时翅膀呈V形，显得十分宽阔，翅膀下面和尾羽下面有黑色和白色交错的横斑，极为醒目。幼体与亚成体鹰雕的头通常为白色。

分布与栖息特征：鹰雕共分化为5个亚种，我国分布有4个亚种，已知的分布地有内蒙古、辽宁、黑龙江、浙江、安徽、福建、湖北、广东、广西、台湾、四川、云南、西藏、海南等地。一般生活于山中阔叶林和混交林、浓密的针叶林等常绿森林中，其中繁殖季节大多栖息于不同海拔高度的山地森林地带，最高可达海拔 4 000 m 以上；冬季多下到低山丘陵和山脚平原地区的阔叶林和林缘地带活动。经常单独活动，飞翔时两个翅膀平伸，扇动较慢，有时也在高空盘旋；常站立在密林中枯死的乔木上。主要以野兔、野鸡和鼠类等为食，也捕食小鸟和大的昆虫，偶尔还捕食鱼类。

3. 草原雕（*Aquila rapax*）

外形识别特征：体形比金雕、白肩雕略小，体长为 71～82 cm，体重 2 015～2 900 g；虹膜黄褐色或暗褐色，嘴灰色，蜡膜黄色；脚黄色。不同年龄以及个体之间的体色变化较大，从淡灰褐色、褐色、棕褐色、土褐色到暗褐色都有；尾上覆羽为棕白色，尾羽为黑褐色，具有不明显的淡色横斑和淡色端斑；两翼具深色后缘。幼鸟体色为咖啡奶色，翼下具白色横纹，尾黑，尾端的白色及翼后缘的白色带与黑色飞羽成对比。翼上具两道皮黄色横纹，尾上覆羽具 V 形皮黄色斑；尾有时呈楔形。容貌凶狠，尾形平，飞行时两翼平直，滑翔时两翼略弯曲。

分布与栖息特征：草原雕共分化为 5 个亚种，我国仅有东亚亚种，分布于我国大部分地区，其中在黑龙江、新疆、青海为夏候鸟，在吉林、辽宁、北京、河北、山西、宁夏、甘肃为旅鸟，在浙江、海南、贵州、四川为冬候鸟。主要栖息于开阔的平原、草地、荒漠和低山丘陵地带的荒原草地。一般营巢在岩壁上，有时在小丘顶的岩石中，或在树上和灌丛中，甚至在旱獭的洞穴中；巢主要以树枝、芦苇和其他类似的材料筑成。白天活动，或长时间地栖息于电线杆、孤立的树上和地面上，或翱翔于草原和荒地上空，有时守候在鼠洞口。觅食方式主要是守在地上或等待在旱獭等鼠类的洞口，等猎物出现时突然扑向猎物，有时也在空中飞翔寻找猎物。猎食的时间和啮齿类活动的规律基本一致，大多在早上 7～10 时和傍晚，主要食物有兔、黄鼠、鼠兔、跳鼠、田鼠，此外还有貂类；在沙漠地带主要以大沙地鼠为食；有时也吃动物尸体和腐肉。

4. 林雕（*Ictinaetus malayensis*）

林雕又叫树鹰。

外形识别特征：中型猛禽，体长 68～76 cm，体重 1 125 g 左右；鼻孔宽阔，呈半月形，虹膜暗褐色，嘴较小，铅色，尖端黑色，蜡膜和嘴裂黄色，趾黄色，爪黑色；外趾及爪均短小，内爪比后爪长；两翼后缘近身体处明显内凹，因而使翼基部明显较窄，使翼后缘突出，飞翔时极明显；通体为黑褐色，但下体色较上体稍淡，胸、腹有粗的暗褐色纵纹。跗跖被羽，尾羽较长而窄，呈方形。飞翔时从下面看两翅宽长，翅基较窄，后缘略微突出，尾羽上具有多条淡色横斑和宽阔的黑色端斑。

分布与栖息特征： 林雕共分化为 2 个亚种，我国仅有指名亚种，分布于福建、海南、台湾等地，其中在台湾为留鸟，在海南东南部为旅鸟。一般栖息于山地森林中，是一种完全以森林为其栖息环境的猛禽，尤常见于中低山地区的阔叶林和混交林地区，有时也沿着林缘地带飞翔巡猎。飞行时两翅扇动缓慢，在森林上空盘旋和滑翔，也能在浓密的森林中高速飞行和追捕猎物，飞行技巧相当高超；不善鸣叫。主要以鼠类、蛇类、雉鸡、蛙、蜥蜴、小鸟和鸟卵以及大的昆虫等为食。

5. 白尾海雕（*Haliaeetus albicilla*）

白尾海雕又叫白尾雕、芝麻雕、黄嘴雕等。

外形识别特征： 尾羽呈楔形，但均为纯白色，并因此得名；大型猛禽，体长 82～91 cm，体重 2 800～4 600 g；虹膜黄色，嘴和蜡膜为黄色，脚和趾为黄色，爪黑色；头顶、头后、耳羽、后颈呈淡黄褐色，具暗褐色羽轴纹和斑纹；颏、喉部淡黄褐色，胸部淡褐色，具暗褐色羽轴纹和淡色羽缘，其余下体褐色；飞羽黑褐色，翅上覆羽褐色，具淡黄褐色羽缘；尾下覆羽淡棕色，具褐色斑；翅下覆羽和腋羽暗褐色。

分布与栖息特征： 白尾海雕共分化为 2 个亚种，我国仅有指名亚种，已知的分布地有北京、河北、山西、内蒙古、辽宁、吉林、黑龙江、上海、江苏、浙江、安徽、江西、山东、湖北、广东、四川、西藏、甘肃、青海、宁夏、新疆等。主要栖息于沿海、河口、江河附近的广大沼泽地区以及某些岛屿。繁殖期喜欢在有高大树林的水域地带活动。白天活动，休息时停栖在岩石和地面上，有时也长时间停立在乔木枝头，常单独或成对在大的湖面和海面上空飞翔，冬季有时也有 3～5 只的小群在高空翱翔。飞翔时两翅平直，常轻轻地扇动一阵后接着又是短暂的滑翔，有时也能快速地扇动两翅飞翔，高空翱翔时两翼弯曲略向上。主要以鱼类为食，也捕食各种鸟类以及鼠类等中小型哺乳动物，有时也吃腐肉和动物尸体；在冬季食物缺乏时，偶尔攻击家禽和家畜。

6. 乌雕（*Aquila clanga*）

乌雕别名花雕、大斑雕，小花皂雕。

外形识别特征： 体型比草原雕小，全长 61（雄）～74（雌）cm；尾短，虹膜褐色，嘴灰色，蜡膜及脚黄色；体羽随年龄及不同亚种而有变化；一般通体为暗褐色，背部略微缀有紫色光泽，颏部、喉部和胸部为黑褐色，其余下体稍淡；尾羽短而圆，基部有一个 V 形白斑和白色的端斑。幼鸟翼上及背部具明显的白色点斑及横纹。飞行时从上方可见羽衣及尾上覆羽均具白色的 U 形斑；飞行时两翅宽长而平直，两翅不上举。与其他雕类鼻孔均为椭圆形明显不同，它的鼻孔为圆形。

分布与栖息特征：繁殖于中国北方，越冬或迁徙经中国南方，在东北、华北、华东、中南及新疆均可见；常栖于近湖泊的开阔沼泽地区、草原及湿地附近的林地，迁徙时栖于开阔地区。白天活动，性情孤独，常长时间地站立于树梢上，有时在林缘和森林上空盘旋；在高山岩石或乔木上筑巢。一般在林间沼泽和河谷、湖泊地区上空盘旋或长时间地守候在树梢等高处觅食，主要以鱼、蛙、鼠类、野兔、野鸭等动物为生，偶尔也捕食金龟子、蝗虫。

7. 白肩雕（*Aquila heliaca*）

白肩雕又名御雕，藏名音译"恰拉查嘎"。

外形识别特征：体长约 53～78 cm，重约 2 000～2 500 g。虹膜浅褐；嘴灰色，蜡膜黄色；脚黄色。全身显黑褐色，肩有长的白羽，所以得名。头、颈棕褐色，前额和头顶前面黑色；与其余的深褐色体羽成对比；上背部及尾上羽具有光泽，尾具有 6～8 条不规则的黑色细横斑。飞行时以身体及翼下覆羽全黑色为特征。幼鸟皮黄色，体羽及覆羽具深色纵纹，飞行时从上边看覆羽有两道浅色横纹，翼上有狭窄的白色后缘；尾、飞羽均色深，仅初级飞羽楔形尖端色浅；下背及腰具大片乳白色斑。滑翔时两个翅膀平直，滑翔和翱翔时两翅也不像金雕那样上举成 V 形，同时尾羽收得很紧，不散开，因而显得较为窄长。

分布与栖息特征：白肩雕共分化为 2 个亚种，我国仅有指名亚种，分布于新疆、甘肃、青海、陕西、辽宁、福建、广东等地。常栖息于高海拔的山地阔叶林、混交林以及草原和丘陵地区的开阔原野、河流、湖泊的沙岸等地，冬季也常到森林平原、小块丛林和林缘地带活动。常单独活动，或翱翔于空中，或长时间地停息于空旷地区的孤立树上、岩石和地面上，显得沉重懒散，在树桩上或柱子上一呆数小时，待猎物出现时突袭，也常在低空和高空飞翔巡猎。主要以啮齿类动物以及鸽、鹳、雁、鸭等鸟类为食，有时也食动物尸体和捕食家禽。

（三）鸮类动物

鸮类均属鸮形目（Strigiformes），共性是都具有面盘。面盘是鸮类面部一圈特殊的羽毛，非常紧密地排布在一起成一个平面，形成貌似猫脸的结构。一般嘴短而粗壮，前端成钩状，嘴基蜡膜为硬须掩盖。有趣的是，鸮类的两个耳孔不仅形状大小不同，连高度也各不相同，这对产生立体听觉，并依靠这种听力定位、捕食有非常重要的作用；耳孔周缘具耳羽，有助于夜间分辨声响与夜间定位，相对于头部硕大的双目均向前是鸮类共有且区别于其他鸟类的特征；腿强健有力，爪强锐内弯，部分种类如雕鸮，整个足部均被羽，第四趾能向后反转，以利攀缘。爪大而锐；尾脂腺裸出。鸮类绝大多数是夜行性动物，昼伏夜出生活，其全身羽毛柔软轻松，羽色大多为哑暗的棕褐灰色，柔软的羽毛有消音的作用，使鸮类飞行起来迅速而安静，加上哑暗的羽色，非常适合夜间活动。

鸮形目分 3 科：原鸮科、草鸮科和鸱鸮科。原鸮科已灭绝；草鸮科共 10 种，中国有 3 种；鸱鸮科共 126 种，中国有 24 种，如雕鸮、鸺鹠、长耳鸮等。中国鸮形目的所有种，均为国家二级保护动物。

1. 草鸮科（Tytonidae）

外形识别特征：包括常见草鸮和仓鸮等，头骨狭长，宽不及长的 2/3，面盘心形似猴，腿较长，常被称为"猴面鹰"。中型猛禽，全长约 30.5～53.4 cm；虹膜褐色；嘴米黄色，脚略白，爪黑褐色。上体暗褐色，具棕黄色斑纹，近羽端处有白色小斑点；面盘灰棕色，有暗栗色边缘；飞羽黄褐色，有暗褐色横斑；尾羽浅黄栗色，有四道暗褐色横斑；下体淡棕白色，具褐色斑点；叫声响亮刺耳。

分布与栖息特征：我国有草鸮科 2 属 3 种，分布于河北南部、山东至长江以南各省（自治区、直辖市），其中草鸮在南方农田地区分布较广也最常见，对控制鼠害有积极作用。常栖息于山麓草灌丛中，在隐蔽的草丛间筑巢，以鼠类、蛙、蛇、鸟卵等为食。

2. 鸱鸮科（Strigidae）

鸱鸮科头骨宽大，腿较短，面盘圆形似猫，常被称为"猫头鹰"；从北极到热带都有分布，种类较多，体型大小不一，习性也较多样化。约 28 属 133 种，我国有 11 属 23 种。

下面介绍几种常见的食鼠鸱鸮。

（1）雕鸮（*Bubo bubo*）。雕鸮别名恨狐、大猫头鹰、希日—芍布、老兔、夜猫子、大猫王等。

外形识别特征：雕鸮是中国鸮类中体形最大的，体长约 55～90 cm，体重约 1 400～3 950 g。虹膜金黄色或橙色；脚和趾均密被羽，为铅灰黑色。面盘显著，为淡棕黄色，杂以褐色的细斑；眼先密被白色的刚毛状羽，各羽均具黑色端斑；眼的上方有一个大型黑斑；皱领为黑褐色；头顶为黑褐色，羽缘为棕白色，并杂以黑色波状细斑；耳羽特别发达，显著突出于头顶两侧，外侧呈黑色，内侧为棕色。通体的羽毛大都为黄褐色，而具有黑色的斑点和纵纹；喉部为白色，胸部和两肋具有浅黑色的纵纹，腹部具有细小的黑色横斑。

分布与栖息特征：我国的雕鸮有 7 个亚种，分布于新疆、内蒙古、西藏、甘肃、四川、青海、云南、宁夏、陕西、甘肃、河南、山东等地。常栖息于山地森林、平原、荒野、林缘灌丛、疏林以及裸露的高山和峭壁等各类环境中，通常活动在人迹罕至的偏僻之地，性情凶猛，除繁殖期外一般单独活动。筑巢于树洞中、悬崖峭壁下面的凹处，或者直接产卵在地面上的凹处；巢内无铺垫物，或仅有稀疏的绒羽。白天多躲藏在密林中栖息，常缩颈闭目栖于树上，一动不动，但它的听觉甚为敏锐，稍有声响，立即伸颈睁眼，转动身体观察四周动静，如有危险就立即飞走。飞行时缓慢而无声，通常贴着地面飞行。主要以各种鼠类为食，但食性很广，几乎包括所有能够捕到的动物，其中兽类大约占55%，鸟类占33%，鱼类占11%，两栖类和爬行类占1%。

（2）长尾林鸮（*Strix uralensis*）。长尾林鸮中文俗名猫头鹰、夜猫子、乌尔塔—苏乌勒图等。

外形识别特征：中型猛禽，体长45～54 cm，体重452～842 g；虹膜暗褐色，嘴黄色，爪角褐色。头部较圆，没有耳簇羽；面盘显著，为灰白色，具细的黑褐色羽干纹；体羽大多为浅灰色或灰褐色，有暗褐色条纹；下体的条纹特别延长，而且只有纵纹，没有横斑；尾羽较长，稍呈圆形，具显著的横斑和白色端斑。

分布与栖息特征：国内分布于黑龙江、内蒙古、北京、辽宁、吉林、河南、四川、青海和新疆等地。常栖息于山地针叶林、针阔叶混交林和阔叶林中，特别是阔叶林和针阔叶混交林较多见，偶尔也出现于林缘次生林和疏林地带。除繁殖期成对活动外，通常单独活动。白天大多栖息在密林深处，直立地站在靠近树干的水平粗枝上，很难被发现；有时白天也活动和捕食。寒冷的冬天常在树洞中躲避风雪。多活动于树林的中下层，只有在进行远距离飞行时才越过树冠之上。飞行时两翅扇动幅度较大，飞行轻快而无声响；多呈波浪式飞行。主要以田鼠、棕背鼠、黑线姬鼠等为食，也吃昆虫、蛙、鸟、兔以及松鸡科的一些大型鸟类。

（3）灰林鸮（*Strix aluco*）。

外形识别特征：体长37.0～48.6 cm，翼展可达81～96 cm，体重322～909 g，两性异形，雌鸟比雄鸟长约5%，重约25%；头大而且圆，没有耳羽，围绕双眼的面盘较为扁平。上身呈红褐色或灰褐色，也有介乎于两者的。下身都呈淡色，有深色的条斑纹。

分布与栖息特征：灰林鸮一般栖息在落叶疏林，有时会在针叶林中，较喜欢近水源的地方，一般红褐色的灰林鸮较多在密林出没，较浅色的灰林鸮会在较冷的地方出没；在城市里则栖息在墓地、花园及公园；一般会在树洞中筑巢，不迁徙，具有高度区域性；主要猎食啮齿类动物。

（4）长耳鸮（*Asio otus*）。长耳鸮又名长耳木兔、有耳麦猫王、虎鹟、彪木兔、夜猫子、长耳猫头鹰、肖尔腾—伊巴拉格等。

外形识别特征：中等体形的鸮类，体长约 35～40 cm。棕黄色的面盘非常明显，一对眼睛极大，虹膜有浅黄色或橘黄色的绚烂光彩。喙角质灰色；脚粉黄色；体色以棕褐色为基色，具黑色棕斑，额部白色，下体以黄褐色或棕白色为基色，颜色较浅，具有较粗且明著的黑褐色羽干纹；双足被棕黄色的羽毛，直至足趾；外侧的脚趾可以随时转到后方，使脚趾变成两前两后，便于抓牢树干，称为转趾型。长耳鸮的辨识特征主要集中在面部，耳孔很大，位于头部两侧隐藏在耳羽之下；双眼之间的羽毛白色，形成一个大大的白色 X 形；头的上方有两簇很长、黑黄相间、能活动的耳状羽，需要说明的是这对耳羽簇并没有听觉的作用，而只是一个传递信号的器官，可以起报警和伪装的作用；在栖止状态时，身体竖立，基本与地面垂直，这是区别短耳鸮的一个重要特征（短耳鸮几乎是以平行于地面的姿态扒在树干上的）。

分布与栖息特征：长耳鸮在我国全境可见，除了在青海西宁、新疆喀什和天山等少数地区为留鸟外，在其他大部分地区均为候鸟；喜欢栖息于针叶林、针阔混交林和阔叶林等各种类型的森林中，也出现于林缘疏林、农田防护林和城市公园的林地中；一般白天多躲藏在树林中，常垂直地栖息在树干近旁侧枝上或林中空地上草丛中，栖息地往往非常精确地固定，甚至固定到某一树枝，以至于在它们的固定居所的垂直下方遍布的排泄物，成为搜寻它们的线索；黄昏和夜晚才开始单独或成对活动，迁徙期间和冬季则常结成 10～20 只，有时甚至多达 100 只以上的大群。主要以各种鼠类为食物，也捕食一些小型鸟类，或有食腐行为。

（5）短耳鸮（*Asio flammeus*）。短耳鸮俗称仓鸮，又因为耳羽短于长耳鸮，又叫小耳木兔、短耳猫、短耳猫头鹰，藏名音译：集瓦乌巴无巴纳同。

外形识别特征：体形与长耳鸮相似，体长 35～38 cm，体重 326～450 g；虹膜金黄色，嘴和爪黑色。耳羽簇退化不明显，黑褐色，具棕色羽缘；面盘显著，眼周黑色，眼线及内侧眉斑白色，面盘余部棕黄色而杂以黑色羽干纹；皱领白色。上体为棕黄色或褐色，有黑色和皮黄色的斑点及条纹，下体为棕黄色，具黑色的胸纹，但羽干纹不分支形成横斑。跗跖和趾被羽为棕黄色。

分布与栖息特征：在我国繁殖于内蒙古东部、黑龙江和辽宁，越冬时几乎见于全国各地。不喜欢上树，主要栖息在山林的灌木丛和草丛中，低山、丘陵、苔原、荒漠、平原、沼泽、湖岸和草地等各类生境中均可见，尤以开阔平原草地、沼泽和湖岸地带较多见。爱结成小群集居；多在黄昏和晚上活动和猎食，整夜不息，但也常在白天活动。飞行时不慌不忙，不高飞，多贴地面滑翔，常在一阵鼓翼飞翔后又伴随着一阵滑翔，二者常常交替进行，繁殖期间常一边飞翔一边鸣叫。主要以鼠类为食，也吃小鸟、蜥蜴、昆虫等，偶尔也吃植物果实和种子。

除上述鸮类外，常见的食鼠鸮类还有：

小鸮（*Athente noctua*），又叫小猫头鹰，体型较小，体长约 20 cm，羽毛呈淡褐色。主要筑巢于野外，也在农村的树洞、墙洞或岩洞中栖息；夜间活动，嗅觉灵敏，捕鼠本领甚高。据调查，一只小鸮一年食鼠 488 只；此外，还吃昆虫，但不危害家禽。

鸺鹠（*Glaucidium cuculoides*），是中国南方普遍分布的一种小型鸮类，体长约 16 cm，翅长约 9 cm；面盘和翎羽不显著，缺耳羽；体羽大都褐色，背羽具横斑，腹部具纵纹；尾较短，约为翅长的 2/3；整个上体以黑、棕褐色为主，密布有狭细的棕白色横斑；翅及尾羽黑褐色，在尾羽上有 6 条鲜明的白色横带，头部不具耳羽；昼夜活动，因而白天在林中也很容易遇到它，入夜更为活跃。为我国南方留鸟，鸣声凄厉。我国甘肃南部、陕西南部、河南、江苏南部及以南各地均有分布。主要以昆虫为食，也吃鼠类及青蛙等。

雪鸮（*Bubo scandiacus*），又名白鸮、查干—乌盖勒、雪猫头鹰、白夜猫子，是一种白色或褐白相间具横斑的猛禽，体长 55～63 cm，体重 1 000～1 950 g；虹膜金黄色，嘴铅灰色或褐色，爪基灰色，末端黑色。通体为雪白色，雌鸟和年轻的鸟下腹部具窄的褐色横斑；头圆而小，头顶杂有少数黑褐色斑点；面盘不显著；翅宽；头圆形，不具耳羽束；全身羽毛白色，可能具褐斑；嘴的基部长满了刚毛一样的须状羽，几乎把嘴全部遮住。在我国分布于黑龙江北部、新疆西部，营巢于开阔的地面上。根据统计，全世界目前只剩下几千只雪鸮。以鼠类等小型哺乳动物和鸟类为食。

四、鼠类的其他天敌

鼠类的天敌种类繁多，按其生活习性、捕食特点等均可将其分成不同的类型。比如按天敌的活动程度可以划分成居留型和游牧型两类。居留型的天敌不因季节的变化和食物的减少而迁徙，当食物稀少时，则努力地捕食或者转换捕食对象，如鼬属和小鸮属于此类；游牧型天敌随季节的变化和鼠类数量的增减四处游牧，大部分鸟类属于此类。按照天敌取食的专一性程度可以划分为专一型和非专一型两类，前者专门以鼠为食，即使鼠类很少时也是如此，如鼬类和鸮类；后者在鼠类数量稀少时，取食其他食物，如狐、狼和蛇等。根据天敌的捕食策略和方式，可分为追踪型和扫荡型，追踪型天敌采取守候、追捕等方式猎取食物，而扫荡型天敌在一定范围内巡逻捕食。不同类型的天敌对鼠类的捕食偏好与其本身的活动特点有关，比如大型犬科动物追捕猎物，活动范围大，偏向于捕食老年和行动迟缓的个体；小型的猫科动物多采取守候、偷袭的方式，出击有随机性；猛禽类活动范围大，随机性也高。另一方面，非专一型天敌起着稳定鼠类种群的作用，鼠多时捕食多，鼠少时捕食也少，使进鼠类数量趋于稳定；留居的专一型天敌可较大幅度减少鼠类数量，但时滞较长，较易增大鼠类种群的震荡幅度；游牧的专一型天敌活动性大，追随鼠类的高密度种群，具有减少鼠类种群震荡幅度的作用。

第二节 天敌在鼠害控制中的作用与应用

在自然界，啮齿类的主要天敌有几十种，它们日夜捕食着各种鼠类，然而天敌对鼠类种群的调节能力至今仍存在一定的争议。Errington（1967）认为天敌只是取食了鼠类种群的盈余部分，也就是说，即使这部分鼠类不被天敌吃掉，它们也会自行消亡，结论是天敌不会给鼠类种群造成太大的影响。然而，随着相关研究的深入，越来越多的学者开始认定：天敌是鼠类种群数量调节的重要因素，捕食性天敌尤其对鼠类的群落变动有相当大的影响能力，可在治理鼠害的过程中起到积极的作用。

一、天敌对鼠类的捕食活动

剖胃法、收集猛禽食团（毛、骨等不消化的呕吐物）和食肉兽类的粪便以及在笼养条件下的选择性摄食试验是研究天敌对鼠类捕食活动的主要手段。Snyder（1976）分析了744种猛禽的食性，其中各种鸮，如苍鸮（*Tyto alba*）、乌林鸮（*Stix nebulosa*）、猛鸮（*Surnia ulua*）、长耳鸮（*Asio otus*）、短耳鸮（*Asio flammeus*）、鬼鸮（*Aegolius funereus*）、棕榈鬼鸮（*Aegolius acadicus*）和白尾鸢（*Elanus leucurus*）的食物当中90％以上是鼠类占了绝大部分的小型哺乳动物；金雕（*Aegula chrysaetos*）和各种鵟的食物中鼠类也占了50％以上，其中金雕为72％；王鵟（*Buteo regalis*）85％，毛脚鵟（*Buteo lagopus*）62％，红尾鵟（*Buteo jamaicensis*）51％；有人曾对40只短耳鸮及其幼鸟的食量进行了研究，发现它们在100多天中，共吃掉了44 000多只鼠类；在猛禽的迁徙途中，鼠类更占到其食物总量的75％左右（张荫荫，1985）；一种黑翅鸢（*Elanus cacruleus*）98％的食物是鼠类（Slotow，1988）。还有统计表明，1只艾虎1年可捕食300～500只害鼠；1只银狐1年要吃掉3 500只害鼠；1只狐狸1昼夜可吃掉20只害鼠；1只猫头鹰1个夏季可捕鼠1 000只；1只隼1天可捕12只沙鼠；1只草原鸢1天可食6～8只黄鼠。在以鼠类为主要食物的天敌中，黄鼬的日食量占体重的 20％ 左右，400～500g 的黄鼬每天需取食 80～100g 的食物，相当于 1 只褐家鼠或黄胸鼠、2 只黑线姬鼠、4 只小家鼠的体重；以黄鼬捕获的食物中 50％ 为鼠类计算，1 只黄鼬 1 个月可捕食 15 只褐家鼠或黄胸鼠、30 只黑线姬鼠、60 只小家鼠。

事实上，不同地域中同种的天敌食性会有很大的不同。姜兆文等（1996）指出，黄鼬的食物中小型鼠类约占 34％ 左右；高耀亭等（1987）报道，在冬季黄鼬的食物中，小型鼠类在江苏宝应为 37％，在吴县则达 48.1％，在上海内陆高达 53.6％～74.2％；金光明（1996）报道，黄鼬的食物中，小型鼠类高达 96％。盛和林（1987）曾系统地总结了南至上海、浙江沿海，北至山西、吉林不同地域的黄鼬食性，结果表明，虽然鼠类在不同地域的黄鼬食物中所占比例变化较大（13.9％～74.2％），但鼠类仍是黄鼬最主要的食物。

目前主流的观点是，天敌虽然不能阻止害鼠种群的暴发性增长，却能在鼠类种群衰落之后，继续压低其数量，推迟其再次增长的间隔（Pearson，1985；Hanssnn，1984；Henttonen，1985）。也就是说，合理利用天敌的捕食活动可以大大减轻鼠害人为控制的压力。

二、捕食性天敌控制鼠害的应用

在天敌控制鼠害的利用方面，国内外均做了大量的研究与尝试。Kilaemoes 研究了天敌控制鼠害的模式，其早在 1968 年就报道，将 6 只白鼬（*M. erminea*）放养到面积 46hm² 的岛屿上，不到一年的时间即控制住鼠的种群数量；Pearson 等（1985）的研究表明，当天敌与鼠类数量之比大于 1/100 时，天敌即可以有效阻止鼠类种群的增长；若比例在 1/200 到 1/1 000，鼠类繁殖种群将缓慢增长，非繁殖种群将急剧衰减；当比例小于 1/1 000 时，天敌对鼠类的影响基本无效。南京市江宁区 1983—2001 年的鼠情监测资料分析结果则表明，农田害鼠密度（捕获率）1hm² 一般不超过 10％，即相对害鼠数为 10 只，只需放养 1 只黄鼬就可以把害鼠密度有效压低在不发生鼠害的水平（胡春林等，2003）。

1. 招引天敌控鼠

近年来，天敌对鼠害的控制能力逐渐得到了认可，然而由于生态环境的破坏，鼠类天敌的栖息地大幅度减少，自然天敌如鹰、蛇、鼬类等的数量越来越少，越来越多的工作开始集中在人工招引、增加天敌的可行性及应用研究上。陈华盛等（1995）发现，当每公顷幼林地上有 3～4 株树高 4m 以上的孤立木时，其鼢鼠密度比无孤立木幼林地减少一半多，通过 3 年对 32 块试验地的调查，有孤立木的林地鼢鼠密度比无孤立木林地低 55.4%，证明活栖木的存在对于招引鼠类天敌以控制周围林地的鼠类具有一定的作用。

隼形目和鸮形目的猛禽是鼠类的重要天敌，在这些天敌的食物中鼠类可占 70%；一只成年鹰 1 天内可以捕食 20～30 只野鼠，捕捉范围可达半径 200～500m，几个月就可以把这一范围内的鼠类基本捕尽。近年兴起的招鹰灭鼠就是根据鹰类喜欢栖于视野开阔的高处捕食猎物的特点，设立招引设施，为鹰类提供栖息条件，在原有自然条件下改善鹰类的生存、休息、消化食物的环境以增加局部鹰类的密度，在害鼠处于低数量水平时，达到在较长时间内使害鼠种群保持低数量水平的目的。据报道，甘肃省山丹县从 1984 年开始在全国率先开展招鹰灭鼠尝试，通过修建 1 200 个招鹰墩，有效控制面积达 4 万 hm² 的草原鼠害。方法为将石块堆砌成低、宽，直径 1m 的圆锥体，高度 1.5m；鹰架预制，先用 4 根长 2.5m 的 6 号钢筋，弯曲成 Z 形，再用 6 根裹筋，捆扎成长、宽、高分别为 12cm 的整体，放入预先制好的砼模具中，将搅拌好的水泥、沙、石子倒入模具，预制成形；凝固后将砼制鹰架运往招鹰区。鹰架的布置与鹰墩布置基本一致，不同之处在于鹰架需挖近半米深的坑以竖立。山丹县的实践表明，设立鹰墩后，每 hm² 草原上鼠群有效洞口数量减少 40.3%，每个鹰墩（架）控制的有效面积约为 20 万 m²（表 7-1）。

表 7-1　设立鹰墩 3 年后防治长爪沙鼠效果
（引自韩崇选，1992）

处理	项　目	重　　复				
		1	2	3	4	平均
鹰墩区	有效洞口率（%）	19.6	27.8	16.9	17.1	30.35±4.43
	植被破坏率（%）	21.4	29.3	19.7	22.1	23.13±3.67
对照区	有效洞口率（%）	28.6	39.4	27.8	26.9	30.68±5.07
	植被破坏率（%）	31.5	40.6	34.2	31.0	34.33±3.28

从我国北方草原与农区"招鹰控鼠"的经验看，鹰架（墩）的设立地点，一般选择在鼠类分布的最适生境地段内，即地表平坦、开阔，远离高山、道路，草地退化、植物覆盖度小、植株低矮、鼠类密度较大的地段，而不应设在高凸处或沟谷底部；鹰墩规格与材料可因地制宜，如除上述山丹县的方法，也有将鹰墩设计为圆锥形，墩高 5.0～6.0m，锥底直径 1.5m；采用石块泥砌 3.0～4.0m 后上竖 2.0m 高的混凝土直杆，顶端固定一"十"字形架，规格为 0.50m×0.05m×0.05m；鹰墩之间的距离根据鹰的视野和活动规律以及鼠的

种群数量、密度来设置，一般墩距为200～600m。朱传富等（2001）在植株低矮的试验林地内人工设立猛禽栖息支架，方法为用长4m左右的支杆，上绑长3～4m的横杆1根，插入土中埋实，按每副支架控制0.5hm²均匀布设。猛禽栖息支架应以4～5m高为宜，一定要埋牢固，以手摇不动为宜；每副猛禽栖息支架可以有效控制0.7 hm²的林地；进一步的研究表明，在郁闭度0.4以下的母树林及人工林内均设立猛禽栖息支架招引猛禽，其防治森林害鼠的效果比较好。

目前的研究结果表明，人工设立猛禽栖息支架能够招引到猛禽，并可增加它们在该地区的逗留时间，甚至偶有过夜现象（猫头鹰除外）；设鹰墩区域害鼠数量较对照区域（未设鹰墩）有明显减少，表现在有效洞口率和植被破坏率较对照区域有明显降低（表7-1）；且招鹰设施设置时间越长，鼠类有效洞口率越低，说明招鹰灭鼠具有较好的持久性。

此外，朱天博等（1992）曾用高1m、长2m、宽2m，上盖杂草的树枝丫堆人工搭建黄鼬栖息场所，试验表明1km²内有3～5对黄鼬居住便可以控制当地鼠害。蛇的捕鼠能力很强，可以通过人工饲养繁殖蛇类再放回自然界达到控制鼠害的目的。

朱传富等（2001）进行了人工石堆招引蛇类控鼠的试验。方法为4月初在试验区人工堆石堆，石块为体积匀称、直径在20cm以上的河卵石，每堆分两层，摆放10块，摆放时石块间尽量留出空隙；石堆在林间按Z形堆放，每0.2hm²林地摆设一堆，并在每年的5月下旬和7月中旬调查招引情况。结果表明，人工堆石堆能够招引到蛇类，并有利于蛇类在该地块内常年居住，其试验林地蛇类数量是对照林的4.0倍，试验林鼠密度比对照减少了70.8%；郁闭度在0.4以上的母树林及人工林地块内，可采用堆石堆招引蛇类防治森林害鼠的方法。进一步的研究表明，石堆所用河卵石直径最好在25cm以上，堆放时必须留有空隙，并具隐蔽性。在我国南方一些种植甘蔗的地区，也有应用蛇类控制蔗田鼠害的报道，在此不一一列举。

2. 人工驯化天敌控鼠

20世纪50年代初国外曾开展了利用家猫控制鼠害的研究。在英格兰的5个农场里先施药灭鼠，然后再在其中4个农场中引入家猫，第五个作为对照。结果表明，当第五个农场鼠害猖獗时，其他4个农场几乎没有鼠害；Christian（1975）用金属耳标标记了一个农场的田鼠种群，同时逐步消减该农场所有家猫的人工喂食，再从猫粪中寻找金属耳标，结果发现16%以上田鼠的消失是由于家猫的捕食。

2004—2006年，广东省植物保护总站与广东省农业科学院植物保护研究所在广东省中山市开展了农田家猫野化控鼠的试验研究，考察了在农田野放家猫控鼠的可行性（表 7-2）。试验区设在中山市坦洲镇的一个独立的小岛上，小岛面积约 10hm²，主要作物有水稻、果树、甘蔗和部分蔬菜，作物布局为镶嵌种植。同时，选择作物布局和鼠密度均与试验区比较接近的 10hm² 农田作为对照区。2004 年 2 月开始，在试验区放养家猫，每 1.33 hm² 放养 1 对家猫；而对照区在每年的 2 月中旬和 8 月中旬使用 0.037 5% 杀鼠醚毒谷各灭鼠1 次。结果表明，整个试验期放猫区的平均鼠迹指数为 10.94%±1.53%，比放猫前降低 69.22%；而化学常规灭鼠区在每年灭鼠 2 次的情况下，鼠类数量的季节消长曲线呈 W 形，每年都出现 2 个明显的鼠密度高峰期，最高的达到37.14% 和 42.94%，平均鼠迹指数为 25.12%±4.17%，只比灭鼠前鼠密度减少 41.5%；此后连续两年，试验区鼠密度均处于低水平（图 7-1），各类农作物没有出现明显的鼠害；相比较化学灭鼠区而言，养猫控鼠区鼠类数量恢复慢，平均鼠密度低，过冬作物的鼠害较轻；无论是从维持低鼠密度的时间，还是从降低农作物的鼠害损失方面来看，家猫野化控鼠均比化学控鼠优势更为明显（表 7-2）。

表 7-2 猫粪便中鼠类皮毛及骨骼的检出结果

（引自冯志勇，2006）

时间 (月/年)	样本总数 （份）	鼠类皮毛及骨骼检出数			阳性率 （%）
		鼠皮毛检出数	皮毛+骨骼检出数	合计	
8/2004	49	16	3	19	38.77
2/2005	57	13	1	14	24.56
8/2005	42	8	2	10	23.81
合计	148	37	6	43	29.05

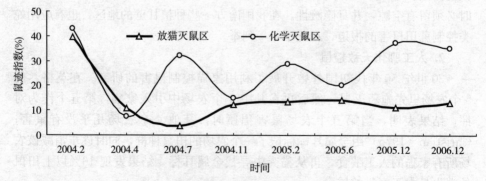

图 7-1 放猫后农田鼠类数量的消长动态

（引自冯志勇，2006）

狐狸是鼠类的主要天敌之一，由于近年来生态的恶化以及人类的捕杀，野生狐狸已经非常稀少，人工饲养狐狸再野化放养控制鼠害成为一条生物控鼠思路。内蒙古 2003 年起在部分地区进行了驯狐控鼠试验并取得了成功，根据内蒙古的成功经验，2003—2006 年，宁夏进行了分级野化训练并向 10 多个试验区投放银黑狐 123 只进行控鼠试验。调查结果表明，各投放区鼠害率普遍下降。其中，2003 年 5 月海原县南华山区黄鼠等地面鼠密度为 69 只/hm²，鼢鼠密度为 14 只/hm²，2004 年 4 月地面鼠密度下降为 3 只/hm²，鼢鼠密度下降为 8 只/hm²；此后，陕西、甘肃、青海、新疆等地也先后引进银黑狐控制本地的草原鼠害，均取得较满意的效果。经验表明，草原上 1 只狐狸可控制约 13.33hm² 范围的鼠害，按照狐狸的驯养成本 2 000 元/只、寿命 10a/只计算，每 667m² 草原每年的投入约为 1 元，大大降低了鼠害防控成本。

需要特别提出的是，在引用外来物种防控鼠害之前需要先进行引入物种对当地生态安全的风险评估。如对于内蒙古草原来说，银狐是一种外来物种，研究发现，银狐对于当地禽类产的卵破坏很大，尤其是在当地生态环境非常脆弱的情况下，这种矛盾就更突出了。其他如银狐人工繁育饲养中的人畜共患疾病的传播风险等，这些都必须进行有效评估。

利用天敌动物的气味来驱避害鼠也是一种正在尝试的新方法。Weldon 在实验室内观察了家鼠对蛇气味的反应，结果表明雄性家鼠似乎不能分辨蛇的气味，但雌鼠可以准确地分辨出地蛇（*Viriginia striatula*）（以蚯蚓为食）和鼠蛇（*Elaphe obsoleta*）（以鼠为食），并迅速回避后者的气味。Sullivan 等利用白鼬（*Mustela erminea*）和花鼬（*M. putorius*）的腺体混合物来驱避北方囊鼠（*Thomomy stalpoeta*），结果表明，两种腺体的混合物虽不能减少鼠类的数量，但急剧地改变了鼠类的分布：在试验果园的周边地区，都较施药前捕到更多的鼠，而试验果园内鼠的数量却明显减少。在实验室中也证实了囊鼠对狐粪中一种提取物有回避反应，对一种人工合成的类似化合物有微弱的回避反应。

自然条件下，鼠和天敌的关系是相互制约的，天敌数量的变化常略微滞后于鼠的数量变化，但长期来看，二者之间始终能保持相对的动态平衡。因此，对天敌灭鼠应当有正确的认识，既要重视，又不能依赖，在害鼠的可持续控制中体现天敌的作用才是一种相对正确的思路。在对鼠类天敌进行利用时，还必须对治理区域内天敌的捕食强度有较准确的判断，如果特定的捕食强度能够抑制害鼠种群并将其控制在不造成危害的范围内，就不必使用灭鼠剂或其他人为措施，这样也为天敌的生存创造了条件，有可能增加天敌的数量并继续强化天敌的作用；当害鼠数量大发生时，应采取其他有效措施以迅速杀灭害鼠，同时，在使用灭鼠剂时，要特别注意对天敌的保护，在鼠药的筛选和投饵技术上下工夫，尽可能减少天敌动物的二次中毒。

第三节　病原微生物控鼠

一、微生物灭鼠介绍

19世纪初，随着微生物学的发展，一些学者注意到从成批病死的鼠尸中分离到的致病菌不能感染人，但能使鼠感染甚至扩大流行，以达到消灭害鼠的目的。于是"微生物控鼠"应运而生。所谓微生物控鼠就是把自然界中一些对鼠类有选择致病性的病原微生物经实验室培养之后，以毒饵的形式投放到鼠类种群中，通过鼠类的活动或其他媒介在鼠类之间传播，使鼠发病死亡，以降低鼠类种群密度的方法。在选择微生物时，如其可借媒介传播，尤其是飞翔媒介，则传播范围更广，速度更快，灭鼠也更经济、高效。

微生物灭鼠法提出后很快引起各国防鼠工作者的兴趣，到19世纪90年代，法、德、俄等国科学家都先后从鼠尸中分离出致病力较强、能在鼠群中传播的沙门菌属（*Salmonela* spp.），这些菌经选育、纯化和鉴定后又被试用于现场灭鼠试验，均收到了预期的效果。1892年，德国人Loffler培养了鼠伤寒病菌（*Salmonella typhimarium*），用于防治田鼠；随后，丹麦科学家研制了专门的沙门氏菌类灭鼠剂并投放市场。21世纪60年代以后至21世纪初，有的国家使用依萨钦科氏菌加0.025％的杀鼠灵进行灭鼠，据称取得了较好的效果。澳大利亚采用黏液肿瘤病毒（*Marmoraceae myxomae*）防治野兔也取得很好的效果。总的来看，国外对微生物药剂灭鼠的应用较为广泛，制剂有液状、固体状、颗粒状等剂型，其中颗粒状应用较多；近年来，又出现了将微生物制剂与化学药剂进行混配以形成复方型混合毒饵的方法，毒效大大提高。

同其他灭鼠方法相比，病原微生物灭鼠的优点很明显：①病原微生物引起鼠类发病和致死的过程不是突然的，所以不易引起鼠类对毒饵的防御性反射，即使在强烈发病的情况下，也不会产生拒食现象；②菌饵投放后不仅能在投菌区造成鼠间严重的流行病，而且可以向周围非投菌区扩散蔓延，造成鼠类区域性的死亡，灭杀力较强；③用于灭鼠的病原微生物专一性强，且对鼠致病性强，能引起鼠体主要器官（肝、脾、肾）及肠道组织出血、坏死，成为不可逆的破坏；④可应用范围广，牧场、农田、森林、住宅、温室、仓库、果园等均可应用，同时不会造成环境污染；⑤微生物繁殖快，制剂的制备方法简单，培养基来源广，适于成批生产，有的制剂可以保存较长时间（一般长达6个月），便于远距离运输。

二、微生物灭鼠的特点

根据致病微生物的特点，微生物灭鼠比较适于鼠类高密度地区以及人稀地广的草原、森林，或用于灭鼠区边缘的保护带。在微生物控鼠的应用过程中，致病微生物的选择是需要解决的关键问题，主要需要考虑以下几个方面：①毒力，要求对人畜无害，在使用的过程中不发生变异而出现对人畜致病的变种；同时对鼠的毒力要强而稳定，不出现弱毒株，最好对多种鼠均有致病力；②免疫力，要求出现免疫个体的机会低，免疫维持时间短，同时不与其他微生物产生交叉免疫；③传播能力，所传疾病必须容易传播，能够使老鼠互相传染进而引起较大范围的流行。所以每种用于灭鼠的微生物的确定都需要预先进行大量的试验与比对。

常用的灭鼠微生物多数都是在鼠类发生动物流行病时，从鼠体中分离得到并经实验室选育鉴定所得的。据统计，目前微生物灭鼠中使用最多的仍是沙门菌属中的细菌，其次是某些病毒。一般说来，这些微生物的致病性均有很强的特异性，一般只对几种鼠致病力强，而且各个菌株能够致病的动物常不相同。所以只要选育的微生物合适，整个过程按规程操作，对非靶标动物还是比较安全的。

下面介绍几种使用较多的菌株：

但尼兹氏菌（*Salmonella danysz*）：从田鼠中分离，对小家鼠和田鼠有致病力，使用不多。

灭列兹科夫斯基氏菌（*S. typhispermophilorum*）：从黄鼠尸体上分离，对小家鼠、田鼠和小黄鼠有致病力。本菌近于球形，在肉汤中生长较好，长约$0.8\sim1.5\mu m$。

伊萨琴柯氏菌（*S. decumanicidum*）：由褐家鼠中分离，致病范围较广，对小家鼠、大林姬鼠、普通田鼠、社会田鼠、草原旅鼠、仓鼠、小黄鼠、沙鼠和各种大型家鼠均有致病力。

5170菌：苏联科学家从伊萨琴柯氏菌中选育出来的新株，长$1.515\mu m$，宽$0.5\sim0.8\mu m$。对褐家鼠、黑家鼠、水鼠䶄（*Arvicola terrestris*）、普通田鼠、社会田鼠、小家鼠和小黄鼠均有致病力，使用较多。

以上几种微生物的生理生化特征，在一般实验室即可鉴别。这些细菌的培养物大致可分为三类：一类是液体培养物，可用的培养基较多，如蛋白胨肉汤培养基、面包酵母培养基、啤酒酵母培养基、牛乳培养基和豌豆培养基等；另一类是浓缩的颗粒培养物，用谷物颗粒、纤维蛋白或骨屑等培养；还有一类是干培养物，即将颗粒培养物进行干燥处理，这类培养物可较长期地保存。在上述三类培养物中，液体培养物不能直接使用，须和适当的诱饵混合，制成菌饵再用；其他两种可直接使用。

三、微生物灭鼠的应用

从目前的经验看，在微生物灭鼠活动中要取得较高的灭效，需做到以下几点：①使用菌株的毒力达到在实验室内致死 60％以上的试验动物；②严格按操作规程制备菌饵；③严格从纯度、酸度和滴度等指标上控制质量；④诱饵必须适当；⑤除杀鼠灵外，不能和其他化学药物合用，以避免由于药物引起的拒食而降低效果。在做到以上几点后，为了保证长期的控制效果，还必须经常在控制点捕捉害鼠，测定其对菌株的感病性，发现害鼠感病性显著下降时马上更换菌株；同时还要注意，除菌饵灭鼠外，必要时还必须采取环境防治等措施开展综合治理。

虽然从理论上推测，利用病原微生物有可能造成鼠间疾病流行，但因影响因素很多，实际使用时效果可能并不理想或波动较大，尤其在环境温度低时，效果往往不佳。有些病原微生物本身也不易在鼠类种群内传播，更限制了微生物灭鼠的效果。还有一个不能忽视的问题：一种细菌或病毒在应用一段时间后，靶标动物会产生很强的免疫力，而在鼠类种群数量恢复后，由于种群的带菌或带毒率很高，使得该细菌或病毒很容易感染到鸟类等其他非靶标生物中，进而对人类造成威胁。国外曾发生过因使用细菌灭鼠而引起人类肠炎流行的事例；即使是目前使用最多的沙门氏菌，长期以来也是争议不断；另有报道称此类细菌引起的都是肠道传染病，在使用时虽有传染性，但波及范围往往有限（仅在投饵区外 10～20m 处有鼠感染），而且当鼠密度下降后，扩展范围还可能缩小，难以扩大流行。

就目前的状况看，利用病原微生物灭鼠，由于使用技术复杂、影响因素多以及经常使用可能引起的鼠类免疫力的增强而导致灭效下降、单种菌株的特异性过强等问题，一直没有取得较大进展。世界卫生组织在 1967 年声明"由于存在公共卫生问题，不推荐使用沙门菌灭鼠"，而美国、德国和英国等在 20 世纪末也都相继禁用微生物灭鼠。不过当前仍有一些国家在生产、使用和推广沙门菌灭鼠，据称不存在安全问题；在我国，有关部门认为只能在确保非靶标动物安全的条件下才能使用此类菌株灭鼠，目前的使用范围也很小。

四、微生物灭鼠的其他探索

20 世纪 70 年代，国内曾对鼠痘病毒（*Sculus marmorans*）的灭鼠前景进行过探索。结果表明此种病毒曾多次使实验室的小白鼠大量感染而患脱脚病，病毒的感染力也很强，传播很快；进一步的研究表明，鼠痘病毒对小家鼠有很强的致病力，用滴鼻、喷雾、污染饲料、同类残食与皮肤损伤等途径均能使之感染；不过，鼠痘病毒在使用中还存在一些问题，主要是鼠痘病毒的特异性过强，对体形较大的鼠如鼢鼠、鼠兔等均无致病力，限制了其使用范围。

除细菌、病毒外，有的体内寄生虫如吸虫、绦虫和线虫均能寄生于鼠体内，影响其健康，进而缩短其寿命。肝毛细线虫（*Capillaria hepatica*）即是最有代表性的一种。肝毛细线虫的生活史很独特，雌虫在寄主肝内产卵，待寄主死亡后，通过同类残食、食腐动物捕食等，卵从肝中释放，进入取食者体内并孵化寄生；腐食性节肢动物在鼠尸分解过程中的介入，帮助了虫卵的扩散，使肝毛细线虫在鼠群中可达到较高的感染率；也有一些其他种类的线虫能在鼠体中寄生，当寄主营养不良时加速其衰亡；还有一种属于肉孢子虫属的单细胞生物，可侵袭鼠的内脏，使肺部大出血，几天后死亡。这几种寄生虫对其他动物无害，且鼠类不产生免疫力，应用前景较好。事实上，多数寄生虫的特异性都很差，他们既能以鼠类为宿主，也能寄生于人体内，所以虽然在调查中发现鼠类体内有很多种寄生虫，部分寄生虫的感染率甚至超过 50%，但有灭鼠应用潜力的寄生虫并不多。

此外，寄生在鼠类身上的螨类对害鼠的生长、发育及繁殖也可产生一定的影响。如 1921 年 Hist 在我国陕西的鼢鼠体上采到的 *Hirstionyssus confucianus*、1975 年 Zemskaja 等在苏联东哈萨克北部的阿尔泰鼢鼠体上采到的 2 个赫刺螨新种 *Hirstionyssus myospllacis* 及 *H. minor* 等均是其中典型代表。我国科研工作者在这方面也做了大量的工作。1958 年刘政忠等在陕西黄龙鼢鼠体上也采到大量的赫刺螨，其中陕西赫刺螨（*H. shensiensis*）和黄龙赫刺螨（*H. huanglungensis*）为新种；在山西阳曲县发现中华鼢鼠体内和皮肤上也有 2 种寄生虫，一种为蝇（*Oestuomyia* sp.）的幼虫，寄生于鼢鼠的皮下，另一种为寄生于中华鼢鼠消化道内的一种线虫；在青海省却藏滩发现中华鼢鼠皮下有一种蝇（*Hgpoderm* sp.）幼虫寄生等。但目前这些螨类、蝇类的资料还很少，如何利用还有待于进一步研究。

总体而言，微生物灭鼠的历史虽然较长，微生物灭鼠的优势也很明显，但由于前述种种原因，在其应用方面的研究进展缓慢。目前，微生物灭鼠仍只能作为比较次要的方法应用于高鼠密度地区，或用于灭鼠区的边缘保护带，在与其他控鼠方法结合使用得当时，可以在较长的时间内，把鼠密度保持在较低水平。

第四节　植物源毒素控鼠

鼠类多属于杂食性，但是主要还是以植物的果实、种子、根等为食，这种取食行为给植物的生长造成一定的危害，而长期与鼠类的"头争"过程也诱导了许多植物自身产生某些具有特殊生物活性的次生物质，这些次生物质能对害鼠表现为毒杀、拒食（驱避）或抗生育等作用，以减少或消除鼠类对植物体的危害，直接或间接达到保护自己的作用。这些植物在人类的鼠害防治历史中曾发挥过相当重要的作用，《山海经》中就有无条可毒鼠的记载，西周时代已开始将有毒植物作为药用和杀虫；在第二次世界大战前曾用过士的年、红海葱等植物防治鼠害。20 世纪 40～50 年代化学合成鼠药逐渐兴起后，利用植物灭鼠也渐渐淡出人们的视野。近年来，随着传统化学农药带来的种种弊端日渐突出，许多急性、高毒的鼠药已被禁止使用，"对靶标鼠类高效、对非靶标生物安全、环境低残留"成为社会对理想鼠药的新的诉求，而新型化学鼠药的研发工作却进展缓慢，在这种情形下，植物源鼠药又重新进入专业工作者的视野并引来越来越多的关注。本节即简要介绍植物在鼠害控制中的研究与应用情况。

一、驱鼠植物及其应用

有些植物能够产生具有特殊气味或口感的次生物质，使鼠类不愿取食而远离。据报道，托里阿魏（*Fetula krylovii* Korov）、阜康阿魏（*Ferula fukanensis* K. M. Shen）、新疆阿魏（*Ferula sinkiangensis* K. M. Shen）等植物的根能挥发出气味浓烈的蒎烯及二硫化物，对害鼠具有强烈的驱避作用；苦豆子（*Sophora alopecuroides* L.）、天仙子（*Hyoscyamus niger* L.）、苦瓜（*Momordica charantia* L.）、北亚稠李（*Padus racemosa* var. *asiatica* Kom.）等植物也含有对害鼠具有较强驱避作用的化学成分，害鼠一般远离这些植物，在农田、果园、人工林地适当种植这些植物，可以减轻鼠类的危害。湖南省农业科学院植物保护研究所发现，薄荷（*Mentha haplocalyx*）、苎麻（*Boehmeria nivea*）和博落回（*Macleaya cordata*）等的鲜茎、叶含薄荷酮、黄酮、普洛托品及类白屈菜碱等，将其切成 1cm 左右的碎片后均匀地撒在水稻秧厢上，3d 后与对照比较，鼠迹阳性块数分别减少了 88.10%、96.07% 和 90.12%，秧田被害面积分别下降 78.56％～84.00％、82.67％～87.31％和 73.53％～80.00％，秧苗受害率下降 73.53％～87.31％。陈孝达等（1995）发现紫苏（*Perilla frutescens*）对鼢鼠具有明显的驱避作用，套种紫苏后，鼢鼠洞道走向明显改变，趋向于试验区外和未种的荒地；但套种紫苏密度过稀时对鼢鼠不起作用，而当紫苏密度达 80％以上时，油松林和果园的鼠害率为 0；紫苏采收种子后，其根、茎、叶在林地内逐渐腐化，对害鼠的驱避能力甚至可保持到第二年；王明春等（1999）发现林木间套种紫苏，其覆盖度达 80％以上时，可使林木免受鼢鼠的危害（表 7-3）。

表 7-3　不同生境下紫苏对林木的保护作用

（引自韩崇选）

地点	间作作物	面积（hm²）	鼠密度（只/hm²）	处理区林木保存率（％）	对照区林木保存率（％）
延安树木园	紫苏/马铃薯	0.20	18±0.89	95±1.43	65±5.05
甘泉崂山	紫苏/苹果	0.29	15±3.05	95±2.42	75±8.04
富县岔口	紫苏/油松	0.33	12±0.91	95±3.69	74±5.23
延安王家坪	紫苏/苹果	4	15±3.23	95±2.84	85±5.74
黄陵双龙	紫苏/油松	0.20	18±0.95	95±1.89	70±6.39

韩崇选等在调查中发现害鼠对蓖麻（*Ricinus communis*）有明显的忌避反应，在经济价值较高的果园、种子园和农田林网四周或行间套种蓖麻，除可以保护苗木不受害鼠危害外，还能增加果园的经济收益；在新疆蓖麻产区，采用蓖麻秸秆还田的方法可预防害鼠对林木的危害；戴忠平等证实毒芹中含的肉桂醛为肉桂酰胺（已知的一种驱避剂）的前体，在非选择性试验中，50％、15％的毒芹浓度对布氏田鼠的驱避率分别达到 67.60％和 41.92％，在选择性试验中，50％、15％的毒芹浓度对布氏田鼠的驱避率分别达到 68.83％和 41.56％，均显示出较强的驱避效果。

常见的驱鼠植物还有：芫荽（*Herba coriandri*），俗称香菜，是各地都有栽培的调味蔬菜，其叶子含洋芫荽脑，和粮食混在一起可防鼠害；黄毛蕊花（*Verbascum thapsiformis*），产于新疆、江苏、浙江及西南等地，属观赏性植物，其花能散发出鼠类不能忍受的特殊气味，可置于粮仓内驱鼠保粮，鲜株驱鼠效果更好；鼠见愁（*Cynoglossum amabile*），又名药用倒提壶，自古以来就是有名的驱鼠植物，其枝叶晒干后能发出使老鼠无法忍受的气味，"鼠闻之，避三舍"；苦豆子（*Sophora alopecuroides* L.）的全草含苦豆碱等多种生物碱，对鼠类驱避作用明显，还抗风沙、耐盐碱；天仙子（*Hyoscyamus niger* L.），全草含莨菪碱和东莨菪碱，常生于林边、田野、路旁等处，可驱鼠；苦瓜（*Momordica charantia*），别名癞葡萄、癞蛤蟆、凉瓜等，除供观赏外，还供菜用，驱鼠有效部位为果实，含苦瓜苷；稠李（*Prunus padus*），为蔷薇科李属落叶乔木，高可达13m，驱鼠有效部位为种子、叶、花、芽、皮，含苦杏仁甙、野樱甙，常生长于河岸，广泛分布于黑龙江、吉林、辽宁、河北、山西、山东、陕西、甘肃等地；缬草（*Valeriana officinalis*），别名欧缬草、满山香，多年生草本，高100～150cm，根茎有特异臭味，可驱鼠，常见于山坡草地，适于酸性肥沃土壤，陕西、甘肃、青海、新疆、四川、河北、河南、山东、山西、台湾、湖北等地均有分布。

还有一些植物由于长有叶刺，使老鼠不敢靠近而间接具有驱鼠作用，比如老鼠筋，又称老鼠怕、软骨牡丹等，为爵床科多年生刺灌木，叶缘有深波状带刺的齿，叶柄短，基部有一对锐利的刺，故又名"老鼠刺"，把它的枝条放在住宅周围，老鼠遇见不敢靠近，常见于滨海沙滩、潮湿地，我国南方沿海多有分布。

二、毒鼠植物及其毒性机理的研究

相对于植物源杀虫剂来说，针对植物源杀鼠剂的研究要少得多。事实上，很多植物都含具有杀鼠活性的物质。据报道，接骨木茎、叶中含有的生物碱、甾体成分、蒽醌及其苷类等化学成分具有一定的杀鼠活性，当饵料中接骨木含量为20％时，对小白鼠的毒杀率为80％；含量为15％时，毒杀率为30％；含量为10％时，毒杀率为10％。狼毒可引起鼠类腹泻、痉挛、昏迷死亡；羊踯躅（*Rhododendron molle*）又名闹羊花和六轴子，分布在长江流域各省（自治区、直辖市），其叶所含的杜鹃花素、古楠素等有毒物质是著名的麻醉药，把它配制成烟雾剂点燃后放入鼠洞，10min左右全洞老鼠都会死亡；毒芹（*Cicuta virosa* L.）杀鼠的主要活性成分为毒芹碱，对大仓鼠（*Cricetulus triton*）和布氏田鼠（*Microtus brandti*）的LD_{50}分别为7 mg/kg和9 mg/kg左右，达到剧毒水平；烟草（*Nicotiana tabacum* Linn.）全株均有毒，其叶的毒性最大，其有效成分烟碱对小白鼠同时具有急性毒力和慢性毒力；夹竹桃叶也具有杀鼠活性。韩崇选等（2004）对苦参、曼陀罗、铁棒锤、皂荚等20多种植物样品进行了杀鼠（小白鼠）活性的测定，结果表明，苦参根、曼陀罗、铁棒锤、接骨木、牛心朴（*Cynanchum komanovii*）、皂荚、大戟、牛皮消等均表现出较好的杀鼠活性（表7-4）。

表 7 - 4　参试植物样品及其对试验鼠的校正死亡率

样品名称	在饵料中的含量 (%)	给食天数 (d)	试验鼠校正死亡率 (%)
苦参（根）(*Sophora flavescens*)	20	3	100.0
苦参（茎、叶）	20	3	50.0
曼陀罗（种子）(*Datura stramonium* L.)	15	3	88.9
曼陀罗（茎）	15	3	70.0
曼陀罗（叶）	15	3	50.0
铁棒锤（根）(*Aconitum pendulum* Busch)	20	3	90.0
牛心朴（茎、叶）(*Cynanchum komanovii*)	10	6	90.0
皂荚（果实）(*Gleditsia sinensis*)	15	4	90.0
接骨木（茎、叶）(*Sambucus williamsii*)	20	3	80.0
大戟（根）(*Euphorbia pekinensis* Rupr.)	20	6	60.0
牛皮消（根）(*Cynanchum auriculatum*)	20	6	50.0

实际上，利用植物进行杀鼠在我国早有记载，在《中国土农药志》记载的403 种植物和《中国有毒植物》记载的 943 种植物中，除上述几个种类外，还有羊角拗（*Strophanthus divaricatus* Lour.）、皂荚（*Gleditsia sinensis*）、油桐（*Aleurites fordii* Hemsl.）、猫儿眼（*Euphorbia esula* Linn.）、狼毒大戟（*E. fischeriana* Steud.）、乳浆大戟（*E. esula* L.）、甘遂（*E. kansui* Liou）、蓖麻（*Ricinus communis* Linn.）、狼毒（*Stellera chamaejasme* Linn.）、耳叶牛皮消（*C. auriculatum* Royle）、洋金华（*D. metel* L.）、木鳖子（*Momordica cochinchinensis*）、天南星（*Arisaema erubescens* Schott）、半夏（*Pinellia ternate*）、牛心茄子（*Cerbera manghas* L.）、菖蒲（*Acorus calamus* L.）、蛇头草（*Arisaema japonicum* Bl.）、花叶万年青（*Dieffenbachia picta* Lodd. Schott）、灯油藤（*Celastrus paniculatus* Willd.）、雷公藤（*Tripterygium wilfordii* Hook. f.）、马桑（*Coriaria sinica* Maxim.）、醉鱼草（*Buddleja lindleyana* For.）、钩吻（*Gelsemium elegans* Benth）、商陆（*Phytolacca esculentavan*）、乌头（*Aconitum carmichaeli* Debx.）、短柄乌头（*A. brachypodum* Diels）、粗茎乌头（*A. crassicanle* W. T. Wang）、松潘乌头（*A. sungpanense* Hand. Mazz）、毒参（*Conium maculatum* L.）、颠茄（*Atropa belladonna* L.）、大叶柴胡（*Bupleurum longiradiatum* Turcz.）等植物均具有杀鼠作用，开发利用的前景广阔。而部分植物源鼠药已经得到开发或公开，CN 1033156A 的专利在 1989 年即公开了一种用巴豆（*Croton tiglium*

Linn.）、黄花乌头、马钱子、草乌等中草药提取物混合而成的植物源鼠药，效果良好；宋光泉等（2005）公开一种植物源杀鼠剂，其主要成分为蓖麻毒蛋白（Ricin）、蓖麻碱（Ricinine）、蓖麻变应原（Allergen），试鼠食入后一般在12～48h内即死亡。

三、导致鼠类产生不育作用的植物及其研究现状

从传统的避孕、绝育中药中筛选不育药物是鼠类药物不育控制的一个重要研究方向，我国中医药学在长期的积累中，发现很多植物都有一定的避孕、引产或绝育功能。近年来，我国科技工作者对能够导致鼠类产生不育作用的植物进行了大量的研究工作，研究结果证实了多种天然植物及其提取物的抗生育作用，较典型的如雷公藤、野棉花酚、槟榔、山海棠能影响雄鼠生殖能力；芫花能使雌鼠流产；急性子可抑制小白鼠排卵、促进卵巢萎缩，使小白鼠避孕或绝育；信子素（Embelin）、对香豆素酸（Arisfolicacid methylester）、间二甲氢醌、巴拉圭菊醇、褐煤醇、金雀花碱、天花粉蛋白、二碱萜原酸酯、芫花酯甲（Yanhua cine）及芫花酯乙（Yanhua dine）都具有很强的引产作用；原鸦片碱（Protopine）、紫堇醇灵碱（Corynoline）和异紫堇醇灵碱（Isocorynoline）3种生物碱，有终止早期妊娠的作用；从百合科植物中提取的秋水仙素，为抑制精子生成的物质；莪术（*Cureuma zedoria*）的醇浸膏、萜类、倍半萜类化合物有明显的抗早孕作用；印楝（*Azadirachta indica*）种子提取物印楝油（Neem oil）也具有显著的抗生育效果，其作用机制主要是干扰精子核蛋白的转换，还可能与细胞免疫介导有关；雷公藤的抗生育成分主要为雷公藤多甙，其次还有雷公藤甲素、雷公藤乙素和雷公藤氯丙酯醇等，也都具有抗生育活性的成分，在雷公藤大鼠抗生育试验中，基本无毒性剂量的雷公藤提取物可导致雄性大鼠不育，伴附睾精子密度、活率均有下降，说明雷公藤具有抗生育作用。此外，王士民等用昆明山海棠（*Tripterygium hypoglaucum*）根50％乙醇提取物按2.0g/kg剂量每周6次给成年雄性大鼠连续灌胃5周后，所有给药鼠均丧失生育能力；贾瑞鹏等对大鼠两侧附睾尾部注射川楝子（*Melia toosen-dan* Sieb. Zuec.）油，结果发现川楝子油可抑制睾丸生精细胞的生成并刺激非生精细胞使其合成代谢增加，表明川楝子油可影响睾丸生精功能，产生局部免疫性不育，但不影响雄性大鼠的睾丸酮分泌及性功能。

在植物性不育剂的应用上也有大量的成果。吉林省黄泥河林业局从棉子中提取棉酚添加粗制天花粉研制的植物性不育剂具有使用安全、无毒、不杀伤天敌、起效快、药效高、适口性好等特点，经过大面积的人工林鼠害防治试验，

可以有效降低鼠类种群密度 69.15%，对鼠类种群的繁育控制持续2～3a。张春美等在棉酚、天花粉混合药剂的基础上加入莪术粉，增强了对雌性害鼠的抗生育作用。叶文虎等在国际上首次将雷公藤的提取物雷公藤多甙应用到鼠类防治，并成功研制出贝奥雄性不育剂。王登等（2006）在室内研究了此不育剂对布氏田鼠、长爪沙鼠的不育控制原理，并证实了此药物在野外应用的可行性。庄凯勋等应用该植物不育剂进行大面积控制人工林鼠害的防治试验，结果表明药物应用后鼠类种群密度下降 69.15%，种群主要繁殖特征也受到影响，对鼠类种群繁育控制可持续 2～3a。以往的研究还发现，黑木耳（*Auricularia auricula*）、岗松（*Baeckea frutescens* Linn.）、马鞭草（*Verbena officinalis* Linn.）、金银花（*Flos lonicerae*）、穿心莲（*Ctenopharyngodon idellus*）、莪术（*Cureuma zedoria*）、黄连（*Coptis chinensis* Franch.）、紫草（*Arnebia euchroma* Royle Johnst）、甘遂、牛膝（*Achyranthis bidentatae*）、半夏、楝树（*Azadirachta indica*）、九里香（*Murraya paniculata* L. Jack）、鸡冠花（*Ceiosia cristat*）、蒲黄（*Pollen typhae*）、苦瓜（*Momordica saponins*）等植物均具有抗鼠类生育的作用，有待于在应用研究领域做更多的探讨。

植物源农药源于自然，易降解、无残留；其活性成分复杂，甚至能够同时作用于鼠类的多个器官，不利于害鼠产生抗药性，可以说对解决当前化学农药所引起的社会和环境问题具有重要意义，具有广阔的研发应用前景。然而，虽然目前理论研究较多，但能用于生产实践的产品还很少，其主要原因一是植物中有效成分是植物的次生代谢物，含量非常低，一般只有万分之几或千分之几，以目前的技术条件提取成本还比较高；二是提取物中的无效成分常常有明显的气味，有效成分本身也经常具有较大的气味而影响了鼠类对药物的接受性；另外，次生提取物中有效成分对靶标生物的选择性往往还难以控制，也在一定程度上限制了其使用价值。就目前来说，植物源灭鼠剂的开发和研究还有很多的问题需要解决。

第五节　肉毒梭菌毒素的应用

生物毒素是指动物、植物、微生物产生的具有一定化学结构和理化性质的毒性物质，多为特有的几种氨基酸组成的蛋白质单体或聚合体。目前，各国都在开展利用生物毒素灭鼠的研究，其中，肉毒梭菌（*Clostridium botulinum*）毒素（以下称肉毒素）即是其中最有代表性、应用范围较大的一种。

肉毒素是由肉毒梭菌产生的蛋白毒素，分为A、B、C、D、E、F、G共7个型，能引起人类中毒的主要是A、B、E 3种。肉毒素被血液吸收后，迅速作用于中枢神经的脑神经核和外围神经—肌肉神经连接处及神经末梢,抑制乙酰胆碱的释放,阻碍突触的传递功能,导致神经麻痹,是目前已知最强的神经麻痹毒素之一。肉毒素可与水混合,无异味;怕光怕热,在−4℃处时毒力可保持7~12个月,在37℃时毒力半衰周期为30d,60℃时30min完全失毒;一般冷冻保存,在干燥环境下性质稳定。

各型肉毒素对不同动物的毒力差异很大,目前用于鼠害防治的为C型和D型肉毒素。鼠体肉毒素中毒的潜伏期一般为12~48h,最短为3h;中毒鼠表现为精神委靡,眼、鼻分泌物增多,肌肉麻痹,全身瘫痪等,一般在2~4d内平稳死亡。肉毒素作为灭鼠药优势十分明显:对鼠类毒力高,如C型肉毒素对高原鼠兔、棕色田鼠、黑线姬鼠、褐家鼠与黄胸鼠的经口致死量达到125~500单位,灭鼠能力非常强;没有异味,对鼠类的适口性好;作用缓慢,克服了急性鼠药的缺点,灭鼠效果好;由于本身是大分子蛋白,可被蛋白酶分解,毒饵在田间投放3~6d,毒力就几乎消失,不会污染环境;对人、畜比较安全,试验表明猪、狗、猫、鸡服入100万U仍然存活。

正因为如此,国内对C型和D型肉毒素的应用技术做了大量的研究,部分地区已经开始使用肉毒素进行鼠害防治并取得了良好的控制效果。其中,王贵林等早在1988年就曾报道C型肉毒素对高原鼢鼠的杀灭率达到89.90%~93.84%,应用潜力巨大;乔峰等(1993)在杭锦旗使用C型肉毒素对长爪沙鼠进行了灭效试验,试验结果表明,700U/g和350U/g的毒饵灭洞率分别为87.55%和60.36%;谢红旗等(1998)采用C型肉毒梭菌生化杀鼠剂配制的小麦、红豆草草粉粒毒饵毒杀高原鼠、兔,结果表明,750∶1小麦毒饵小区灭洞率为93.2%,红豆草草粉粒毒饵小区灭洞率为95.7%,750∶1小麦毒饵大面积灭洞率为89.8%,750∶1红豆草草粉粒毒饵大面积灭洞率为93.5%,而且灭效持久、稳定;刘来利等(1999)研究了C型肉毒梭菌干燥毒素的LD_{50}、耐药性、蓄积中毒期、致畸性、毒饵残效期、保存期等特性以及其对小白鼠和高原鼠兔的灭效,结果表明干燥毒素在−15℃保存374d毒力不变,20~25℃室温下保存48h毒力不变,72h与96h毒力平均下降12.5%,为该灭鼠剂的实际应用提供了更充实的科学依据;汪志刚(1990)报道四川省试用C型肉毒素6 667hm²,平均有效灭洞率为86.3%,试验期未发生任何人畜中毒事故;王振飞(1991)在西藏地区应用该毒素杀灭高原鼠兔和草原田鼠,取得了满意的效果;四川省从1988年开始到2004年一直对A、C、D型肉毒素防治草原鼠害进行灭治试验和示范,2001年起在草原无鼠害示范区建设中继续广泛推广运用达242万hm²次,平均灭效达90%以上,使用期间未发生一起人畜中毒事故;内蒙古农牧业科学院植物保护研究所联合相关单位在2006

年应用 C 型肉毒素饵粒对乌拉特后旗草原害鼠进行了灭效试验，结果表明 C 型肉毒素饵粒 $750g/hm^2$、$1\,500g/hm^2$、$2\,250g/hm^2$ 和 $3\,000g/hm^2$ 投饵处理 7d 后防效为 $81.5\%\sim86.5\%$，无二次中毒现象，综合分析，以每公顷撒施 C 型肉毒素饵粒 $750\sim1\,500g$ 为宜；新疆哈密地区的应用表明，油葵毒饵和玉米 C 型肉毒素毒饵对柽柳沙鼠灭效平均达 90% 以上，毒饵对鼠类天敌没有杀伤作用。

　　由于肉毒素自身的理化性质，目前对于肉毒素的利用多集中在青海、新疆、内蒙古、西藏等西北部地区。使用过程中，因为所有的肉毒素已经经过除菌过滤，一般不会造成人畜感染；从中毒机制看，该毒素不会产生二次中毒，为防意外，工作人员可以提前注射肉毒梭菌疫苗进行免疫，万一误食，也可用其血清治疗。

第八章
鼠害的不育控制技术

第一节 不育控制的理论基础

鼠害防治专家张知彬（1995）对不育控制的定义为："不育控制（Contraception Control），就是借助某种技术和方法使雄性或雌性绝育，或阻碍胚胎着床发育，乃至阻断幼体的生长发育，以降低鼠类的生育率，控制其种群数量和密度。其实质上就是生育率控制（Birth Control）。它与传统化学灭杀策略截然不同，前者是降低种群的生育率，后者是增加种群的死亡率。但都是为了达到降低种群数量的目的。"

Knipling 于 1938 年提出了昆虫不育的概念（Smith，1966），随后Knipling 和 Davis 分别在 1959 年和 1961 年提出了调控鼠类生殖的概念。有效的控制方案必须考虑种群繁殖和社会行为。对于非密度制约型的种群，合适的策略是先采用致死的方法降低种群数量，然后再用生育控制来保持种群数量在一个可接受的水平；而对于密度制约型的种群，选择致死还是不育技术依赖于种属的特征、繁殖生物学和环境。生育控制与致死方法相比是否适宜依赖于很多因素，包括这个种群是开放的还是封闭的、种群数量、性别比例、年龄结构、种群增长率和死亡率。同时，了解繁殖行为和繁殖生理对成功地采用不育控制某一特定种群是十分重要的。选择最合适的不育剂，需要考虑的繁殖行为有：①该种群是季节性的还是年周期性的。②是一雄一雌制还是一雄多雌制。③是单次发情还是多次发情。④是否需要特定的食物、温度或者区域来取得繁殖的成功。其中的任何一个因素都可能影响某种特定不育剂的效果。从种群动态的角度看，生育控制手段适合控制小型野生动物种群，如屋顶鼠（*Ratrus rarrus*），棕头八哥（*Molothus ater*）和红嘴奎利亚雀（*Quelea quelea*），这些动物具有高生育力、低存活率和较短的生命周期（Dolbeer，1998；Fagerstone 等，2002）（图 8-1）；相反，生育控制对大型动物的控制效果比致死控制差，一些大型动物，如鹿（*Odocoileus* spp.）、郊狼（*Canis latrans*）、加拿大鹅

（*Branra canadensis*）和鸥（*Lams* spp.）等，这些动物大多生长到2～4a时才能繁殖并且与大多数的鼠类不同，它们每次生育的幼仔数较少，致死方法降低种群水平更有效，因此对于生命期长的野生动物（如鹿），在应用生育控制之前需要使用其他的控制手段来减少其数量。对鼠类种群来讲，生育控制被认为是一种比增加死亡率更合适更长效的控制方法。Knipling 和 McGuire 用鼠类模型对传统的灭鼠法和不育法进行了比较，结果显示从长远看不育法控制鼠类种群数量显著优于传统的灭鼠法。

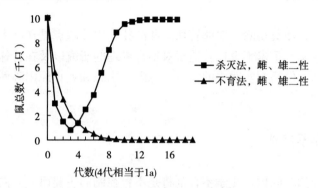

图8-1　2种不同的方法对鼠类种群的影响

（引自 Knipling 和 McGuire，1972）

注：杀灭法杀灭70%的鼠，连续施行3代；不育法使70%的雄鼠和雌鼠不育，连续施行3代。前者只有短期效果，而后者可使该种群灭绝。

　　不育控制可以直接作用于生殖细胞形成或生殖调控的各环节，以阻止正常的生殖过程。成功的生育控制方法需要具备以下条件：①可获得的药物或技术。②人道和低毒。③引起临时性或者永久性不育。④可以传播到一定数量的靶标种群，特别是对那些分布广、数量多的种群。⑤降低靶标种群的数量，减少危害到一个可以接受的水平。⑥对靶标种群产生最小的负面影响（如行为改变、破坏社会结构）。⑦靶标特异性。⑧对环境友好。⑨与其他传统方法相比是有效的。

　　从化学、内分泌学和免疫学角度诱导不育时必须考虑几个问题：①是否可逆，如阉割、避孕、抗孕。②药剂如何传递，通过诱饵、飞镖或是使用生物传递。

　　目前通常使用的不育控制方法包括手术不育，使用化学不育剂、拮抗剂（阻断正常的激素功能）、哺乳期抑制剂及免疫不育。一些植物也具有调控动物生殖的潜力。

第二节 不育控制技术

鼠类不育控制的技术有手术不育、化学不育剂、植物不育剂以及近年发展起来的免疫不育等。

一、手术不育

包括阉割、卵巢切除、输卵管切除和结扎，主要缺点是在高密度种群条件下缺乏实际意义。手术不育比较适于对不育机理的研究以及在特殊情况下对少量样本的处理，但是在实践中的捕捉、麻醉、病态和死亡原因等使它不适合野生鼠类。

二、化学不育剂

在相当长的时间内，化学不育剂将是不育控制的主要研究方向。化学不育剂是指在单性或双性中可以引起永久性或者是临时性不育，或者是通过某些生理机制来减少幼仔数或改变幼仔生育力的药剂。

主要有以下几类：合成的类固醇激素（左炔诺孕酮、炔雌醚），抗类固醇激素（孕激素拮抗剂），抗类固醇激素受体（己烯雌酚、RU486），促性腺激素释放激素（GnRH）竞争剂和拮抗剂（破坏内源激素功能），催乳素（PRL）阻断剂（影响哺乳和/或妊娠，如溴麦角环肽，卡麦角林）等。理想化学不育剂的特征包括：①引起永久性不育；②引起永久性的性行为丧失；③对雌雄两性均有效或者至少对雌性有效；④只需要一次性投递，口服有效（大多数是通过注射或者诱饵的口服传递）；⑤安全，对靶标、非靶标和人没有有害的副作用；⑥高效（在处理动物上有高成功率）；⑦技术可行；⑧组成稳定，便于储藏和田间条件下运输；⑨允许大范围应用，会产生某种程度的特异性；⑩价格低廉。

常用的化学不育剂是合成的类固醇激素，如合成的雌孕激素在 20 世纪 60～70 年代有大量的研究。左炔诺孕酮是一种合成的孕激素，通过埋置的方法缓慢释放，对家猫是一种有效的避孕药剂，可以阻碍交配和黄体活动。左炔诺孕酮证实在几个物种上是一种安全的，非病理型的化合物，但在控制白尾鹿上无效。醋酸美伦孕酮（MGA）埋置在控制曲角羚羊、阿拉伯羚羊和虎上是有效的避孕药剂。许多类固醇和非类固醇化合物可以抑制附植，破坏交配后事件。炔雌醇甲醚是一种合成的雌激素，在动物出生的头几天内可以通过母乳传递，会使两性幼仔不育。合成的类固醇激素是通过在雌性体内破坏排卵、附植或者在雄性体内破坏精子生成起作用的。口服或埋植只在短期内有效，需要反复使用，增加了成本。孕激素拮抗剂（对机体而言是难于降解和排出的）作为不育剂使用可以阻断妊娠，通过阻碍附植起作用。抗类固醇激素受体 RU486 可用于雌性大鼠和小鼠的生育控制。GnRH 的竞争剂作为不育剂对有袋类种群控制是一种可行的方法。GnRH 的拮抗剂（地洛瑞林）埋植可以抑制雌性袋鼠的生殖，因此这种药剂有应用在袋鼠生育控制上的潜力。其他的化学不育剂，如在睾丸内注射锌化葡萄糖酸盐对雄性狗和猫的生育控制是有效的。α-氯醇可产生毒性和持久的抗生育作用，用 α-氯醇来控制鼠害优于传统的杀鼠剂。几种不育化合物对雄性也有长效的不育影响，合成的雄激素已在雄鼠上使用。但雄性的化学不育剂一般只在鼠类种群处于低水平时才有效。因为对于相对高密度的一雄多雌制的鼠种，一年有多次繁殖，相对少的可育雄性个体即可以成功竞争到雌性。虽然不育个体竞争交配权可导致假孕，降低正常的妊娠，但是相同比例的不育雄鼠对幼仔数量产生的影响与相同比例不育雌鼠抑制效果有区别，但如果两性都不育，那么结果将是复合的。

使用化学不育剂不但能抑制鼠类数量的增长，还可能控制对灭鼠药有拒食性或抗药性的鼠类种群的发展。使用化学不育剂的最佳时机是在鼠密度最低时，如冬季结束时、发生旱情期间、鼠病流行结束时或在传统的灭鼠活动结束后。在应用化学不育剂时最好与传统的灭鼠药结合使用，即先用灭鼠药杀死尽量多的鼠，再用不育剂使存活的鼠处于不育状态，从而保持鼠类种群数量处于低水平。与单独使用不育剂相比，先用灭鼠药杀死大部分个体，能极大地降低使用不育剂的成本。当然也可以单独使用不育剂来防止鼠数量剧增，如防止小家鼠暴发。

三、植物不育剂

畜牧业中已发现一些天然的化合物可以降低家畜生育力。已发现超过 300 种植物中存在天然的植物雌激素。即使这些雌激素的化学结构差异很大，但对大多数动物的实验表明，持续给予植物雌激素可以破坏正常的发情周期。其主要机制是血管收缩性影响和神经激素失衡造成生殖功能异常。植物源不育剂在我国北方森林灭鼠中已取得了一定的效果，是一种安全、广谱的药剂。植物源不育剂是用具有抗生育作用天然植物中的提取物配制而成的。用以配制的混合饵料，对雌雄鼠生殖机能均有严重破坏性，起到生殖阻断作用，可在短时期内使种群数量降到 10％ 以下。它具有起效快、药效高、适口性好、药源广、成本低、不污染环境、无二次中毒、不误杀有益动物、连续投放使用不产生抗药性的优点（张春美 等，2001）。

以棉酚和天花粉、雷公藤、莪术醇为主要成分的植物不育剂已用于鼠害的防治，其作用机制和应用技术已有明显突破。

四、免疫不育

国外目前以免疫不育为发展趋势。免疫不育就是借助不育疫苗使动物产生破坏自身生殖激素、生殖细胞或相关组织的抗体，从而破坏了正常生殖物质的生理活性，阻断生殖过程（图 8-2）。在靶标动物上诱导的抗体可以破坏生殖而不需要连续使用，起始处理即可维持 1～4a 的有效期。免疫不育为控制多种野生动物的种群数量提供了技术保障。如果有合适的传递系统，免疫不育也可以应用于鼠类。理想的免疫不育可以阻碍妊娠但不破坏机体内分泌功能和繁殖及社会行为。免疫不育的优点主要有：①无致死作用，副作用小，不育可逆，对人畜等非靶标动物十分安全；②不育疫苗是蛋白质，易降解，无环境污染问题；③所需有效剂量极低，为传统灭杀或不育剂的几百分之一。

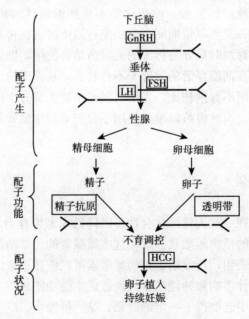

图 8-2 免疫不育的可能作用位点

(Gupta 和 Bansal，2010)

GnRH：促性腺激素释放激素　FSH：促卵泡素　LH：促黄体素　HCG：绒毛膜促性腺激素

这些优点使免疫不育成为当今动物数量控制研究的热点，从人道性和长期性来看是有效的（Tyndale-Biscoe，1994）。免疫不育疫苗可以被设计破坏繁殖的各个阶段：①配子（精子和卵子）的产生；②配子的功能，导致受精的阻断；③配子的结果即受精后阶段（妊娠）。使用不育疫苗可以阻断繁殖过程中的许多位点（图 8-3）。

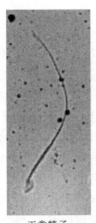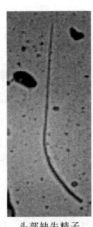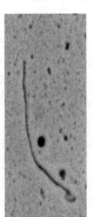

正常精子　　　　　头部缺失精子　　　　　断尾精子

图 8-3　精子涂片

1. 生殖激素（雄激素或雌激素）**类不育剂**

GnRH 可以刺激卵泡刺激素（FSH）和促黄体激素（LH）的合成和分泌，这两种激素都是由前垂体分泌的并且通过反馈机制影响雌雄激素的分泌从而影响卵巢和睾丸的功能。

2. 透明带

免疫疫苗防止受精的作用位点主要有两个：一是精子表面对受精有重要作用的蛋白质；二是那些参与精子与卵子外衣结合的蛋白，即透明带。透明带是卵子的外衣，受精时精子结合的位点。最常用的透明带疫苗是猪透明带蛋白（PZP），其可以刺激雌性哺乳动物产生抗体黏附在卵子表面，阻碍精子结合因而阻断受精。

3. 通过防止附植和受精卵的发育来阻断胚胎的发育

理想的不育疫苗应具备以下特点：①既可阻断受精又可阻断早期胚胎发育；②主要作用于雌性生殖器官；③具有种属特异性；④能够激发持久的免疫反应；⑤不破坏动物正常的社会功能。

此外，还应包括在应用条件下的稳定性和使用的简便性，可规模化生产及低成本。选择最合适的疫苗传递系统依赖许多因子，如载体中抗原的种类（糖基化的或是非糖基化的）、传递系统的安全性、载体免疫反应的类型、抗原的有效保护（不被胃蛋白消化）。对人类来讲，理想的不育疫苗可对受试者产生100％的有效免疫反应。然而，对于野生动物来讲却不是绝对的要求，一种免疫不育疫苗作用于雌性动物并且有 50％～80％ 的作用效率对控制野生动物数量来说就是有效的。免疫不育疫苗为野生动物管理提供了一个显著的保障。

目前已经有免疫不育疫苗的研究获得进展，包括抗卵子、精子和促性腺激素。而目前最具有普遍意义的是猪透明带蛋白（PZP），当注射到机体后会产生抗透明带的抗体，抗体会阻止精子结合到透明带上的精子受体上，从而阻止受精，出现不育。由于这些受体是保守的，因此 PZP 可以阻止多种哺乳动物的生殖。PZP 疫苗在野外条件下是安全的，可以有效使用于野马、非洲象、白尾鹿、野兔、考拉和灰海豹，以及其他的物种，降低这些免疫动物的生育力。猪透明带会导致大多数哺乳动物不育，在所有哺乳动物中，鼠类的透明带是特有的，因此猪的透明带对鼠类是无效的，而鼠的透明带疫苗又不影响其他的非靶标动物，这为免疫不育应用于鼠类控制提供了可能。通过对兔的免疫不育研究发现了 3 个问题：①多少比例的个体不育才可以减少种群的危害；②个体的特异性，是否可以持续到整个生命周期；③通过结合的黏液瘤病毒传播疫苗，这些黏液瘤病毒可以竞争过野外的病毒类群，并且可以传递给一定数量的个体。

这 3 个问题在鼠类免疫不育上同样需要认真对待。使用痘病毒或者是鼠的巨细胞病毒携带的免疫不育疫苗在小鼠上具有很好的不育效果。其他免疫不育疫苗如 GnRH、FSH 和 LH 所产生的抗体能够显著降低性激素水平，从而影响动物的性行为。由于 GnRH 位于调控的顶端，其变化具有放大作用，所以只需极其微量的抗体便可使动物长期绝育，抗 GnRH 疫苗还具有抑制雌、雄性行为的优点。

由此可见，免疫不育的前景很好。不育疫苗既可以产生可逆又可以产生不可逆的生育阻碍。然而，当前阻滞疫苗发展的关键是投递。通过飞镖和诱饵口服的方式是主要的研究点。既能通过自然传染而传播也能通过诱饵来传播的种属特异性的病毒载体可确保免疫不育广泛的应用于野生动物种群控制。目前正在发展一种基因工程病毒载体携带的免疫不育技术，用来控制野生动物数量如欧洲兔、家鼠和猫。对于控制鼠类的不育疫苗的传播，病毒自我散播有自我调控的优点，但这依赖于种群密度。免疫不育同样适宜口服，经口传递免疫不育疫苗可能是更加合适的方式，因为撒播诱饵和收集剩下的诱饵与杀鼠剂诱饵的操作是相似的。

五、不育剂潜在的问题

许多不育剂对人和动物都有潜在的副作用，如造成卵巢结构或是功能的改变，对动物妊娠具有破坏性影响，抑制分娩或者造成难产，哺乳或者乳腺的改变及幼仔性比的改变，对幼仔生育力的影响，对睾丸结构或功能的影响，第二性征的改变，体重的改变，行为的改变，每年繁殖季节的改变，其他的生理和病理性的改变，如水肿和炎症反应、毒性，同时不育剂还会对种群和进化产生影响，甚至引发疾病传播。不育剂的多样性也意味着次生影响的多样性。化学不育剂的残留会对非靶标物种产生威胁，少量的类固醇激素即可造成生殖结构的改变，并对非靶标动物有副作用。免疫不育可能造成靶标种群基因的改变，这将会影响疾病的抗性。因此使用不育剂需要严格执行安全标准。

第三节　棉酚的不育效果

棉酚是从棉籽中分离提取的一种酚类物质。棉酚可作用于睾丸中的精子细胞，破坏粗线期线粒体嵴呼吸链的结构，导致氧化磷酸化解偶联，影响精子中ATP的合成，致使精子能量缺乏而死亡。抗生育机理研究表明棉酚能抑制精子获取能量和顶体酶反应，并且抑制精子细胞 T 型 Ca^{2+} 流。棉酚还具有选择性的抑制睾丸和精子中的乳酸脱氢酶 X 的作用。

实验表明棉酚的不育作用随药物剂量的增加而增加（李根等，2010）。65mg/kg 和 100mg/kg 剂量组试鼠死亡率分别达到了 43％和 57.1％，死亡时间分别集中在 9~24d 和 10~15d，并且试鼠被毛粗糙无光泽，少数表现为厌食、排尿失禁。尸检发现胃肠膨胀、胃幽门梗阻、食物不下。睾丸表层有淤血，出现血睾现象；而 10mg/kg、20mg/kg、35mg/kg 3 个剂量组未出现试鼠死亡；这说明棉酚有一定的毒性，且高于 65mg/kg 的剂量对试鼠有致死作用。

表 8-1　棉酚对布氏田鼠睾丸、附睾脏器系数的作用

剂量（mg/kg）	睾丸脏器系数（％）	附睾脏器系数（％）
100	1.77±0.10[abc]	0.21±0.018[b]
60	1.50±0.22[bc]	0.21±0.043[b]
35	1.37±0.11[c]	0.18±0.025[b]
20	1.91±0.17[abc]	0.21±0.052[b]
10	2.08±0.15[ab]	0.33±0.020[a]
对照	3.61±0.28[a]	0.34±0.046[a]

注：不同字母表示差异显著。

灌药4周后剖杀测定睾丸和附睾的脏器系数。由表8-1可见，60mg/kg剂量组睾丸脏器系数与对照组相比都形成显著差异（$P<0.05$），而35mg/kg组与对照组间差异达到极显著水平；其他剂量组与对照组间差异不显著。各剂量组附睾的脏器系数除了10mg/kg外，其他各剂量组与对照组都形成了显著差异（$P<0.05$）；睾丸、附睾体积的测定结果表明：棉酚对睾丸、附睾体积影响不显著，未发现睾丸、附睾萎缩现象；这说明棉酚对布氏田鼠的主要生殖器官有很大影响，主要表现在长期灌药后睾丸、附睾主要脏器系数下降。这与林统先在醋酸棉酚对褐家鼠抗生育作用的研究中得出的结果基本一致。

棉酚对布氏田鼠精子品质的影响明显，与对照组相比差异显著。用药组与对照组精子密度、畸形率、精子活力的测定结果见表8-2。在附睾中有片状脱落的精子细胞和精母细胞，并且有头部缺失、断尾和顶体帽缺失的精子。与对照组相比，除10mg/kg组外其他剂量组都与对照组显著差异；并且随着用药剂量的增加，精子密度整体呈下降趋势；精子的畸形率随用药剂量的增加也呈增长趋势。图8-3为畸形精子形态。用药组畸形率与对照之间差异显著。而20mg/kg、35mg/kg和60mg/kg之间差异不显著；对照组运动的精子可以达到88%，60mg/kg组运动的精子只有16%，而35mg/kg组运动的精子为18%。

表8-2　棉酚对布氏田鼠精子品质的影响

剂量 （mg/kg）	精子密度 （$\times10^6$/ml）	畸形率 （%）	精子活力（%）	
			运动	不动
100	271.53±55.52[d]	72.20	49.37±1.31[a]	27.80±3.87[bc]
60	303.78±6.40[d]	84.00	37.70±1.21[ab]	16.00±1.72[d]
35	326.75±32.7[cd]	75.18	38.00±4.10[ab]	18.70±4.38[d]
20	399.38±18.78[bc]	81.30	42.27±1.97[ab]	24.82±2.24[bcd]
10	488.70±19.05[ab]	66.88	30.83±6.38[b]	33.12±3.85[b]
对照	552.03±23.90[a]	12.42	12.86±3.31[c]	87.58±3.43[a]

注：不同字母表示差异显著。

对照组睾丸曲细精管的生精上皮细胞层次整齐，管腔内充满各级精母细胞，各级精母细胞正常发育。而在处理组中，睾丸生精上皮细胞发生一系列细胞学变化。生精上皮细胞层减少，生精上皮细胞内出现空泡、核固化、核破裂和细胞溶解现象。可以看到形成精子细胞和精母细胞的多核巨细胞的脱落现象。生精小管出现萎缩。生精小管中仅有一层睾丸细胞和精原细胞。睾丸曲细精管内生精细胞、间质细胞和支持细胞受损，甚至脱落解体，使管腔空虚，出现溃疡，有些管腔内仅存少量精原细胞，并且排列疏松，脱落明显（图8-4）。

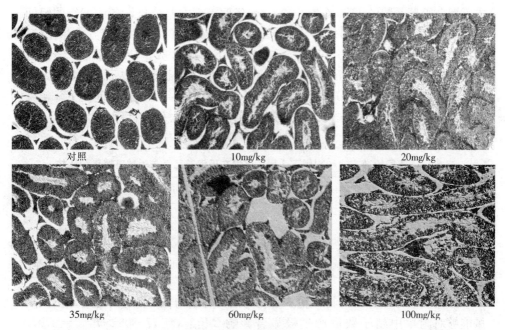

对照　　　　　　10mg/kg　　　　　　20mg/kg

35mg/kg　　　　　　60mg/kg　　　　　　100mg/kg

图 8-4　睾丸切片

棉酚具有明显的抑制精子产生的作用，由于棉酚损害睾丸组织中各生精细胞、间质细胞和支持细胞，导致生精功能下降、精子数减少、活力下降、畸形率增加。其作用的主要部位先是对较敏感的精子和晚期精子细胞，其次是各级精母细胞。

棉酚剂量在 20～100mg/kg 时对雄性布氏田鼠有明显的抗生育效应，主要表现在附睾尾部精子死亡、精子数目减少、畸形率高；睾丸、附睾脏器系数显著下降；睾丸曲精细管出现退化，生殖上皮出现空泡，生精小管出现萎缩。但高剂量的棉酚对布氏田鼠有致死作用，所以棉酚抗生育作用的有效剂量在20～35mg/kg。

由于棉酚具有毒性，剂量在 60～100mg/kg 时就能引起布氏田鼠死亡，因此在该剂量范围内的棉酚有"双重作用"，一是对试鼠有明显的抗生育效应，二是对试鼠有灭杀作用。

第四节　雷公藤制剂的不育效果

从中草药卫茅科（Celastraceae）雷公藤（*Tripterygium wilfordii*）中提取的雷公藤制剂作用对象是雄鼠。试验表明，120mg/kg 和 160mg/kg 剂量造成了睾丸脏器系数的下降（表 8-3），但经两因素方差分析，各浓度组的组间差异不明显（$F_{(3,21)}=2.197 < F_{0.05}=3.07$，$P>0.05$）。两种给药方式相比较，二者之间的差异亦不显著（$F_{(1,21)}=0.314 < F_{0.05}=4.32$，$P>0.05$）。经两因素方差分析检验，各用药组与对照组相比较，雷公藤制剂造成了附睾脏器系数的显著下降（$F_{(3,21)}=5.216 > F_{0.05}=3.07$，$P<0.05$），但各浓度间的下降幅度差异不显著。两种给药方式比较，其组间差异显著（$F_{(1,21)}=7.122 > F_{0.05}=4.32$，$P<0.05$）。

表 8-3　不同给药方式和剂量下 4 周后雄性布氏田鼠睾丸与附睾脏器系数比较

器官	80mg/kg		120mg/kg		160mg/kg		对照
	强制给药	自由取食	强制给药	自由取食	强制给药	自由取食	
睾丸	0.938±0.171	0.909±0.014	0.828±0.198	0.915±0.017	0.692±0.280	0.855±0.110	0.896±0.076 8
附睾	0.175±0.031	0.134±0.003	0.145±0.039	0.132±0.102	0.150±0.029 1	0.123±0.005	0.212±0.044 5

经两因素方差分析可得，精子密度与活力各组均与对照差异显著。不同剂量能够对附睾中精子数量产生极显著影响（$F_{(3,21)}=17.305 > F_{0.05}=3.07$，$P<0.05$），且随药物剂量的升高呈下降趋势。经多重比较发现：160mg/kg 组与 120mg/kg、80mg/kg 组之间存在明显差异，比较两种给药方式，其组间差异不显著（$F_{(1,21)}=0.345 < F_{0.05}=4.32$，$P>0.05$）。不同处理后的雄鼠附睾内的精子密度比较如表 8-4 所示。

试验观察了精子的运动，两因素方差分析检验表明，雷公藤可导致布氏田鼠精子活力的显著下降（$F_{(3,21)}=14.839 > F_{0.05}=3.07$，$P<0.05$）。经多重比较可知，中、高剂量组与低剂量浓度组差异显著，各剂量组与对照组之间均有显著差异。对比两种给药方式，组间差异不显著（$F_{(1,21)}=3.582 < F_{0.05}=4.32$，$P>0.05$）。

表 8-4　不同处理精子密度与精子活力比较

剂量 (mg/kg)	精子密度（4×10^6 个/ml）		精子活力（%）	
	强制给药	自由取食	强制给药	自由取食
对照	/	130.0±4.3	/	53.3±5.3
80	102.5±46.2	97.5±12.6	46.4±3.5	40.8±3.0
120	88.8±7.8	85.0±17.1	39.3±2.7	30.5±6.0
160	57.5±10.4	62.5±6.5	29.3±12.3	27.0±11.3

精子畸形率在 400 倍镜下观察，畸形精子判断为与正常精子存在明显差异

的精子，如无头部、无顶体帽、头尾断裂、无尾部等多种异常改变。表 8-5
列出了不同处理的精子畸形率及比例：对数据在 $\alpha=0.01$ 水平上作两因素方差
分析（可排除 $\alpha=0.05$ 水平上的区组间变异），剂量增加可导致布氏田鼠精子
畸形率的显著上升（$F_{(3,21)}=25.718>F_{0.01}=4.87$，$P<0.01$）。多重比较分析
发现，其中 80mg/kg 组与对照组组间差异不显著。而 120mg/kg 和 160mg/kg
组间差异明显，且都与对照组有显著差异；两种给药方式相比较，对精子致畸
的影响效果差异不显著（$F_{(1,21)}=6.252<F_{0.01}=8.02$，$P>0.01$）。畸形精子
（无头、断尾、顶体帽缺失）的比例无明显的规律。

给药后 4 周精子形态涂片观察，精子形态如图 8-5 所示。

表 8-5　精子畸形率比较

剂量 (mg/kg)	畸形率（%）		畸形比例（%）					
			无头		断尾		顶体帽缺失	
	强制给药	自由取食	强制给药	自由取食	强制给药	自由取食	强制给药	自由取食
对照	/	18.8±3.6	/	27.3	/	24.2	/	48.5
80	20.1±3.4	21.5±3.7	25.8	37.5	30.1	35.0	44.1	27.5
120	26.9±4.7	29.7±5.9	17.1	20.0	32.2	41.9	50.7	38.1
160	33.7±6.5	38.5±8.9	19.6	27.3	48.6	39.0	31.8	33.7

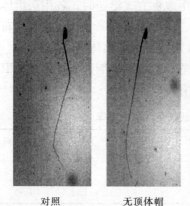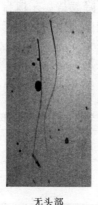

　　　对照　　　　　无顶体帽　　　　无头部　　　　　断尾

图 8-5　正常精子与畸形精子对比（×400）

结果表明，雷公藤制剂不仅可以造成布氏田鼠精子畸形率的显著上升，而
且能够达到导致该鼠种精子多种畸形的效果。如图 8-5 所示，畸形种类包括无
头、断尾及顶体帽缺失三大类。

布氏田鼠不同浓度用药组与对照组睾丸组织学切片如图8-6所示。

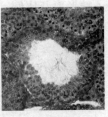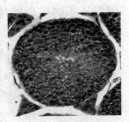

对照　　　　　　80mg/kg　　　　　　120mg/kg　　　　　　160mg/kg

图8-6　布氏田鼠自由取食用药组与对照组睾丸组织学切片（×400）

可以看出，用药组的睾丸组织与对照组相比出现了明显的变化。表现在曲细精管腔内呈溃疡状改变，大部分管腔空虚，细胞疏松，上皮变薄，各级精细胞不同程度受损，腔内出现脱落退化细胞，在高倍镜下还可观察到已经形成的畸形精子。随用药浓度的升高，曲细精管腔内的溃疡状改变越来越明显，管腔空虚程度越来越大。

雷公藤对发育的影响表现为采取连续强制给药方式给药时，雷公藤制剂对布氏田鼠的体重有较明显的影响：对照组在试验期间发育良好，体重呈明显上升趋势；80mg/kg组的体重变化趋势基本与对照组相似；120mg/kg组的体重在给药第一周明显下降，在随后的三周内逐步回升；160mg/kg组的体重在给药后的试验期间均呈下降趋势。采取自由取食方式给药时，各用药组体重的变化趋势基本与对照组相似：用药一周后，体重明显下降（初步推断与布氏田鼠对自由取食的喂食方式不适应有关），在随后的三周内体重逐渐上升。

繁殖试验中雌鼠繁殖率见表8-6，在120mg/kg剂量下导致布氏田鼠繁殖率及繁殖数量的下降。产下的幼仔中没有发现畸形。

表8-6　给药后布氏田鼠雌鼠繁殖率

剂量（mg/kg）	繁殖母鼠（只）	繁殖量（只）	繁殖率（%）
对照	12	75	100
120	5	25	50

雷公藤制剂主要有效成分为雷公藤多苷（Multi-glycosides of Tripyerygi-um Wilford），是以卫矛科（Celastraceae）雷公藤属植物雷公藤（*Tripterygi-um wilfordii*）为原料粗提而成的。雷公藤对更新率较快的组织和细胞表现出明显的毒性作用，如显著抑制睾丸生精细胞、卵巢的卵泡细胞的生成。根据对睾丸脏器系数及睾丸组织的观测结果，表明雷公藤制剂对睾丸的影响小于附睾。

其原因可能是：①该药剂对布氏田鼠的主要作用位点并非睾丸组织；②血-睾屏障（Blood-testis Barrier）的存在：该屏障可以阻滞一些大分子物质进入管腔，同时也可以防止一些精子抗原物质溢出到小管外；而且这种屏障结构为精母细胞和精子的发育创造了适宜的微环境。

雷公藤制剂不仅会导致精子密度、活力下降，畸形（无头、断尾、顶体帽缺失）率的上升，随着用药剂量的增加，还会使精子活力上呈现衰弱状态，具体表现为：精子外形纤细，游动缓慢，快速死亡。

雷公藤制剂可以导致长爪沙鼠幼仔畸形。虽然没有发现畸形的布氏田鼠幼仔，但是雷公藤制剂是否能够导致后代畸形，仍需进一步的验证。布氏田鼠在连续摄入该药后，会产生不育效果。由此可以推测，在野外实际用药时（情况更接近于自由取食的方式），雷公藤制剂能够达到使布氏田鼠不育的效果。至于具体的野外使用剂量、投药方式和对其他动物的毒性必须进行更全面的生态学研究，证明其符合有害生物综合治理（IPM）各方面的要求后才能大规模使用。

根据布氏田鼠在给药期间的体重变化趋势可以推断：自由取食的情况下，该药剂各剂量对布氏田鼠发育无明显影响；在连续强制给药的条件下，80mg/kg组未影响该鼠的正常发育；120mg/kg组在用药初期可能对发育造成不良影响；160mg/kg组对布氏田鼠的身体发育有明显的副作用。

第五节　左炔诺孕酮的不育效果

左炔诺孕酮主要是通过影响卵泡的发生、排卵、黄体形成、精子穿透、受精、附植及内膜功能来起作用的，但对其作用机制仍缺乏足够的认识。左炔诺孕酮起作用的时间段很短，即在优势卵泡选择之后 LH 峰值升起之前，离排卵时间越近效率越低。左炔诺孕酮在排卵前使用比排卵后使用效果更加明显，排卵前使用可以破坏卵泡的正常生长和激素活性，排卵后使用不能破坏黄体功能和内膜形态。

左炔诺孕酮在血液和乳汁中达到峰值的时间分别为 1～4h 和 2～4h，乳汁中左炔诺孕酮的浓度与血样中的浓度是平行的，但是比例很低，乳汁中左炔诺孕酮的浓度可以快速降低。研究显示母体循环中的合成孕激素成分可以传递到乳汁，并可以被幼儿的胃肠系统所吸收。从母体血清中转移到乳汁中的左炔诺孕酮的比例在合剂中约为 9%，而在单剂中为 6%；从乳汁中转移到幼儿体内的比例合剂为 12%，单剂为 38%。雌孕激素对 PRL 均具有抑制作用，而两种激素在哺乳期水平降低，PRL 可以促进乳汁的分泌。结合口服避孕药可以通过减少产乳量和促使哺乳期过早结束来起作用。许多研究发现结合避孕药对哺乳有有害影响，而左炔诺孕酮单剂不影响哺乳和幼儿体重的增加。炔雌醚可以引起乳汁分泌量的降低，但对哺乳有负面影响，同时在一定程度上造成幼仔生育力的降低。

左炔诺孕酮处理后，长爪沙鼠的取食习惯未发生改变，但体重增加，且随着剂量升高而升高，在左炔诺孕酮 $0.9\mu g/g$ 和 $2.7\mu g/g$ 组达到极显著水平（$P<0.01$）。卵巢性腺指数逐渐降低，但未达到显著水平，子宫性腺指数没有显著性变化。炔雌醚处理后，长爪沙鼠体重也增加，且除 $2.7\mu g/g$ 组外都达到显著水平。体重改变和剂量之间呈显著的负相关性（$r=-0.392$，$P<0.01$）。炔雌醚处理后，卵巢的性腺指数降低，除了 $0.9\mu g/g$ 组，各组之间无显著差异；子宫性腺指数升高，而且 $0.1\sim 0.9\mu g/g$ 组显著高于对照组（$P<0.05$）。$0.1\mu g/g$、$0.3\mu g/g$、$0.9\mu g/g$、$2.7\mu g/g$ 组子宫水肿率分别为 60%、100%、100% 和 80%。

左炔诺孕酮处理后，雌性长爪沙鼠发情周期正常。炔雌醚处理后，规则的发情周期被破坏，出现持续发情，且随着剂量的增加，出现持续发情的时间缩短。在 $0.1\mu g/g$、$0.3\mu g/g$、$0.9\mu g/g$、$2.7\mu g/g$ 组，出现持续发情的时间分别是（4.50 ± 0.34）d、（4.1 ± 0.43）d、（4.00 ± 0.33）d、和（3.75 ± 0.41）d，而且无显著性差异。

左炔诺孕酮处理后，FSH 和 LH 水平逐渐升高，雌二醇（E2）和孕酮（P4）水平逐渐降低（图8-7）。其中 $0.9\mu g/g$ [（12.14 ± 0.72）mIU/ml] 和 $2.7\mu g/g$[（14.78 ± 1.37）mIU/ml] 组 FSH 水平显著高于对照组[（7.29 ± 1.04）mIU/ml]、$0.1\mu g/g$[（8.46 ± 0.85）mIU/ml]、$0.3\mu g/g$[（10.18 ± 1.11）mIU/ml，$P<0.05$] 组。血清 LH 水平在 $2.7\mu g/g$ [（22.499 ± 3.69）mIU/ml]组 显著高于 $1.8\mu g/g$[（19.90 ± 1.19）mIU/ml]、$0.9\mu g/g$[（18.35 ± 1.49）mIU/ml]、$0.3\mu g/g$[（14.57 ± 1.41）mIU/ml]组和对照组[（13.13 ± 1.70）mIU/ml]。左炔诺孕酮剂量与血清 FSH 和 LH 水平之间分别具有显著的正相关性（$r=0.708$，$P<0.01$；$r=0.512$，$P<0.01$）。血清 E2 水平对照组[（35.19 ± 6.04）pg/ml] 显著高于 $0.3\mu g/g$[（17.98 ± 1.67）pg/ml]、$0.9\mu g/g$[（16.38 ± 1.55）pg/ml]和 $2.7\mu g/g$[（12.92 ± 2.27）pg/ml，$P<0.05$] 组，但与 $0.1\mu g/g$[（21.66 ± 1.74）pg/ml]组之间无显著性差异。血清 P4 水平对照组 [（11.35 ± 1.80）ng/ml] 显著高于 $0.3\mu g/g$[（6.33 ± 0.98）ng/ml]、$0.9\mu g/g$[（4.96 ± 0.83）ng/ml]和 $2.7\mu g/g$[（4.75 ± 0.76）ng/ml，$P<0.05$] 组，与 $0.1\mu g/g$[（6.69 ± 1.04）ng/ml]组之间无显著性差异。左炔诺孕酮剂量与血清 E2 和 P4 水平之间分别呈显著负相关性（$r=-0.408$，$P<0.05$；$r=-0.422$，$P<0.05$）。

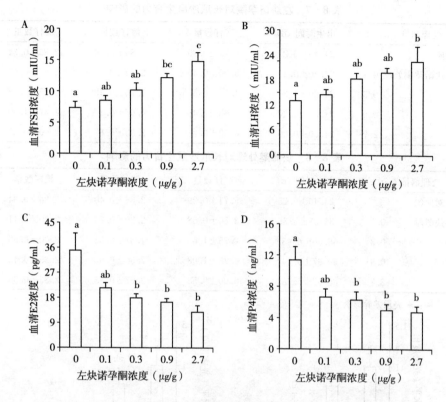

图 8-7 不同剂量左炔诺孕酮对雌性长爪沙鼠血清生殖激素水平的影响

注：不同字母表示差异显著。

左炔诺孕酮处理后妊娠时间处理组和对照组之间无显著性差异。尽管产仔数量随着处理剂量的升高而降低，但各组之间产仔总数及雌雄比均无显著性差异（表 8-7）。炔雌醚处理后，在正常妊娠时间内长爪沙鼠均不能妊娠产仔，但经过一定时间后又可以恢复产仔。幼仔出生的时间随着剂量升高而延长，其中 $0.3\mu g/g$、$0.9\mu g/g$、$2.7\ \mu g/g$ 组显著高于 $0.1\ \mu g/g$ 组和对照组。幼仔出生时间与剂量之间有显著的正相关性（$r=0.79$，$P<0.01$）。生育力恢复后，产仔数及雌雄比处理组和对照组之间无显著性差异（表 8-8）。

左炔诺孕酮对卵巢生殖激素受体表达的影响在时间组试验中，结果显示 $100\ \mu g/g$ 左炔诺孕酮处理后，卵巢 FSHRmRNA，LHRmRNA，ERβmRNA 和 PRmRNA 水平逐渐降低，而且分别在处理后第 6d，4d，2d 和 6d 达到显著水平（$P<0.05$）（图 8-8）。ERαmRNA 水平在 $100\ \mu g/g$ 左炔诺孕酮处理后，没有显著性变化。

表8-7　左炔诺孕酮对长爪沙鼠生育力的影响

处理剂量（μg/g）		出生时间（d）	产仔数量	雌仔数量	雄仔数量
对照		24.40±0.25	5.71±0.29	2.86±0.40	2.86±0.34
左炔诺孕酮处理	0.1	24.20±0.20	5.00±0.45	2.40±0.25	2.60±0.51
	0.3	24.20±0.20	4.50±0.65	1.75±0.48	2.75±0.48
	0.9	24.20±0.20	4.33±1.45	1.67±0.33	2.67±1.20
	2.7	24.00±0.00	4.33±0.33	2.33±0.67	2.00±0.58

表8-8　炔雌醚处理对长爪沙鼠生育力的影响

处理剂量（μg/g）		出生时间（d）	产仔数量	雌仔数量	雄仔数量
对照组		24.40±0.25	5.71±0.29	2.86±0.40	2.86±0.34
炔雌醚	0.1	39.33±5.36	3.80±0.58	2.20±0.20	2.00±0.41
	0.3	66.00±6.43*	2.75±1.03	1.67±0.33	2.00±0.58
	0.9	69.67±9.14*	4.75±1.03	2.50±0.65	2.25±0.48
	2.7	86.67±5.78*	6.00±0.58	3.67±0.33	2.33±0.33

注：*表示差异显著。

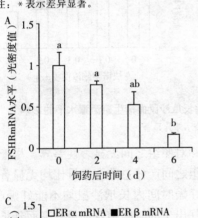

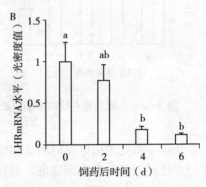

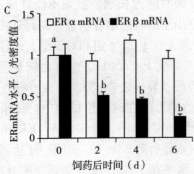

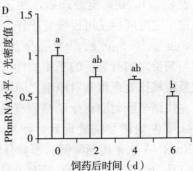

图8-8　左炔诺孕酮对卵巢生殖激素受体表达的时间性影响

注：不同字母表示差异显著。

在剂量性实验中，随着左炔诺孕酮处理剂量的升高，卵巢 FSHRmRNA，LHRmRNA，ERβmRNA 和 PRmRNA 水平逐渐降低，而且 FSHRmRNA，LHRmRNA 和 PRmRNA 水平在 100 μg/g 左炔诺孕酮处理后达到显著水平（$P<0.05$），ERαmRNA 和 ERβmRNA 水平在不同剂量左炔诺孕酮处理后没有显著性变化（图 8-9）。

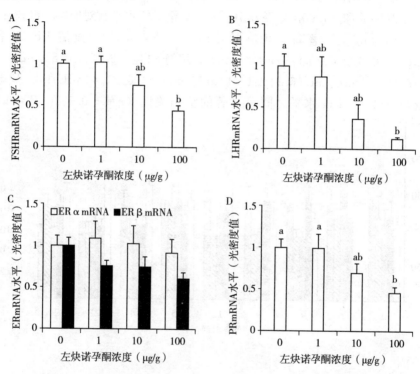

图 8-9　左炔诺孕酮对卵巢生殖激素受体表达的剂量性影响
不同字母表示差异显著

第六节　炔雌醚的不育效果

炔雌醚是一种合成的雌激素，由于其能储存于脂肪组织并能缓慢释放，因而具有长效性。炔雌醚在体内是通过转化为炔雌醇（EE）来起作用的。高剂量的炔雌醚可能具有直接抑制性腺的作用，而低剂量时可能破坏附植或者是阻碍精卵的结合，但不影响卵巢功能。炔雌醇口服后可快速被吸收，在两小时内即在血液中达到峰值，炔雌醇的半衰期为 7~12h。炔雌醇经肠道及肝代谢，生物利用率仅为38%～48%，其他的雌激素在传递到靶组织之前也被广泛的代谢。

炔雌醚处理后血清FSH和LH水平逐渐降低，而E2和P4水平逐渐升高（图8-10）。血清FSH水平对照组［（9.59±0.24）mIU/ml］显著高于炔雌醚处理组（$P < 0.05$），血清FSH水平在0.1μg/g、0.3μg/g、0.9μg/g、2.7μg/g组分别是（5.91±0.61）mIU/ml、（5.02±0.78）mIU/ml、（4.49±0.78）mIU/ml和（4.00±0.78）mIU/ml。血清LH水平在对照组［（13.98±0.48）mIU/ml］显著高于炔雌醚处理组（$P < 0.05$），血清LH水平在0.1μg/g、0.3μg/g、0.9μg/g、2.7μg/g组分别是（9.17±0.83）mIU/ml、（8.87±1.11）mIU/ml、（6.14±1.31）mIU/ml、（5.00±1.4）mIU/ml。炔雌醚剂量与FSH和LH水平之间呈显著的负相关性（$r = -0.532$，$P < 0.05$；

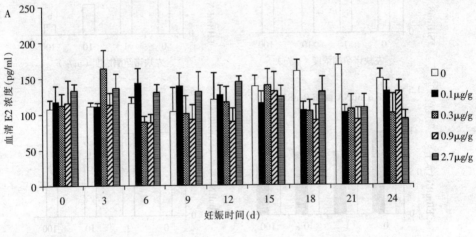

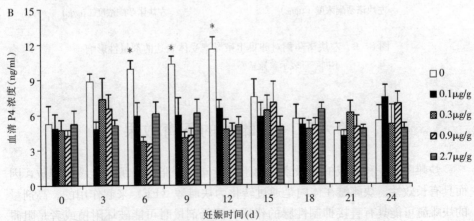

图8-10 炔雌醚对长爪沙鼠妊娠期雌孕激素水平的影响

＊ 表示差异显著

$r=-0.648$，$P<0.01$）。血清 E2 水平2.7 $\mu g/g$组[（121.97±39.49）pg/ml，$P<0.05$]显著高于其他组，E2 水平在 0.1$\mu g/g$、0.3$\mu g/g$、0.9$\mu g/g$、2.7$\mu g/g$组分别为 （18.68±2.17）mIU/ml、（17.18±5.67）mIU/ml、（21.85±0.79）pg/ml、（37.38±3.22）pg/ml。血清 P4 水平 0.9 $\mu g/g$ 组[（15.01±0.86）ng/ml]和2.7 $\mu g/g$ 组[（18.67±0.97）ng/ml]显著高于对照组[（5.45±0.75）ng/ml]、0.1 $\mu g/g$ 组[（4.68±1.30）ng/ml]和0.3 $\mu g/g$ 组[（6.98±1.01）ng/ml，$P<0.05$]。炔雌醚剂量与 E2 和 P4 水平之间呈显著的正相关性（$r=0.838$，$P<0.01$，$r=-0.902$，$P<0.01$）。

炔雌醚处理后，妊娠期 E2 水平在各组之间无显著性差异。对照组 E2 水平在妊娠期第 0d[（107.98±11.40）pg/ml]和第 3d[（111.13±5.34）pg/ml]高于处理组，但是处理组 E2 水平在第18d[（159.54±15.56）pg/ml]、第 21d[（168.12±15.55）pg/ml]和第24d[（148.22±13.54）pg/ml]高于对照组。对照组 P4 水平从妊娠期第 0d 到妊娠第 15d 高于处理组，并且在妊娠第 6d[（9.89±0.77）ng/ml]、第 9d[（10.31±0.67）ng/ml]和第12d[（11.56±1.02）ng/ml，$P<0.05$]显著高于处理组。P4 水平从妊娠第 18d 至第 24d 处理组和对照组之间无显著性差异。

炔雌醚处理后，长爪沙鼠体重、子宫性腺指数升高，而卵巢的性腺指数降低，这种结果与大鼠和小鼠相似。在试验中体重与剂量之间有显著的负相关性，这与雌激素物质具有刺激子宫生长的作用有所不同。在炔雌醚处理后，长爪沙鼠出现持续的发情状态，并且随着剂量的增加持续发情的时间缩短，这与其他研究结果一致。在鼠类中雌激素能使阴道上皮细胞角质化，而上皮细胞的角质化是与发情相联系的。长爪沙鼠中出现的持续发情状态可能是由炔雌醚显著的雌激素作用引起的。

炔雌醚处理后促性腺激素水平降低，这可能是造成卵巢只有生长卵泡而缺乏成熟卵泡和黄体的主要原因，这种结果同样出现在大鼠中。炔雌醚抑制促性腺激素与它可以储存于脂肪和脑组织中的特性紧密相关，这与前人的研究结果相一致，促性腺激素水平与炔雌醚剂量之间显著的负相关性可能也与炔雌醚的这种特性有关。炔雌醚可以阻止大鼠和女性排卵的现象已有研究报道。对于炔雌醚处理后 E2 和 P4 水平升高的原因仍不是十分清楚，需进一步研究。长爪沙鼠子宫出现水肿现象，这与大鼠上的研究结果相似，而对于子宫水肿的原因也不是十分清楚，可能与异常的雌孕激素水平有关。长爪沙鼠的生殖激素与炔雌醚的剂量呈正相关或负相关。然而，炔雌醚的剂量与卵巢和子宫的性腺指数之间无显著的相关性。更高剂量的炔雌醚使子宫性腺指数下降的现象在大鼠和小鼠中已有发现，这可能与子宫的雌激素受体水平有关。对于生殖激素水平和性腺指数之间的不一致性需要更多的研究。

长爪沙鼠正常的妊娠时间为 24～26d，在试验中正常妊娠时间内没有长爪沙鼠妊娠，卵巢功能异常、子宫的水肿和妊娠期异常的雌孕激素水平是导致妊娠失败的重要原因。子宫的水肿将不利于精子穿透和转移，而变薄的子宫肌层和内膜层将不利于胚胎的附植。雌孕激素对妊娠期来说是重要的生殖激素，而长爪沙鼠妊娠期 E2 和 P4 水平的变动规律是与其妊娠状态紧密相连的。在长爪沙鼠妊娠前半期高水平的 P4 对成功的妊娠很重要，然而，炔雌醚处理后长爪沙鼠妊娠期 P4 水平低于对照组。在分娩前升高的 E2 和降低的 P4 水平对长爪沙鼠分娩是必需的，而炔雌醚处理后 E2 水平在妊娠第 18 天至 24 天水平降低。炔雌醚处理后，经过不同时间，长爪沙鼠的生育力会恢复，这与前人的研究结果一致。尽管生育力恢复后平均的产仔数有所降低，但是除了高剂量组外，各组的雌雄比仍接近于 1∶1，这与前人的研究结果一致。长爪沙鼠生育力恢复的现象在大鼠中也发现过。出生时间随着炔雌醚剂量的增加而延长，而且二者之间具有显著的正相关性，这充分展示了炔雌醚在长爪沙鼠中具有延长的抑制生育力的作用。

第七节　不育控制的实践

采用左炔诺孕酮-炔雌醚合剂（简称 EP-1）对内蒙古鄂尔多斯地区长爪沙鼠处理导致其种群结构变化如图 8-11 所示。幼体、亚成体、成体组成比例在 3 个区具有明显的不同特点：在 4～9 月种群繁殖期，对照区的幼体在种群中的比例持续增加，由 2.2% 增加到 36.4%。不育剂区在 4 月下旬有极少量幼体出生，之后的 5～7 月一直没有幼体出生，虽然在 8 月和 9 月种群又恢复幼体出生，但在种群中所占比例均较小，分别为 16.7% 和 10%。毒饵区 4～6 月均未捕获长爪沙鼠，7 月捕获的全部为成体，8～9 月有幼体出现，但在种群中所占比例亦较小，分别为 12.5% 和 8.3%（图 8-12）。差异性分析可知，不育剂区与毒饵区幼体组成差异不显著（$F_{(2,14)}=0.26$，$P>0.05$），而成体组成差异显著（$F_{(2,14)}=5.89$，$P<0.05$），对照区与毒饵区成体组成差异不显著（$F_{(2,14)}=1.70$，$P>0.05$），对照区与不育剂区成体组成差异也不显著（$F_{(2,14)}=2.87$，$P>0.05$）。4～10 月，不育剂区成体比例均值为 0.83±0.11，对照区为 0.66±0.04，毒饵区为 0.42±0.08，不育剂区明显高于其他 2 个区。即使在长爪沙鼠越冬前的秋季（9～10 月），不育剂区成体比例为 0.68±0.01，对照区为 0.59±0.01，毒饵区为 0.52±0.01，不育剂区成体比例也明显高于其他 2 个区。因此，不育剂区的种群结构为明显的下降型种群结构。

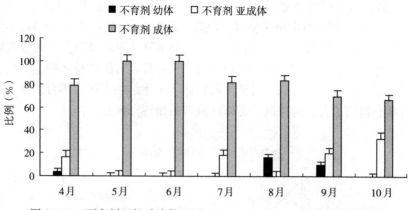

图 8-11 不育剂区长爪沙鼠（*Meriones unguiculatus*）种群年龄结构

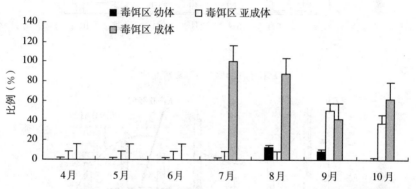

图 8-12 毒饵区长爪沙鼠（*Meriones unguiculatus*）种群年龄结构

EP-1 和毒饵对长爪沙鼠种群密度的影响表现为，对照区幼体自 4 月下旬开始出现，一直持续到 9 月下旬，捕获率在 0.22%～1.33% 之间，7 月下旬最低为 0.22%，9 月下旬最高为 1.33%，幼体种群数量变化呈增加趋势（$R_1^2 = 0.926\ 0$）；总体种群捕获率在 3.67%～20.89% 之间，9 月和 10 月下旬最低为 3.67%，4 月下旬最高为 20.89%，总体种群数量呈上升趋势（$R_2^2 = 0.994\ 4$）。不育剂区幼体分别出现在 4 月、8 月和 9 月下旬，捕获率较低，在 0.22%～0.44% 之间，幼体种群数量呈下降趋势（$R_3^2 = 0.855\ 2$）；总体种群捕获率为 0.44%～5.33%，也呈下降趋势（$R_4^2 = 0.512\ 6$）。毒饵区幼体在 8 月和 9 月出现，捕获率较低，2 个月均为 0.5%，种群变化趋势不明显，而总体种群捕获率在 2.0%～10.67% 之间，呈持续上升趋势（$R_5^2 = 0.991\ 8$）。差异分析可知，4～10 月，3 种处理相互之间的幼体种群数量差异均不显著

（$P > 0.05$）；而总体种群数量，不育剂区与对照区差异显著（$F_{(2,14)} = 4.83$，$P < 0.05$），不育剂区与毒饵区差异不显著（$F_{(2,14)} = 0.01$，$P > 0.05$），毒饵区与对照区差异亦不显著（$F_{(2,14)} = 3.03$，$P > 0.05$）（图8-13）。不同处理区长爪沙鼠总体种群数量动态如图8-14所示，4～10月，对照区总体种群数量始终高于不育剂区，而在8月和9月低于毒饵区。上述结果表明，不育剂区长爪沙鼠种群增长得到了有效的控制，毒饵区种群数量逐渐恢复。

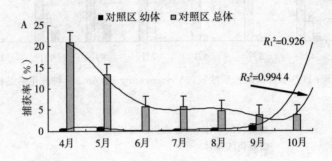

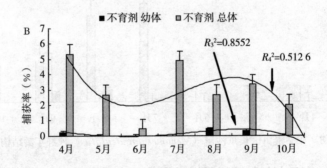

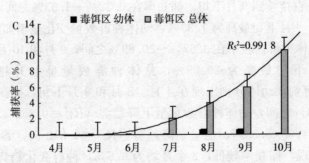

图8-13　不育剂区长爪沙鼠（*Meriones unguiculatus*）种群数量变化趋势比较

A. 对照区　B. EP-1控制区　C. 杀鼠剂控制区

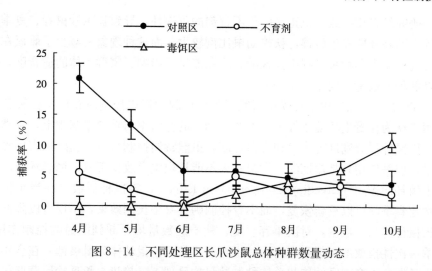

图8-14　不同处理区长爪沙鼠总体种群数量动态

　　不育剂区在春季和夏季两个繁殖期出生的幼体极少，种群全年均以成体为主，毒饵区种群在7月开始恢复，以成体为主。在全年生长发育期，不育剂区成体比例远高于另外两个区，即使在秋季也是同样情况。夏武平等（1982）对长爪沙鼠种群结构研究认为，当年秋季成年个体的比例较大，预示次年种群数量增长缓慢甚至下降。秋季是长爪沙鼠越冬前的关键时期，当年鼠是翌年春季种群的繁殖主体，了解当年鼠在秋季（9～10月）种群中的比例是预测翌年种群数量发展的重要指标。不育剂区春季和夏季繁殖期间出生的幼体比对照区明显减少，即秋季的当年鼠大量减少，而毒饵区种群开始恢复后，秋季全部为当年鼠。可见，不育控制使得长爪沙鼠种群结构发生了明显改变，在全年生长发育期种群为下降型。毒饵控制虽然也改变了种群结构，但从整个生长发育期看，仍然为增长型种群。

　　张锦伟等（2011）研究了EP-1对雄性长爪沙鼠的抗生育作用，结果显示试验组精子平均畸形率、睾丸曲细精管平均异常率均显著高于对照组，对照组繁殖率为55.6%，而试验组均未繁殖，说明EP-1对雄性长爪沙鼠具有明显的抗生育作用。霍秀芳等（2007）研究了EP-1对雌性长爪沙鼠的不育效果，结果显示试验组子宫、卵巢的形态及其脏器系数、卵巢组织均较对照组有显著变化，表明EP-1对雌性长爪沙鼠有生殖抑制作用。春季投放不育剂后，4月虽然由于偶然没有采食不育剂饵料的个体有生育现象出现，但是幼体的数量很低，此后的5～7月幼体均未出生，说明EP-1对长爪沙鼠野生种群具有明显的繁殖抑制作用，与上述研究结果是一致的。而不育剂区在8月和9月长爪沙鼠又恢复了繁殖，是由于不育剂的可逆性，这与沈伟等（2011）对试验种群的研究结果相一致。也正是由于不育剂的可逆性，导致长爪沙鼠春、夏季正常的繁殖高峰期发生后移，秋季幼鼠比例较大。而这种现象又减少了雌鼠在秋季必要的觅食和贮粮过程中投入的时间和能量，影响了家群个体的适合度，进而降低种群数量（刘伟 等，2004）。

　　Shi 等（2002）用统计模型研究了不育控制和毒饵控制对布氏田鼠种群的作用，认为在野生环境条件下、不改变动物的存活率与繁殖率基础上，春季对布氏田鼠种群分别进行不育和毒饵控制，虽然毒饵控制可以快速降低害鼠种群数量，但是作用只是短期的。毒饵杀灭不能从根本上改变害鼠的栖息环境，由于生殖补偿作用（Breeding Compensation Effect），害鼠种群数量在当年秋季和次年春季就可以重新恢复，而不育控制则具有中长期效果，不仅可以降低布氏田鼠种群当年数量，对次年春、夏、秋季的数量均可起到明显的控制作用。春季一次性投放不育剂和毒饵后，不育剂区长爪沙鼠幼体数量极低，在全年繁殖生长期，不育剂区幼体和总体种群数量均呈现下降趋势。长爪沙鼠营群居生活，属于密度制约型种群。由于密度依赖作用，不育个体继续占有领域，消耗资源，保持社群压力，降低了种群恢复的速度，特别是当不育个体为优势个体时，社群压力会更加明显。由于竞争性繁殖干扰（Competitively Reproductive Interference）的作用，使正常个体不能参与繁殖，因此种群数量得以有效控制。在毒饵区，4～6月毒饵杀灭起到了明显的控制作用，但自7月起种群开始回升，捕获率由7月的2.0%上升到10月的10.67%，是7月的5.3倍，达到试验研究初期4月对照区捕获率的51.1%。说明毒饵杀灭只有4、5、6三个月的控制作用。长爪沙鼠越冬前的秋季（9～10月）种群已恢复到对照区种群初期（4～5月）数量的48.7%，近50%。而不育剂区秋季种群数量只是对照区初期种群数量的15.6%。虽然野生种群的实际情况较理想模型预测要复杂的多，但EP-1对中长期持续控制长爪沙鼠种群增长是有利的。

➤ 参考文献

阿娟，付和平，施大钊，等，2012. EP-1与溴敌隆对长爪沙鼠野生种群增长的控制作用 [J]. 植物保护学报，39（2）：166-170.

付和平，张锦伟，施大钊，等，2011. EP-1不育剂对长爪沙鼠野生种群增长的控制作用 [J]. 兽类学报，31（4）：404-411.

霍秀芳，王登，郭永旺，等，2008. 雷公藤制剂对雄性长爪沙鼠繁殖功能的影响 [J]. 兽类学报，28（3）：305-310.

李根，郭永旺，吴新平，等，2009. 棉酚对雄性布氏田鼠的不育作用 [J]. 中国媒介生物学及控制杂志，20（5）：404-406.

李季萌，郑敏，郭永旺，等，2009. 雷公藤制剂对雄性布氏田鼠的不育作用 [J]. 兽类学报，29 (1)：69 - 74.

张亮亮，施大钊，王登，2009. 不同不育比例对布氏田鼠种群增长的影响 [J]. 草地学报，
17 (6)：830 - 833.

郑敏，郭永旺，嵇莉莉，等，2008. 环丙醇类制剂对雄性布氏田鼠的不育作用 [J]. 植物保
护学报，35 (1)：93 -94.

Lv X H，Guo Y，Shi D，2012. Effects of quinestrol on reproductive hormone expression，
secretion，and receptor levels in female Mongolian gerbils (*Meriones unguiculatus*) [J].
Theriogenology，77 (6)：1223 - 1231.

Lv X H，Shi D Z，2012. Combined Effects of levonorgestrel and quinestrol on reproductive
hormone levels and their receptor expression in female Mongolian gerbils (*Meriones unguic-
ulatus*) [J]. Zoological Science，29 (1)：37 - 42.

Lv X H，Shi D Z，2011. Effects of levonorgestrel on reproductive hormone levels and their
receptor expression in Mongolian gerbils (*Meriones unguiculatus*) [J]. Experimental Ani-
mals，60 (4)：363 - 371.

Lv X H，Shi D Z，2011. The effects of quinestrol as a contraceptive in Mongolian gerbils
(*Meriones unguiculatus*) [J]. Experimental Animals，60 (5)：489 - 496.

Lv X H，Shi D Z，2011. Variations in serum gonadotropin and prolactin levels during consec-
utive reproductive states in Mongolian gerbils (*Meriones unguiculatus*) [J]. Experimental
Animals，60 (2)：169 - 176.

Lv X H，Shi D Z，2010. Variations of Serum Estradiol and Progesterone Levels during Con-
secutive Reproductive States in Mongolian Gerbils (*Meriones unguiculatus*) [J]. Experi-
mental Animals，59 (2)：231 - 237.

Shen W，Shi D Z，Wang D，et al，2011. Inhibitive effects of quinestrol on male testes in
Mongolian gerbils (*Meriones unguiculatus*) [J]. Research in Veterinary Science. Doi：
10. 1016/j. rvsc. 2011. 10. 010.

Shen W，Shi D Z，2011. Effects of quinestrol on reproductive organs of male Mongolian ger-
bils (*Meriones unguiculatus*) [J]. Experimental Animals，60 (5)：445 - 453.

第九章
围栏＋捕鼠器（TBS）控制鼠害技术

第一节　TBS 概述

一、TBS 定义

TBS 即 Trap-Barrier System 的首字母缩写，即捕鼠器和围栏组成的捕鼠系统（国内简称为围筒法防鼠技术）。该技术是由国际水稻研究所（菲律宾）Lam 的作物诱惑系统逐渐演化完善而来的。受害虫和植物病害防治中成功的诱捕策略的启发，针对东南亚水稻田中的银腹稻鼠（*Rattus argentiventer*）的猖獗，大量鼠从未开垦的区域迁移进水稻田中，而传统的化学灭杀非常困难且效率低下。在此情况下，Lam 提出设置一种有效的陷阱作物可以防治大量稻鼠的劫掠，避免作物的严重损失。在 60.7 hm² 的水稻田中，一个水稻生长季节，2 343 只稻鼠被捕获，效果非常显著。

二、TBS 技术原理

TBS 技术原理是在保持原有生产措施与结构的前提下，将围栏内引诱作物的播种期提前，利用鼠类的行为特点，通过捕鼠器与围栏结合的形式控制农田鼠害。该技术不使用杀鼠剂和其他药物，对人、畜禽和自然天敌安全，无环境污染，是目前国际上公认的一项无害化绿色防鼠技术措施。目前在越南、印度尼西亚等东南亚国家的水稻田中应用较广。在我国其有效性也已得到很多实践防治工作的验证。TBS 技术不仅可以用于控制鼠害，降低鼠类对农业生产的影响，同时，也可以用于鼠情监测，特别是在田间害鼠种类调查中发挥了重要作用。从总体看其具有一次投资、长期防治的特点。并可避免化学杀鼠剂的使用，减轻环境的污染，避免人、畜二次中毒发生。

三、TBS 技术的意义

（一）重要性

20 世纪 90 年代以来，随着农村产业结构的调整，作物种植日趋多样化，免（少）耕栽培面积逐年加大，加之冬、春气候温暖适宜，致使农区害鼠越冬死亡率低，繁殖力强，危害损失越来越重。而当今农村灭鼠技术较为落后，灭鼠水平低，多数群众单纯依靠鼠药或毒饵进行灭鼠，甚至使用毒鼠强、氟乙酰胺、氟乙酸钠等违禁、剧毒鼠药，从而造成鼠药大量流失，严重污染环境，灭鼠投入高、灭效差，且人畜中毒事件时有发生，这就为经济、环保和无公害农区灭鼠提出了新的要求。

（二）必要性

目前，农区灭鼠主要有农业灭鼠、器械灭鼠（或称物理灭鼠）、生物灭鼠和化学灭鼠四种措施，但这几种灭鼠技术又都存在弊端。

1. 农业灭鼠

即利用沟渠整治、翻耕土壤、肥水灌溉等农艺措施，破坏害鼠的栖息环境（如鼠洞等），从而达到灭鼠的目的。但 20 世纪 80 年代以来，随着免耕栽培、稻草覆盖、滴水灌溉等技术的大力推广，加之冬、春气温偏暖，致使农田鼠害越来越重。

2. 器械灭鼠

即利用鼠夹、鼠笼等捕鼠器进行灭鼠。该方法必须保持以下条件：①断绝鼠粮；②诱饵需适合鼠种食性；③捕鼠器的引发装置需灵敏；④在鼠类经常活动的场所放置，并于鼠类活动高峰前放好；⑤捕鼠器保持清洁，无恶臭。但器械灭鼠时消耗的人力物力较大，很难大面积开展。

3. 生物灭鼠

即利用家猫、蛇、猫头鹰等害鼠的天敌进行灭鼠。但用于灭鼠的生物，既包括各种鼠的天敌，又包括鼠类的致病微生物；后者在目前很少应用，甚至有人持否定态度。天敌中家猫虽可灭鼠，但家猫可传播鼠疫及流行性出血热，故在这两种病的疫区不能靠猫灭鼠。野生天敌中鹰和蛇由于人为捕杀，数量越来越少。

4. 化学灭鼠

化学灭鼠法是大规模灭鼠中最经济的方法。使用时应注意安全，防止发生人、畜中毒事故。化学灭鼠时存在毒饵浪费严重、裸投毒饵对土壤和地下水有污染等问题。

第二节　TBS 技术应用规范

一、样地条件

1. 田块条件

连片面积不小于 33.3hm²，且田间鼠密度高，危害严重。

2. 作物条件

控鼠区域内种植作物基本一致，TBS 围栏内作物较大田作物提早 7～10d 播种，用以引诱害鼠前来取食。但在生产实际操作过程中，机械化作业率较高，如果提前设置 TBS 对机械操作有影响，也可以全部播完后再设置 TBS，在 TBS 围栏内人为投入一些谷物等引诱老鼠。

3. 鼠种条件

鼠类以群居性害鼠为主。

二、技术要求

在选定的样地区域利用金属筛网（孔径≤1cm）和固定杆（竹竿、木杆或钢筋等）围建 4 个围栏（图 9-1），围栏的地上部分高度为 30～40cm，地下部分深度大于 20cm（图 9-2），并在每个围栏内沿网边设置 10 个捕鼠器（图 9-3、图 9-4），捕鼠器的上端开口应与地面齐平。TBS 围栏内种植作物较大田作物提早 10～15d 播种，用以引诱害鼠前来取食；若围栏内外作物播种期相同，须对围栏内作物进行浇水或覆膜，以使其发芽和生长长势好于围栏外作物，从而有利于诱杀害鼠。

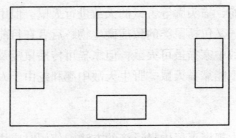

图 9-1　围栏分布图

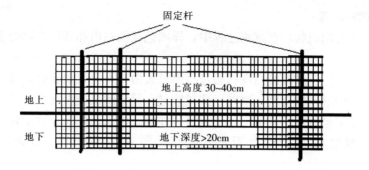

图 9-2　围栏建设标准

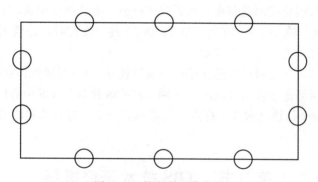

图 9-3　捕鼠器埋藏位置

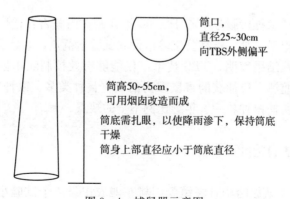

图 9-4　捕鼠器示意图

三、调查方法

1. 调查时间

作物播种后至成熟期间。

2. 调查内容

（1）生育期记载。在试验过程中，详细记载围栏内和周边作物的生育期状况等。

（2）害鼠捕获量调查。在试验过程中每天由专人负责检查捕鼠器内害鼠的捕获情况，记录捕鼠日期、鼠种、捕鼠数量、捕获的鼠是否死亡、是否有鼠间争斗（每日记录）等，并解剖，记载害鼠性别、体长、尾长、后足长、睾丸是否下降（雄性）、阴道口是否张开或有无阴道拴（雌鼠）、有无乳头（雌鼠）等。

（3）控效调查。采用夹夜法，以生花生米为诱饵。作物收获时，分别在试验区和对照区内连续两晚布夹，每天放 150 夹，方法为沿田埂、地边或沟渠走向每 5m 布夹，晚 19：00 放夹，早 7：00 收夹。收夹时，记载实有夹数和所捕害鼠数量及种类，并计算控效。

控效（%）＝（对照区捕获率－试验区捕获率）/对照区捕获率×100

（4）产量测定。作物收获时，分别在试验区和对照区的中心区域随机选择 4 个田块，每个田块选取 5 个样点，每点调查 5m²，进行单独收获，比较产量情况。

第三节　TBS 技术研究进展

全国农业技术推广服务中心于 2006 年开始在内蒙古自治区正蓝旗、四川省彭山县、新疆温泉县、吉林公主岭市设立试验示范点，开始了对该项技术的应用研究。实践结果表明，TBS 技术不仅能够有效控制农田鼠害，还可以应用于农区鼠情监测，所捕获的害鼠多为活鼠，且种类多、鼠种年龄划分清晰，弥补了鼠夹法所捕鼠种单一、年龄比例不全的缺点。

一、内蒙古自治区正蓝旗

2006 年在正蓝旗哈毕日嘎镇朝阳村东滩农田设 4 个试验小区，呈正方形排列，每个小区 140 米²（长 20m，宽 7m），试验区总面积 55.2hm²，对照区面积为 20hm²。试验区 5 月 3 日播种，早于大田作物 10d。第一小区种植小麦，第二、四小区种植莜麦，第三小区种植荞麦。5 月 4 日扎小区围栏。

2007—2008 年：试验安排在正蓝旗哈毕日嘎镇乌兰村西滩农田，设 4 个试验小区，呈正方形排列，每个小区面积 200m²（长 20m，宽 10m），试验区总面积 133.3hm²。试验区外相邻地块设对照区，对照区面积为 33.3hm²。

2009 年：试验安排在正蓝旗哈毕日嘎镇山嘴村下滩，设 4 个试验小区，呈"一"字形排列，试验小区之间间隔 100m，每个小区面积 200m²（长 20m，宽 10m），试验区总面积 133.3hm²。5 月 8 日播种莜麦，5 月 12 日扎围栏。试验小区外相邻地块设对照区，对照区面积为 33.3hm²。

2010 年：试验安排在哈毕日嘎镇山嘴村下滩（农田 2010 年原址）5 月 22 日扎 TBS 围栏，TBS 共设 4 个试验小区，按"一"字形排列，每个试验小区之间间隔 100m，小区长 20m，宽 10m，占地 200m²，每小区设捕鼠桶 12 个。试验小区内于 5 月 23 日播种。作物：莜麦，试验小区外于 5 月 24 日播种，作物：谷草、莜麦。4 个试验小区共辐射面积为 666.7hm²。

1. 害鼠捕获情况的调查

围栏建起后，每天上午检查围栏捕鼠桶内害鼠的捕获情况，详细记载捕鼠日期、鼠种、捕鼠数量、捕获的鼠是否死亡、是否有鼠间争斗、性别、体长、尾长、后足长、睾丸是否下降（雄鼠）、阴道口是否张开或有无阴道栓（雌鼠）、有无乳头（雌鼠）等以及鼠类天敌活动情况，风、雨等对 TBS 及捕鼠量的影响。对特殊鼠种（如首次发现或不能确认等）应及时保存于标本瓶内。

2. 防效调查

试验前采用堵洞法调查鼠密度：第一天将一定面积内的洞口全部堵住，并记录，经 24h，计数其中被鼠盗开的洞数，被盗开的洞口为有效洞口。从作物即将收获的前一天开始，在试验区和对照区采用夹日法调查鼠密度。以花生米为诱饵，使用中号板夹，按夹距 5m，行距 50m，直线布放，布夹 300 个，连续布放 72h。每日早、晚各查 1 次。收夹时记录有效夹数和捕获害鼠的数量和种类，并计算防治效果。

$$防治效果（\%）=\frac{（对照区捕获率－试验区捕获率）}{对照区捕获率\times100}$$

3. 产量调查

按垄测产。TBS 围栏内的产量以垄（延长米）为单位，每个围栏内取 5 个点，每点取单垄 2m 单收、单打、单计。共计按垄测产 10 个延长米，4 个围栏共取 20 个点。

TBS 围栏外以同样的垄数测产，即每个围栏外取 5 个样点，每垄 2 延长米，每个围栏外共按垄测产 10 个延长米。

对照区（没有设 TBS 的地块）测产，以同样的垄数测产，即对照区内取 5 个样点，每垄 2 延长米，每个对照地块共按垄测产 10 延长米。

4. 按面积测产

TBS 围栏内的产量以样点面积（m^2）为单位，每个围栏内取 5 个样点，每样点 $2m^2$，共取 20 个样点 $40m^2$。每个样点单收、单打、单计。TBS 围栏外以同样的方法测产。对照区（没有设 TBS 的地块）测产，以同样的样点数测产。

5. 结果与分析

（1）作物生育期情况。由于内蒙古正蓝旗春季干旱少雨，围栏内与围栏外作物长势一般，在一定程度上影响作物对害鼠的引诱。

（2）害鼠捕获情况。

2006 年：正蓝旗哈毕日嘎镇朝阳村。5 月 3 日开始捕到害鼠，直至 9 月 20 日作物收获结束，共计 120d，捕获害鼠 245 只，平均每天捕获 2.04 只，最高时日捕鼠 8 只，其中黑线仓鼠 218 只，占 89%；长爪沙鼠 17 只，占 7%，草原鼢鼠 7 只，占 3%；褐家鼠 1 只、鼩鼱 1 只、不明鼠种 1 只。

2007 年：正蓝旗哈毕日嘎镇乌兰村。4 月 30 日至 9 月 23 日共计 147d，共捕鼠 622 只，蛇 2 条。其中黑线仓鼠 460 只，占总捕鼠量的 74%，雌雄性比 58∶57；达乌尔黄鼠 73 只，占总捕鼠量的 11.7%，雌雄性比 43∶30；小家鼠 61 只，占总捕鼠量的 9.8%，雌雄性比 22∶39；长爪沙鼠 23 只，占总捕鼠量的 3.7%，雌雄性比 10∶13；不明鼠种 3 只、鼩鼱 2 只、蛇 2 条。5～9 月每月平均每天捕获量分别为 4.12 只、3.37 只、5.75 只、5.13 只、3.57 只。根据试验记录结果，4 月 30 日至 5 月 31 日为第一个捕获高峰期，6 月 1 日至 6 月 30 日为捕获低峰时期，7 月 1 日至 8 月 20 日进入第二个捕获高峰期，8 月 21 日至 9 月 23 日为捕获低峰时期，即 5 月、7 月、8 月为鼠害发生危害的高峰期。

2007 年：白音锡勒第一分场。5 月 14 日至 9 月 20 日共计 126d，捕鼠 344 只，日均捕鼠 2.7 只。其中布氏田鼠 216 只（占 62.8%），黑线仓鼠 92 只（占 26.7%），长爪沙鼠 32 只（占 9.3%），小家鼠 4 只（1.2%），蛇 6 条。

2008 年：5 月 11 日至 9 月 16 日 129d 共捕鼠 291 只，其中黑线仓鼠 146 只（占 50.17%），达乌尔黄鼠 103 只（占 35.4%），长爪沙鼠 31 只（占 10.65%），小家鼠 8 只（占 2.7%），不明鼠种 3 只。

2009 年：哈毕日嘎镇山嘴村下滩。5 月 13 日至 9 月 8 日 117d 共捕鼠 208 只，其中黑线仓鼠 189 只，占 91%，雌雄性比 106∶83；布氏田鼠 5 只，占 2.4%，雌性 4 只，雄性 1 只；小家鼠 4 只，占 2%，雌性 1 只，雄性 3 只；长爪沙鼠 4 只，占 2%，雌性 1 只，雄性 3 只；达乌尔黄鼠 2 只，占 1%，均为雄性 2 只；鼩鼠 3 只，占 1.4%，雌性 2 只，雄性 1 只；黑线毛足鼠 1 只，占

0.5％，为雌性。

2010 年：5 月 23 日至 9 月 15 日共捕鼠 94 只，平均每天 0.81 只。其中优势鼠种黑线仓鼠 87 只，占 92.55％，雌性 38 只，雄性 49 只，雌雄性比 38：49；布氏田鼠 1 只，为雌性；小家鼠 2 只，均为雌性；达乌尔黄鼠 1 只，为雄性；鼩鼱 2 只，均为雌性。

（3）对害鼠的防治效果。

表 9-1　TBS 试验区鼠密度及防效调查表

年份	对照区春季鼠密度	试验区春季鼠密度	秋季鼠密度		防治效果	
			试验区	辐射区	试验区	辐射区
2007	16.2％	16％	3.3％	4.2％	79.6％	74％
2008	11.6％	10.3％	2.7％	3.8％	76.7％	67.2％
2009	8.7％	6％	1％	2％	88.5％	77％
2010	5％	3％	2％	3％	60％	40％

TBS 试验鼠密度及防治效果调查结果见表 9-1 和图 9-5。从表 9-1 可以看出，试验区春季鼠密度由 2007 年的 16％下降到 2010 年的 3％，下降了 13 个百分点，试验区防治效果为 60％～88.5％，平均防效 76.2％；辐射区防治效果为 40％～77％，平均防效为 64.6％。试验区和辐射区秋季鼠密度分别由 2007 年的 3.3％、4.2％下降到 2010 年的 2％、3％，分别下降了 1.3 和 1.2 个百分点。同一年春季与秋季鼠密度相比，均呈降低趋势。以 2007 年为例，试验区春季鼠密度为 16％，秋季试验区与辐射区鼠密度分别为 3.3％和 4.2％，

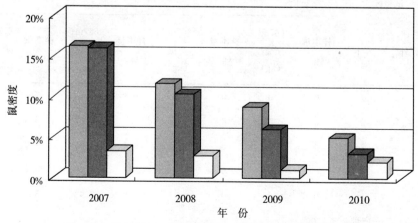

图 9-5　正蓝旗 TBS 试验示范区历年鼠密度变化情况

分别降低了 12.7 和 11.8 个百分点。由此可见，通过连续 4a 的防控，TBS 灭鼠技术能够大大降低鼠密度，并且对于一定区域内的鼠害具有较好的控制效果，能够将某一生态区域的害鼠种群密度控制在较低水平，达到可持续控制，防治效果十分明显。同时，通过春季灭鼠，不仅减轻春季害鼠的发生与危害，而且大大降低了害鼠的繁殖能力，对秋季鼠害的发生起到一定的控制作用，将鼠密度控制在较低水平，可以降低防治难度和防治成本，提高防治效果。

（4）控鼠增产效益。2007 年示范点按照垄和面积测定产量，结果见表 9-2 至表 9-4。

表 9-2　正蓝旗按照垄测产结果（作物：莜麦）

试验区		1 区		2 区		3 区		4 区	
围栏内	样本	样本量 (g)	667m² 产量 (kg)	样本量 (g)	667m² 产量 (kg)	样本量 (g)	667m² 产量 (kg)	样本量 (g)	667m² 产量 (kg)
	1	13.8	16.1	7.9	9.2	27.3	31.85	11.6	13.53
	2	9.14	10.7	6.8	7.9	27.4	31.96	7.9	9.22
	3	17.3	20.2	14.51	16.9	12.5	14.58	11.6	13.53
	4	25.4	29.6	14.54	16.9	12.3	14.35	9.5	11.08
	5	14.2	16.6	21.3	24.9	5.6	6.53	8.3	9.68
平均 667m² 产量		16.94							

试验区		1 区		2 区		3 区		4 区	
围栏外	样本	样本量 (g)	667m² 产量 (kg)	样本量 (g)	667m² 产量 (kg)	样本量 (g)	667m² 产量 (kg)	样本量 (g)	667m² 产量 (kg)
	1	0	0	0	0	6.1	7.12	6	7
	2	0	0	0	0	5.2	6.07	5.8	6.76
	3	0	0	0	0	6.4	7.46	6.2	7.23
	4	0	0	0	0	5.8	6.78	6.4	7.47
	5	0	0	0	0	6.8	7.93	5.3	6.18
平均 667m² 产量		7.00							
对照区		0							

表9-3　正蓝旗按面积测产结果（作物：小麦）

试验区		1 区		2 区		3 区		4 区	
围栏内	样本	样本量 (g)	667m² 产量 (kg)	样本量 (g)	667m² 产量 (kg)	样本量 (g)	667m² 产量 (kg)	样本量 (g)	667m² 产量 (kg)
	1	48.2	16.01	27.8	9.27	95.5	31.84	40.7	13.57
	2	64.0	21.33	47.8	15.93	96.0	32.00	55.6	18.53
	3	60.4	250.13	50.8	16.93	43.7	14.57	40.7	13.55
	4	89.0	29.67	50.9	16.97	43.0	14.33	33.3	11.10
	5	49.8	16.60	74.5	24.83	39.2	13.06	29.0	9.67
平均 667m² 产量		18.00							

试验区		1 区		2 区		3 区		4 区	
围栏外	样本	样本量 (g)	667m² 产量 (kg)	样本量 (g)	667m² 产量 (kg)	样本量 (g)	667m² 产量 (kg)	样本量 (g)	667m² 产量 (kg)
	1	0	0	0	0	22.4	7.47	21.5	7.17
	2	0	0	0	0	18.2	6.07	17.9	5.97
	3	0	0	0	0	22.6	7.52	22.5	7.50
	4	0	0	0	0	20.3	6.77	21.0	7.00
	5	0	0	0	0	24.0	7.98	23.5	7.82
平均 667m² 产量		7.13							
对照区		0							

表9-4　白音锡勒 TBS 试验测产结果（作物：油菜籽）

		667m² 产量（kg）					平均每 667m² 产量 (kg)	每 667m² 增产 (kg)	增产 (%)
		1	2	3	4	5			
按垄测产	围栏内	38.69	39.35	40.02	44.36	31.68	38.82	18.68	
	围栏外	9.01	19.34	19.34	36.69	23.68	23.55	3.41	17.00
	对照区	13.34	13.67	32.35	16.68	24.68	20.14		
按面积测产	围栏内	51.03	39.35	38.69	39.35	45.02	42.69	24.61	
	围栏外	20.01	21.34	23.35	26.35	21.01	22.41	4.33	24.00
	对照区	12.01	17.01	19.01	21.01	21.34	18.08		

正蓝旗试验区围栏内莜麦产量平均 667m² 产量 16.94kg，围栏外莜麦产量平均 667m² 产量 7.0kg，围栏内比围栏外增产 9.94kg。由于干旱对照区绝产。

白音锡勒油菜籽试验区，围栏内油菜籽平均每 667m² 产量 40.76kg、围栏外油菜籽平均每 667m² 产量 22.98kg，围栏外产量比对照区增产 20.25%。

试验区由于受气候干旱影响，作物大幅度减产，对照区绝产，试验数据缺乏代表性，但是在一定程度上说明 TBS 可有效减轻害鼠对农作物的危害，特别是在低温、干旱等气候条件不利于作物生长的条件下，加强精耕细作，可以大大减少产量损失。同时受边际效应影响，害鼠进入围栏内对围栏作物有一定危害，但是对于围栏内整体作物还是有明显的保护作用。分析 TBS 控鼠成本，每个试验区需投入 4 个 TBS，每个 TBS 材料成本 657 元（表 9 - 5），共计 2 628 元。加上试验中投入的人工费用 150 元，共投入成本 2 778 元。可连续使用 5 年，辐射 33.3hm²，每 667m² 防治成本 1.1 元。TBS 技术防治后每 667m² 增产 10～15kg，折合人民币 10～15 元，投入与产出比为 1：9～1：13.6。

表 9 - 5　TBS 试验区材料成本

材料名称	数量	单价	小计（元）	总费用（元）
铁筛底	60m	8.0 元/m	480	
竹竿	30 根	0.7 元/根	21	657
捕鼠筒	12 个	13.0 元/个	156	

二、四川省彭山县

2007 年 10 月至 2008 年 4 月，四川省彭山县植保植检站在小麦上进行了 TBS 田间鼠害控制试验，并取得了成功。现将该试验结果介绍如下。

1. 试验结果

（1）生育期。由表 9 - 6 可知，围栏内小麦播种期为 2007 年 10 月 17 日，较围栏外及对照区小麦的播种期（2007 年 10 月 30 日）提前 13d，且围栏内小麦于 2 月中旬进入孕穗期，3 月上旬进入抽穗扬花期，而围栏外及对照区小麦于 2 月底进入孕穗期，3 月中旬进入抽穗扬花期，生育期均较围栏内推迟了 1 周左右。

（2）害鼠捕获量。由表 9 - 6 可知，围栏内于 2007 年 10 月 20 日始见害鼠，于 2008 年 4 月 4 日终见害鼠，共捕获害鼠 80 只，其中黑线姬鼠 35 只（占 43.75%），巢鼠 16 只（占 20%），小家鼠 3 只（占 3.75%），褐家鼠 3 只（占 3.75%），四川短尾鼩 23 只（占 28.75%）。

表 9-6　TBS 田间试验调查记载表

捕获日期	害鼠捕获量（只）	鼠种分布（只）					小麦生育期	
		黑线姬鼠	巢鼠	褐家鼠	小家鼠	四川短尾鼩	围栏内	围栏外
2007 年 10 月上旬	0	0	0	0	0	0	/	/
2007 年 10 月中旬	1	0	0	0	0	1	播种	/
2007 年 10 月下旬	3	1	0	0	0	2	苗期	播种
2007 年 11 月上旬	1	0	0	0	0	1		苗期
2007 年 11 月中旬	2	2	0	0	0	0		
2007 年 11 月下旬	0	0	0	0	0	0		
2007 年 12 月上旬	4	1	2	0	0	1	分蘖期	
2007 年 12 月中旬	4	2	1	0	0	1		分蘖期
2007 年 12 月下旬	4	2	0	1	0	1		
2008 年 1 月上旬	1	0	1	0	0	0		
2008 年 1 月中旬	8	1	2	1	1	3		
2008 年 1 月下旬	4	1	1	0	0	2	拔节期	
2008 年 2 月上旬	8	5	1	0	0	2		拔节期
2008 年 2 月中旬	13	7	3	1	0	2	孕穗期	
2008 年 2 月下旬	6	3	1	0	0	2		孕穗期
2008 年 3 月上旬	9	3	0	0	2	4	抽穗扬花期	
2008 年 3 月中旬	4	2	1	0	0	1		抽穗扬花期
2008 年 3 月下旬	5	3	2	0	0	0	灌浆乳熟期	
2008 年 4 月上旬	3	2	1	0	0	0		灌浆乳熟期
2008 年 4 月中旬	0	0	0	0	0	0	蜡熟—黄熟期	灌浆乳熟期
合计	80	35	16	3	3	23	/	/
所占比例（%）		43.75	20.00	3.75	3.75	28.75		

由图 9-6 可知，围栏内害鼠的捕获量同围栏内、外小麦的生育期存在一定相关性，即围栏内小麦播种至拔节末期（2008 年 2 月上旬），害鼠的捕获量呈逐渐上升的趋势，围栏内小麦进入孕穗期（2 月中、下旬）害鼠的捕获量达到最高峰，而围栏外小麦进入孕穗期（2 月

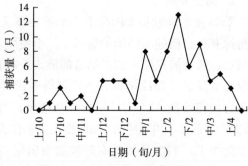

图 9-6　TBS 田间害鼠捕获情况图

223

底）以后，则害鼠的捕获量呈逐渐下降的趋势。

（3）控鼠效果。由表 9-7 可知，通过夹夜法调查，TBS 试验区内共捕获害鼠 12 只，捕获率为 4%，而对照区内捕获害鼠 31 只，捕获率为 10.3%。因此，TBS（捕鼠器+围栏）对农田鼠害的控效为 61.3%。

表 9-7　TBS 农田鼠害控制试验控效表

	布夹数	收夹数	捕获害鼠（只）	捕获率（%）	控效（%）
TBS 试验区	300	300	12	4	61.3
对照区	300	300	31	10.3	/

（4）产量状况。由表 9-8 可知，小麦收获时，通过对所选田块采用五点取样法进行产量测定，对照区内 4 块田的田间测产数据分别为每 25m² 10.7、11.2、11.7、12.4kg，平均为 11.5 kg，折合每 667m² 产量为 306.7kg，而 TBS 试验区内 4 块田的田间测产数据分别为每 25m² 11.5、11.9、12.5、12.1kg，平均为 12.0kg，折合每 667m² 产量为 320.0kg，较对照区增产 4.3%。

表 9-8　TBS 围栏试验产量测定表

	每 25m² 田间测产（kg）					折合每 667m²产量（kg）	较对照区增产（%）
	田块 1	田块 2	田块 3	田块 4	平均		
TBS 试验区	11.5	11.9	12.5	12.1	12.0	320.0	4.3
对照区	10.7	11.2	11.7	12.4	11.5	306.7	/

2. 结论分析

TBS 技术是近年来国际上兴起的一项无害化农田控鼠技术，其原理是在保持原有生产措施与结构的前提下，不使用杀鼠剂和其他药物，利用鼠类的行为特点，通过捕鼠器与围栏结合的形式控制农田害鼠。田间试验表明，该技术不仅可大量捕获黑线姬鼠、小家鼠等啮齿类动物（捕获率达 71.25%），对农田鼠害的控效达 61.3%，对农作物的增产作用达 4.3%，而且田间成本投入（表 9-9）较少，年均每 667m² 投入成本仅为 2.5 元。因此，在农田鼠害的监测和防控上，TBS 技术可有效控制农田鼠害，且填补了竹筒毒饵站和鼠夹法的不足之处，实现了农田鼠害的经济、环保、无害化治理。

表 9-9 TBS 技术的田间成本估算

捕鼠桶				围栏				综合年均
数量（个）	价值（元）	使用寿命（a）	年均每 667m² 投入成本（元）	数量（m）	价值（元）	使用寿命（a）	年均每 667m² 投入成本（元）	每 667m² 投入成本（元）
10	500	5	0.5	300	3 000	3	2	2.5

备注：上表中 TBS 技术试验区域为 33.3hm²，按间隔 100m 的标准共建 4 个围栏，每个围栏的建设规格为 20m×10m，并顺网边内侧埋设 10 个捕鼠桶。

三、新疆温泉县

在新疆温泉县春小麦上采用 TBS 技术测定鼠害对小麦造成的产量损失。在温泉县安格里格乡昆得仑布呼村，常年以种植小麦、油葵作物为主，以河水浇灌为主。其中小麦种植面积达 60％以上。农区鼠害主要以小家鼠、灰仓鼠、社会田鼠为主，农田鼠密度常年在 8.12％～15％之间。本试验选取连片面积在 33.3hm² 以上的春小麦作为试验区，鼠密度在 10％以上。试验区及附近没有进行其他任何灭鼠活动，同时在距离 500m 的地区选取鼠密度及种植作物相同，而且连片面积在 33.3hm² 以上的小麦田作为对照区，不进行任何灭鼠活动。

该试验面积达 69.5hm²，设试验区 34.9hm²，对照区 34.7hm²。种植作物为春小麦，春小麦同一天播种，播种日期为 2011 年 3 月 14 日，并将围栏区的小麦用薄膜覆盖，使围栏内的小麦比围栏外的小麦早出苗 5～6d，并加强水肥管理，使围栏内的小麦比围栏外长势好，该试验于 4 月 6 日开始进行，放置铁丝网、铁桶，4 月 9 日开始捕获到了害鼠，捕获高峰期在 5 月 15 日以后，在试验中维护试验围栏 3 次，每天清除铁桶害鼠及杂物，并详细记录捕鼠情况。7 月 22 日在试验区和对照区各放置 200 只鼠夹进行鼠密度调查，并对试验区及对照区的小麦进行测产。7 月 24 日撤销铁丝围栏、铁桶，试验完成。

1. 害鼠捕获量

由表 9-10 可知，围栏内于 2011 年 4 月 7 日开始放置，4 月 9 日始见害鼠，直至 7 月 24 日收获。共计 113d，40 个铁桶，捕获率在 2.5％～25％之间，捕获最高达 10 只/d，平均捕获率为 5.7％。共捕获害鼠 226 只，其中小家鼠为 127 只（占 56.2％），灰仓鼠为 74 只（占 32.7％），社会田鼠为 25 只（占 11.06％）。4 月 9 日至 5 月 16 日为捕获低峰，在春小麦拔节时期 5 月 16 日开始出现捕获高峰。直到 5 月 30 日，在孕穗-抽穗期，6 月 16～22 日为第二个捕获高峰期，6月23日至7月8日为捕获低峰时期，7月15日正值蜡熟期开始，呈上升的趋势（图9-7）。

表9-10　2011年TBS田间试验调查记载表

序号	捕获日期	害鼠捕获量（只）	鼠种分布（只）			小麦生育期		备注
			小家鼠	灰仓鼠	社会田鼠	围栏内	围栏外	
1	4月7～14日	4	3	0	1	苗期	出苗期	
2	4月15～21日	6	6	0		苗期	苗期	
3	4月22～30日	9	9	0		分蘖期	苗期	
4	5月1～7日	12	8	2	2	分蘖期	分蘖期	
5	5月8～15日	13	6	4	3	分蘖期	分蘖期	
6	5月16～23日	35	22	10	3	拔节期	分蘖期	
7	5月24～30日	31	15	13	3	拔节期	拔节期	
8	6月1～7日	7	1	5	1	孕穗期	拔节期	
9	6月8～15日	28	14	13	1	孕穗期	孕穗期	
10	6月16～22日	23	11	10	2	抽穗期	孕穗期	
11	6月23～30日	13	8	4	1	扬花期	抽穗期	
12	7月1～7日	10	10	0	0	灌浆期	扬花期	
13	7月8～15日	14	8	4	2	灌浆期	灌浆期	
14	7月16～24日	21	6	12	3	蜡熟期	灌浆乳熟期	
	合计	226	127	74	25			

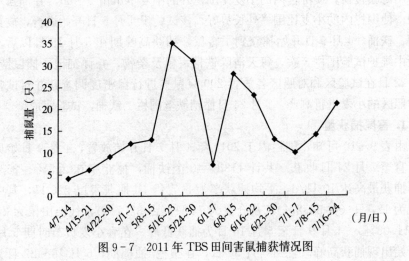

图9-7　2011年TBS田间害鼠捕获情况图

2. 控效

通过 7 月 22 日田间夹夜法调查，试验区内共捕获害鼠 6 只，捕获率为 3.06%；对照区内共捕获害鼠 22 只，捕获率为 11.22%，因此，TBS 控鼠技术防治效果达到了 72.7%。另外通过有效洞法调查，试验区的有效鼠洞为 3.75 个/hm²，对照区有效鼠洞达到了 68 个/hm²（表 9 - 11）。

表 9 - 11　TBS 控制农田鼠害试验效果

（新疆温泉县，2011）

	有效夹数	捕获害鼠（只）	捕获率（%）	控效（%）
TBS 试验区	196	6	3.06	72.7
对照区	196	22	11.22	

3. 产量测算

在收获的前两天，分别在对照区和试验区采用 Z 形五点随机取样法进行产量测定，试验区内 5 个样点（每个样点取 1m² 小麦）产量分别为 0.68kg、0.65 kg、0.62 kg、0.67 kg 和 0.69 kg，折合每 667m² 产量为 441.3 kg，对照区 5 个样点产量为 0.58 kg、0.62 kg、0.65 kg、0.56 kg 和 0.68 kg。测产试验区比对照区高出 29.3 kg（表 9 - 12）。

表 9 - 12　TBS 试验区及对照区小麦产量测定

	取样点产量（kg）					折合每 667m² 产量（kg）	较对照区增产（%）
	1	2	3	4	5		
TBS 试验区	0.68	0.65	0.62	0.67	0.69	441.3	7.11
对照区	0.58	0.62	0.65	0.56	0.68	412.0	

4. 经济效益分析

33.3hm² 地需投入 4 个 TBS，1 个 TBS 材料成本为（桶、围栏及铁丝）为 658 元，4 个 TBS 成本为 2 632 元。在试验中投入的人工费用为 200 元。共投入的成本为 2 832 元。防鼠后每 667hm² 可增产 29.3kg，33.3hm² 共增产为 14 650 kg，折合经济收入为 23 440 元，33.3hm² 盈利为 20 608 元，投入产出效益比为 1∶7.27。

5. 结论

田间试验表明，TBS 技术对害鼠的控制效率达到 72.7%，对农作物增产作用达 7.1%；通过田间观察，试验区的小麦无害鼠啃噬现象发生，而对照区的小麦在 5 月 20 日开始出现害鼠为害小麦的迹象，危害高峰期在 6 月 10 日至 7 月上旬。7 月 22 日调查鼠洞，对照区害鼠的鼠洞达到了 68 个/hm²。而试验区的害鼠鼠洞平均在 3.75 个/hm²，由此可见防鼠效果较好。其投入产出效益比为 1：7.27，经济效益较为可观。

四、吉林省公主岭市

2010—2011 年在吉林省公主岭市开展了 TBS 在玉米田控制鼠害的试验。试验样地位于吉林省公主岭市黑林子镇柳杨村农田，位于该市南部山地和北部平原的过渡区。主要种植作物为玉米。选取的试验区玉米连片面积超过 30hm²，间隔 500m 选一块面积、环境、作物相近地块作为对照区。两区试验前 1 年与试验期间均不灭鼠。试验前和作物收获后用夹日法进行不少于 400 夹日的害鼠密度调查，试验区夹捕调查区域为 TBS 周边 300m 范围。TBS 由长 20m、宽 10m、孔径≤1cm 的金属网围栏和高 50cm、上底面直径 25～30cm 的圆台形捕鼠筒组成。围栏地上部分高 30～40cm，埋入地下的深度大于 20cm，沿围栏边缘每间隔 4～5m 埋设捕鼠筒，上底面向上埋至与地面齐平，下底面封闭并扎孔，以使雨水能够渗出。TBS 的设置与周边调查样地均为完整的地块。TBS 围栏内玉米早于大田播种 7d 左右，其种植条件和玉米整个生育期田间管理基本一致。于 TBS 围栏内播种后每天检查捕鼠筒 1 次，有鼠及时清理并记录鼠种、雌雄、体重、胴体重、体长、耳长、尾长、后足长、胃容物、雌性胚胎数及雄性睾丸下降状况等数据。直至玉米收获（9 月 23 日）。

1. 产量损失及收益调查

于当年秋季鼠情普查地评估调查害鼠密度条件下调查玉米产量的损失：随机选取 3 块玉米地，地块之间距离超过 500m，于每块地呈"品"字形选取 3 个 10m² 的样点。收获时获取样点全部果穗，查出健穗（未受危害）个数和受鼠害穗数个数。依公式（1）计算受害率：

$$受害率（\%）＝受害穗数/总穗数×100 \qquad (1)$$

将所有健穗和受害穗分别脱粒，称量粒重，计算健穗和受害穗的平均每穗粒重，依公式（2）计算损失程度：

$$损失程度（\%）＝（健穗平均每穗粒重－受害穗的平均每穗粒重）/$$
$$健穗平均每穗粒重×100 \qquad (2)$$

依公式（3）（4）（5）计算鼠害产量损失率：

$$对照 667m² 产量（kg）＝（对照健穗的平均每穗粒重×$$
$$收获总穗数/30）×667 \qquad (3)$$

危害后 667m² 产量（kg）＝［（健穗的平均每穗粒重×

健穗数＋受害穗的平均每穗粒重

×受害穗数）/30］×667　　　　　　　　　（4）

产量损失率（％）＝（对照 667m² 产量－危害后 667m² 产量）/

对照 667m² 产量×100　　　　　　　　（5）

于秋季玉米收获前用同样方法进行 TBS 试验辐射区 300m 范围内及对照区小麦产量的调查，评估防治收益率。

2. 结果与分析

（1）鼠情调查结果。在不采取任何灭鼠措施的前提下，样地春、秋两季鼠情本底调查结果表明，吉林省公主岭市黑林子镇柳杨村玉米田春、秋两季总体鼠密度差异不大，其主要鼠种为：褐家鼠、小家鼠、黑线姬鼠、达乌尔黄鼠和黑线仓鼠（表 9-13）。

表 9-13　吉林省公主岭市黑林子镇柳杨村玉米田 2010 年鼠情调查夹捕率

季节	总夹捕率 （％）	褐家鼠 （％）	黑线仓鼠 （％）	小家鼠 （％）	黑线姬鼠 （％）	达吾尔黄鼠 （％）	大仓鼠 （％）
春季	5.07	1.35	1.35	0.68	1.01	0.34	0.34
秋季	6.12	2.04	1.70	1.02	0.68	0.68	0

（2）TBS 效果。试验前后试验区和对照区 400 夹日的鼠密度调查结果显示，试验前 TBS 区鼠夹捕率为 5.42％，对照区为 5.14％；至玉米收获后 TBS 外围 300m 半径内鼠夹捕率为 1.01％，对照区 7.14％。TBS 试验区外围 300m 半径内的害鼠密度下降明显（图 9-8）。

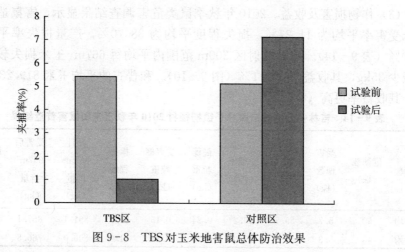

图 9-8　TBS 对玉米地害鼠总体防治效果

整个试验期间（5月20日至9月8日）共捕获各种鼠形动物94只。其中褐家鼠27只，占28.72%；黑线仓鼠26只，占27.65%；小家鼠13只，占13.83%；黑线姬鼠11只，占11.70%；达乌尔黄鼠10只，占10.64%；大仓鼠6只，占6.38%。捕获动物基本组成结构与前一年调查结果鼠种百分比组成相似。

从捕获动物的数量与时间关系看，7、8、9三个月捕获数明显少于5、6两个月（图9-9）。

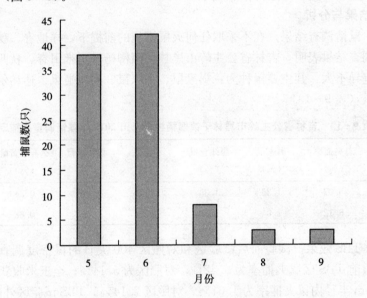

图9-9　TBS试验区不同月份捕鼠数

（3）作物损害及收益。2010年秋季鼠类危害调查结果显示，害鼠造成的玉米受害率平均为11.27%，损失程度平均为38.70%，产量损失率平均为4.40%（表9-14）。TBS辐射区300m范围内平均每667m² 玉米损失较对照区减少35kg，其收益率为4.1%（图9-10）。和普查的平均玉米819.23kg相比，其收益率更高（8.5%）。

表9-14　吉林省公主岭市黑林子镇柳杨村2010年秋玉米田鼠害普查结果

样地	健穗数（株）	受害穗数（株）	总穗数（株）	受害率（%）	健穗粒重（kg）	受害穗粒重（kg）	损失程度（%）	预计667m²产量（kg）	受害后667m²产量（kg）	产量损失率（%）
1平均	50	5.7	55.7	10.2	0.24	0.15	37.5	891.1	857.1	3.8
2平均	43	5.3	48.3	11.0	0.25	0.14	44.0	806.0	766.8	4.9

（续）

样 地	健穗数（株）	受害穗数（株）	总穗数（株）	受害率（%）	健穗粒重（kg）	受害穗粒重（kg）	损失程度（%）	预计667m²产量（kg）	受害后667m²产量（kg）	产量损失率（%）
3平均	44	6.3	50.3	12.6	0.26	0.17	34.6	872.9	833.8	4.5
总平均	45.67	5.77	51.43	11.27	0.25	0.15	38.70	856.67	819.23	4.40

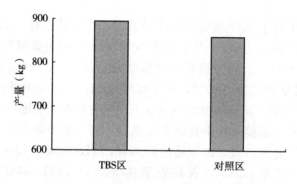

图 9 - 10　TBS 试验区和对照区玉米产量

3. 讨论与结论

　　TBS 作为一种新兴的农田鼠害物理生态防治措施，在国内外的一系列害鼠防治实践中都表现出良好的效果。本研究的结果也表明，TBS 所捕获的鼠种组成和夹日法调查的当地鼠种组成没有明显差异（$P=0.43>0.05$）。该法对于鼠种没有特异性。从不同月份的捕获量来看，第一、二两个月明显高于后三个月，这可能与 TBS 围栏内作物在前两个月与周边差异明显，对鼠的诱惑力较强，随着周边作物的生长，第三个月起，其差异消失，诱惑力下降有关。其具体机理需进一步研究。

　　从保护作物收益看，1 个系统辐射保护面积可达 6.7hm²。其辐射周边玉米 667m² 产量损失减少 35kg，产量损失挽回率达 4.1%。试验中，普查玉米地鼠害损失率（6.12% 夹捕率，损失 75.77kg）和对照地玉米损失率（7.14% 夹捕率，损失 35kg）与害鼠夹捕率不成正相关，可能与调查样地的作物管理有关。其影响因素可在今后试验中设计消除。

　　总之，从 TBS 对玉米地的鼠害控制效果看，获得了良好效果，值得进一步推广。

第四节　TBS技术的评价

TBS控鼠技术是国际上兴起的一项控制农田鼠害的无公害技术，利用鼠类的行为特点，通过捕鼠器与围栏结合的形式控制农田鼠害。通过该项技术在我国各地区的成功试验，进一步验证了其所具有的几大成效。

一、捕获率高，防治效果显著

四川省彭山县于2007年10月17日开始布点实施，直至2008年4月29日小麦收获，在整个过程中共捕获害鼠80只，主要种类有四川短尾鼩、黑线姬鼠、巢鼠、小家鼠、褐家鼠等，试验结束后调查，TBS试验区鼠密度为4%，而对照区鼠密度为10.3%，灭鼠效果达61.3%，每667m²挽回小麦损失13.3kg。而内蒙古正蓝旗于2008年4月7日开始布点实施，直至7月22日小麦收获，在整个试验过程中共捕获害鼠261只，主要种类有小家鼠、灰仓鼠、社会田鼠、经济田鼠。试验结束后调查，TBS试验区鼠密度为1.25%，而对照区鼠密度为11.8%，灭鼠效果达89.41%，每667m²挽回小麦损失22kg。

二、监测数据全面，扩大了监测效果

20世纪80年代以来，我国农区鼠情的监测一直沿用鼠夹法，常年使用定型的鼠夹，致使鼠情监测中所捕获的鼠种较为单一，害鼠年龄的比例也不全面。而从内蒙古正蓝旗和四川省彭山县的试验结果可知，TBS技术所捕获的鼠种比较全面，而且鼠种年龄阶段的划分也比较清晰，从而大大地弥补了鼠夹法监测的局限性。

三、环保、无公害、经济控鼠性强，扩大了自然控鼠的能力，实现人与自然和谐发展

TBS技术采用物理机械器材，并利用害鼠的生活习性进行捕鼠，不使用任何杀鼠剂，避免了大量鼠药流入农田和地下水体造成环境污染，对周围害鼠的天敌无任何影响，维护了农区周围的生态平衡；另外，利用该技术进行田间鼠害控制，成本较低，具有较强的经济控鼠性。

TBS 在实际应用中也存在一些问题，TBS（4 个围栏＋捕鼠器）技术一般可控制面积大约为 20～33.3hm²，TBS 之间的最佳距离还有待进一步验证。同时，由于目前播种时机械化操作程度提高，提前在 TBS 内播种的难度较大，可在机播后马上围建 TBS 设施。并在围栏内撒一些谷物引诱鼠类。

➤ 参考文献

陈昊，2010. TBS 技术农田控鼠效果研究［J］. 现代农业科技，6：138-139.

陈越华，陈伟，2009. 围栏捕鼠技术初探［J］. 湖南农业科学，10：97-98.

王显报，郭永旺，蒋凡，等，2011. TBS 技术在农田鼠害长期控制中的应用研究［J］. 中国媒介生物学及控制杂志，22（1）：57-58.

王振坤，戴爱梅，郭永旺，等，2009. TBS 技术在小麦田的控鼠试验［J］. 中国植保导刊，29（9）：29-30.

张宏利，卜书海，韩崇选，等，2003. 鼠害及其防治方法研究进展［J］. 西北农林科技大学学报（自然科学版），31（增刊）：167-172.

Brown P R, Nguyen P T, Singleton G R, et al, 2006. Ecologically based rodent management in the real world: applied to a mixed agro-ecosystem in Vietnam［J］. Ecological Applications, 16: 2000-2010.

Lam Y M, 1993. An environmentally friendly system for rodent control［J］. Teknologi padi, 9: 25-28.

Lam Y M, 1988. Rice as a trap crop for the rice field rat in Malaysia［C］//Crabb A C, Marsh R E. Proceedings of the 13th Vertebrate Pest Conference. University of California, Davis, CA.

Singleton G R, Sudarmaji, Suriapermana S, 1998. An experimental field study to evaluate a trap-barrier system and fumigation for controlling the rice field rat, *Rattus argentiventer*, in rice crops in West Java［J］. Crop Protection, 17: 55-64.

Singleton G R, Sudarmaji J J, Krebs C J, 2005. An analysis of the effectiveness of integrated management of rodents in reducing damage to lowland rice crops in Indonesia［J］. Agriculture Ecosystems & Environment, 107: 75-82.

Sullivan T P, Sullivan D S, Crump D R, et al, 1988. Predators and their potential role in managing pest rodents and rabbits［C］. Proceedings Vertebrate Pest Conference, 13: 145-150.

附 录

附录一 农区鼠害监测技术规范
(NY/T 1481—2007)

1 范围

本标准规定了农区（农田和农舍）鼠害调查方法、监测内容及预测预报技术。

本标准适用于农区鼠害监测活动。

2 术语和定义

下列术语和定义适用于本标准。

2.1

鼠密度 rodent density

单位面积或空间内鼠类数量的相对值。本标准的害鼠密度以捕获率（或有效洞密度）表示。

2.2

夹夜（日）法 night trapping method

使用相同型号的若干数量鼠夹，在一定范围内放置一夜（或一昼夜）捕获鼠的数量，用于鼠类相对数量调查的方法，一般用捕获率表示。

2.3

捕获率 rate of capture

若干数量的鼠夹放置一夜（或一昼夜）捕鼠数量折合的百分率。

2.4

鼠种组成 rodent composition

在同一时间、地点捕获的所有鼠中某种鼠的捕获数占总捕获鼠数的百分率。

2.5

怀孕率　pregnant rate

捕获的怀孕雌鼠数占总捕获雌鼠数的百分率。

2.6

性比　sex ratio

捕获的种群中雌性与雄性个体数的比例。

2.7

年龄结构　age composition

种群内不同年龄组的个体数占总捕鼠数的百分率。

2.8

体重　body weight

活体或剥制前的鼠体自然重量。

2.9

胴体重　body weight without viscera

去掉全部内脏后的重量。

2.10

体长　body length

吻端至肛门的直线距离。

2.11

尾长　tail length

肛门至尾尖（不包括尾毛）的直线距离。

2.12

后足长　hind foor length

后足蹠跟关节至最长趾的末端（不包括爪）的直线距离。

2.13

耳长　ear length

耳孔下缘至耳壳顶端（不包括耳毛）的直线距离。

3　调查方法

3.1　监测区要求

监测点由专业技术人员监测。选择具有代表性的农舍、农田两种生境类型进行调查。农田监测范围不小于 60 hm²；农舍不少于 50 户。

3.2 监测时间

系统监测点南方（淮河、秦岭以南，不包括青海、西藏；以下称为南方）各省（自治区、直辖市）每月调查 1 次，北方（淮河、秦岭以北，包括青海、西藏；以下称为北方）省（自治区、直辖市）3 月～10 月每月调查 1 次。季节监测点在 3 月、6 月、9 月、12 月各调查 1 次，其他观测点在春、秋两季灭鼠前各调查 1 次。

3.3 夹夜（日）法

3.3.1 调查工具：规格为 150 mm×80 mm 或 120 mm×65 mm 大型或中型木板夹或铁板夹。

3.3.2 调查饵料：生花生仁或葵花籽。

3.3.3 置夹时间：每月 5 日～15 日，选择晴朗天气，傍晚放置清晨收回（夹日法为清晨放置 24 h 后收回），雨天顺延。

3.3.4 置夹数量：每月在各生境类型地分别置夹 200 个以上。

3.3.5 置夹方法：农舍以房间为单位，15 m² 以下房间置夹 1 个，15 m² 以上每增加 10 m² 增加鼠夹 1 个，置夹重点位置是墙角、房前屋后、畜禽栏（圈）、粮仓、厨房及鼠类经常活动的地方。农田采用直线或曲线排列，夹距 5 m×行距 50 m 或夹距 10 m×行距 20 m，特殊地形可适当调整夹距。置夹重点位置是田埂、地埂、土坎、沟渠、路旁及鼠类经常活动的地方，鼠夹应与鼠道方向垂直。

3.3.6 测量用具：游标卡尺或常规直尺、普通天平或电子天平、弹簧秤或克秤。

3.3.7 解剖用具：医用解剖刀或解剖剪，消毒剂及医用手套等防护用品。

3.3.8 对捕获鼠的处理：对捕获鼠用乙醚熏蒸 5 min，以杀死附着在其上的寄生虫，鼠解剖后，深埋处理；捕鼠后鼠夹和解剖工具用医用酒精、新洁尔灭等浸泡、清洗。

3.4 有效洞法

3.4.1 堵洞法：适用于洞居习性强并有明显洞口的鼠类。每月 5 日～15 日调查 1 次，选择具有代表性的鼠害发生环境，取 3 个样方，每个样方面积 1 hm²，用小块土或纸团将每个样方内的所有鼠洞轻轻堵住，24 h 后观察，堵塞物被推开的洞口为有效鼠洞。

3.4.2 挖洞法（掏洞法）：适用于长期在地下生活，具有堵洞习性的鼠类（如鼢鼠等）。每月 5 日～15 日调查 1 次，取 3 个样方，每个样方面积 1 hm²，将样方内每个洞系的主洞道挖开 1 个口，第 2 天观察，被鼠推土堵住洞口的为有效洞系。在有效洞密度低于 5.0 个/hm² 的地区，应增加样方数或样方面积进行再次调查。

3.5　安全防护

3.5.1　配备鼠情监测防护用具：各鼠情监测点应为鼠情监测人员提供必要的防护用具，如口罩、手套、雨鞋、防蚤袜和消毒、防毒药品等，保障鼠情监测人员的生命安全。

3.5.2　严格鼠情监测操作程序：鼠情监测人员在操作过程中应穿长袖衣、长裤和鞋袜，戴防毒口罩，禁止吸烟、饮酒、进食，操作结束后应用肥皂洗手、洗脸、清水漱口，及时清洗防护用品。鼠情监测人员应以身体健康的中、青年为宜。

4　监测内容

4.1　鼠种种类

在一个县（市、区），选择具有代表性的生境类型进行调查，对各生境类型捕获的鼠类标本分别进行编号，鉴定鼠种及性别，外部形态指标测量和解剖观察，调查结果填入附录 A 表 A.1。

4.2　鼠密度及鼠种组成

将各月不同生境类型鼠密度（捕获率）及各鼠种组成率调查数据填入附录 A 表 A.2。按公式（1）～公式（3）分别计算总捕获率、各鼠种分捕获率及鼠种组成率。

$$R = \frac{M}{N} \times 100\% \quad\cdots\cdots\cdots\cdots\cdots\cdots\cdots\cdots\cdots\cdots \quad (1)$$

式中：

R——总捕获率，单位为百分数（%）；

M——捕鼠总数，单位为只；

N——有效置夹数，单位为个。

$$R_i = \frac{M_i}{N} \times 100\% \quad\cdots\cdots\cdots\cdots\cdots\cdots\cdots\cdots\cdots\cdots \quad (2)$$

式中：

R_i——某鼠种分捕获率，单位为百分数（%）；

M_i——该鼠种捕获数，单位为只；

N——有效置夹数，单位为个。

$$R_2 = \frac{M_i}{M} \times 100\% \quad\cdots\cdots\cdots\cdots\cdots\cdots\cdots \quad (3)$$

式中：

R_2——某鼠种组成率，单位为百分数（%）；

M_i——该鼠种捕获数，单位为只；

M——捕鼠总数，单位为只。

4.3 有效洞密度（有效洞口数/hm²）

将各月有效洞密度调查数据填入附录 A 表 A.3。

4.4 年龄结构

4.4.1 年龄划分：年龄鉴定采用体重法或胴体重法，主要害鼠年龄划分标准见附录 B 表 B.1。

4.4.2 年龄结构：每月采集鼠类 30 只以上，调查数据填入附录 A 表 A.4。按公式（4）计算各鼠种的年龄比例。

$$L = \frac{L_i}{M_i} \times 100\% \quad\cdots\cdots\cdots\cdots\cdots\cdots \quad (4)$$

式中：

L——某鼠种中某年龄段鼠所占比例，单位为百分数（%）；

L_i——该鼠种该年龄段鼠数，单位为只；

M_i——该鼠种捕获数，单位为只。

4.5 繁殖特征

雌鼠繁殖特征通过解剖观察胎仔数确定；雄鼠繁殖特征可根据睾丸是否下降确定。调查数据填入附录 A 表 A.5。按公式（5）～公式（9）计算各鼠种的雌鼠比例、怀孕率、平均胎仔数、睾丸下降率和种群性比。

$$C = \frac{C_i}{M_i} \times 100\% \quad\cdots\cdots\cdots\cdots\cdots\cdots \quad (5)$$

式中：

C——某鼠种雌鼠比例，单位为百分数（%）；

C_i——该鼠种雌鼠数，单位为只；

M_i——该鼠种捕获数，单位为只。

$$V = \frac{V_i}{C_i} \times 100\% \quad\cdots\cdots\cdots\cdots\cdots\cdots \quad (6)$$

式中：

V——某鼠种怀孕率，单位为百分数（%）；

V_i——该鼠种怀孕雌鼠数，单位为只；

C_i——该鼠种雌鼠数，单位为只。

$$T = \frac{T_i}{V_i} \quad\cdots\cdots\cdots\cdots\cdots\cdots\cdots\cdots\cdots\cdots\cdots\cdots\cdots \text{（7）}$$

式中：

T——某鼠种平均胎仔数，单位为只；

T_i——该鼠种总胎仔数，单位为只；

V_i——该鼠种怀孕雌鼠数，单位为只。

$$G = \frac{G_i}{C_i} \times 100\% \quad\cdots\cdots\cdots\cdots\cdots\cdots\cdots\cdots\cdots\cdots \text{（8）}$$

式中：

G——某鼠种睾丸下降率，单位为百分数（%）；

G_i——该鼠种睾丸下降鼠数，单位为只；

C_i——该鼠种雄鼠数，单位为只。

$$X = \frac{X_1}{X_2} \quad\cdots\cdots\cdots\cdots\cdots\cdots\cdots\cdots\cdots\cdots\cdots\cdots\cdots \text{（9）}$$

式中：

X——种群性比；

X_1——雌鼠数，单位为只；

X_2——雄鼠数，单位为只。

4.6　危害损失

4.6.1　受害株（穴、蔸）率：在作物生长期内，根据作物选择 $3\,hm^2 \sim 6\,hm^2$ 的样方，采用平行线跳跃式取样，调查作物受害情况，将调查数据填入附录 A 表 A.6，按公式（10）计算受害株（穴、蔸）率。

$$W = \frac{W_1}{W_2} \times 100\% \quad\cdots\cdots\cdots\cdots\cdots\cdots\cdots \text{（10）}$$

式中：

W——受害株（穴、蔸）率，单位为百分数（%）；

W_1——受害株（穴、蔸）数，单位为株；

W_2——调查株（穴、蔸）数，单位为株。

4.6.2　损失率：按 4.6.1 取样方法用目测法判断作物的单株（穴、蔸）危害损失（损失率划分为损失 0、损失 0～25%、损失 25%～50%、损失 50%～75%、损失 75%～100% 五个级别），将调查数据填入附录 A 表 A.6，按公式（11）计算损失率。

$$S = \frac{\sum(S_i \times W_i)}{W_2} \times 100\% \quad\cdots\cdots\cdots\cdots \text{（11）}$$

式中：

S——损失率，单位为百分数（%）；

S_i——各级损失率，单位为百分数（%）；

W_i——各级受害株（穴、蔸）数，单位为株；

W_2——调查株（穴、蔸）数，单位为株。

5 预测预报

5.1 预报时期

每年春季、秋季分别发布 1 次鼠情预报。

5.2 预报依据

主要依据包括：发生基数、繁殖状况、年龄结构和环境因子。

5.2.1 发生基数：见附录 C。

5.2.2 繁殖状况：将鼠类种群繁殖始期、种群中雌鼠比例、怀孕率、平均胎仔数、睾丸下降率与历年资料比较，以确定害鼠种群数量发生趋势。

5.2.3 年龄结构：将鼠类不同年龄组比例与历年同期资料比较，以确定种群年龄结构（见附录 B 表 B.1）。

5.2.4 环境因子：高温、洪灾和暴雨对害鼠发生不利；作物播种期、成熟期是鼠害严重危害期。

5.3 发生高峰期预测

根据害鼠繁殖的早晚、年龄结构，结合气候条件、食物条件等因素综合分析，预测害鼠发生高峰期。

5.4 发生量预测

根据鼠类越冬基数、冬后密度、繁殖状况、年龄结构以及气候、食物条件等因素综合分析，预测害鼠的发生量。

5.5 发生程度预测

参照附录 B 表 B.2，做出鼠害发生程度的预测。

附 录 A
（规范性附录）
农区（农田和农舍）鼠情监测月报表

表 A.1 鼠种种类特征表

调查地点： 省（自治区、直辖市） 县（市、区） 调查人：

编号	调查日期	生境类型	鼠种名称	性别	体重(g)	胴体重(g)	体长(mm)	尾长(mm)	后足长(mm)	耳长(mm)	胎仔数(只)	睾丸下降情况

表 A.2 鼠种组成调查表

调查地点： 省（自治区、直辖市） 县（市、区） 调查人：

调查日期	调查生境	置夹数(个)	捕鼠数(只)	捕获率(%)	鼠种组成									
					只	%	只	%	只	%	只	%	只	%

表 A.3 有效洞密度调查表

调查地点： 省（自治区、直辖市） 县（市、区） 调查人：

调查日期	作物名称	生育期	调查面积(hm²)	堵洞数(个)	有效洞数(个)	有效洞密度(个/hm²)	发生面积(万 hm²)

表 A.4　优势鼠种种群年龄结构调查表

调查地点：　　　省（自治区、直辖市）　　　县（市、区）　　　调查人：

调查日期	第一、二优势鼠种名称	捕获数（只）	幼年组		亚成年组		成年Ⅰ组		成年Ⅱ组		老年组	
			只	%	只	%	只	%	只	%	只	%

表 A.5　优势鼠种种群繁殖特征调查表

调查地点：　　　省（自治区、直辖市）　　　县（市、区）　　　调查人：

调查日期	第一、二优势鼠种名称	捕鼠数（只）	雌鼠数（只）	雌鼠比例（%）	孕鼠数（只）	怀孕率（%）	平均胎仔数（只）	雄鼠数（只）	睾丸下降鼠数（只）	睾丸下降率（%）	种群性比（雌/雄）

表 A.6　鼠类危害损失调查表

调查地点：　　　省（自治区、直辖市）　　　县（市、区）　　　调查人：

调查日期	作物名称	调查株（穴、蔸）数	受害株（穴、蔸）数					受害株（穴、蔸）率（%）	损失率（%）	发生面积（万 hm²）
			损失0	损失0~25%	损失25%~50%	损失50%~75%	损失75%~100%			

附　录　B

（资料性附录）

主要害鼠种群年龄划分标准及农区鼠害发生程度划分标准

表 B.1　主要害鼠种群年龄划分标准

鼠种名称	年龄鉴定指标	年龄组				
		幼年组	亚成年组	成年Ⅰ组	成年Ⅱ组	老年组
褐家鼠	体重，g	≤80.0	80.1～130.0	130.1～185.0	185.1～245.0	＞245.0
	胴体重，g	≤60.0	60.1～99.0	100.0～139.0	140.0～189.0	≥190.0
黄胸鼠	体重，g	≤40.0	40.1～75.0	75.1～115.0	115.1～150.0	＞150.0
	胴体重，g	≤35.0	36.0～65.0	66.0～100.0	101.00～135.0	＞135.0
小家鼠	体重，g	≤8.0	8.1～14.0	14.1～20.0		＞20.0
	胴体重，g	≤6.9	7.0～8.9	9.0～12.9		≥13.0
黑线姬鼠	体重，g	≤16.0	16.1～23.0	23.1～29.0	29.1～37.0	＞37.0
	胴体重，g	≤12.9	13.0～16.9	17.0～20.9	21.0～25.9	≥26.0
高山姬鼠	体重，g	≤18.0	18.1～22.0	22.1～27.0	27.1～32.0	＞32.0
	胴体重，g	≤10.0	10.1～15.90	16.0～21.9	22.0～28.9	≥29.0
黄毛鼠	体重，g	≤35.0	35.1～51.0	51.1～63.0	63.1～81.0	＞81.0
东方田鼠	胴体重（雄鼠），g	＜18.0	18.1～32.0	32.1～46.0	46.1～60.0	＞60.0
	胴体重（雌鼠），g	＜18.0	18.1～28.0	28.1～38.0	38.1～48.0	＞48.0
布氏田鼠	体重，g	≤20.0	21.0～30.0	31.0～40.0	41.0～50.0	＞50.0
大仓鼠	体重，g	≤40.0	40.1～80.0	80.1～120.0	120.1～160.0	＞160.0
黑线仓鼠	胴体重，g	≤11.0	11.1～15.0	15.1～19.0	19.1～23.0	＞23.0
高原鼢鼠	体重（雄鼠），g	≤226.0	227.0～312.0	313.0～398.0	399.0～484.0	＞484.0
	体重（雌鼠），g	≤195.0	196.0～268.0	269.0～341.0	342.0～414.0	＞414.0
中华鼢鼠	体重（雄鼠），g	≤200.0	201.0～320.0	321.0～430.0	431.0～560.0	＞560.0
	体重（雌鼠），g	≤180.0	181.0～240.0	241.0～300.0	301.0～370.0	＞370.0
甘肃鼢鼠	胴体重（雄鼠），g	≤100.0	101.0～150.0	151.0～220.0	221.0～290.0	＞290.0
	胴体重（雌鼠），g	≤80.0	81.0～120.0	121.0～160.0	161.0～200.0	＞200.0

　　注：以幼年组、亚成年组、成年组（成年Ⅰ组、成年Ⅱ组）、老年组比例各占25%的鼠类种群数量相对稳定；种群中成年组、老年组比例占优势，（成年组＋老年组）/（幼年组＋亚成年组）比例在80%以上，有利于种群数量增长；种群亚成年组、幼年组比例占优势，（成年组＋老年组）/（幼年组＋亚成年组）比例在40%以下，不利于种群数量增长。

表 B.2　农区鼠害发生程度划分标准

发生程度	鼠密度指标（捕获率或鼠洞密度）		占播种面积（%）	作物产量损失率指标（%）
	捕获率（%）	有效洞（个/hm²）		
轻发生	<3.0	<5.0	≥80	<0.5
偏轻发生	3.0～5.0	5.0～10.0	≥20	0.5～1.0
中等发生	5.1～10.0	10.1～15.0	≥20	1.1～3.0
偏重发生	10.1～15.0	15.1～20.0	≥20	3.1～5.0
大发生	>15.0	>20.0	≥20	>5.0
注：本表以粮食作物为主，其他作物参照。				

附 录 C

（资料性附录）

农区鼠害发生基数参考资料

C.1 北方省份 3 月农田捕获率 3％以上，10 月农田捕获率 5％以上，南方省份上一年 12 月或当年 1 月捕获率 3％以上，具备中等以上发生条件。

C.2 湖南洞庭湖稻作区褐家鼠在 3 月份进入繁殖盛期，随着温度的上升，农田水稻的生长，鼠类的食物越来越丰富，褐家鼠在 3 月后就开始向农田迁移。3 月份农房的褐家鼠数量多少将影响以后月份农田的褐家鼠数量。

C.3 贵州在黑线姬鼠为优势种地区，3 月份捕获率 8％以上为大发生，3 月份捕获率不足 2％为轻发生。预测方程为：$Y=2.446\ 0X+0.54$，X 为 3 月种群密度，Y 为 6 月数量高峰期种群数量。

C.4 山东黑线仓鼠当年 3 月份鼠密度高，可导致 11 月份的鼠密度上升。大仓鼠 4 月鼠密度基数与秋季 9～11 月最高密度密切相关，当 4 月大仓鼠密度大于 2.33％时，种群增长具有明显的负反馈调节现象。预测方程为：$Y=18.43-2.14X$，X 为 4 月种群密度，Y 为 9 月～11 月种群密度。

C.5 河南棕色田鼠 4 月开春基数高的年份，当年 10 月的种群密度也较大；开春基数低的年份 10 月份的密度较低。预测方程为：$Y=0.573X+58.143$，X 为 4 月开春基数，Y 为 10 月种群密度。

C.6 山西达乌尔黄鼠 4 月份开春基数与当年最高种群数量之间呈极显著正相关关系。预测方程为：$Y=2.93X+3.91$，X 为 4 月开春基数，Y 为当年最高种群数量。

C.7 青海高原鼢鼠 5 月种群数量与当年 10 月高峰期种群数量存在显著的正相关关系。预测方程为：$Y=5.823+0.910X$，X 为 5 月种群数量，Y 为 10 月高峰期种群数量。

附录二 农区鼠害控制技术规程
（NY/T 1856—2010）

1 范围

本标准规定了农区（农田和农舍区）鼠害控制指标、控制适期、控制措施及控制效果调查方法。

本标准适用于农区鼠害控制活动；也可作为其他环境控制鼠害技术的参考。

2 规范性引用文件

下列文件对于本文件的应用是必不可少的。凡是注明日期的引用文件，仅注日期的版本适用于本文件，其最新版本（包括所有的修改单）适用于本文件。

NY/T 1276 农药安全使用规范总则

NY/T 1481 农区鼠害监测技术规范

3 术语和定义

下列术语和定义适用于本标准。

3.1

控制指标 control index

为防止鼠害损失超过经济阈值而设立的需采取控制措施的鼠密度指标。

3.2

毒饵站 bait station

鼠类能够进入，家禽、家畜等不能进入取食、盛放毒饵的装置，也称毒饵盒。

3.3

粉迹法 powder-trace method

在一定时间内采用规定大小的滑石粉块调查室内鼠类数量的方法。

3.4

阳性率 positive rate

采用粉迹法调查鼠密度，有鼠迹粉块数（阳性粉块数）占总有效粉块数的百分率。

3.5

弓箭（地箭）法　bow and arrows method

使用相同型号的若干弓箭，在鼠洞口安放一夜（或一昼夜）捕获鼠的数量，用于鼢鼠等地下鼠相对数量的调查方法。

4　控制指标

4.1　农舍区

鼠密度为 2%。

4.2　农田区

春季鼠密度为 3%，秋（冬）季鼠密度为 5%。

4.3　农区鼠传疾病发生区

鼠传疾病流行地区执行卫生部门对相关病种防疫的控制指标。

5　农田控制适期

春季：害鼠繁殖高峰期前或农作物播种前；

秋（冬）季：害鼠种群数量高峰期前或农作物成熟收获期前。

6　控制措施

根据鼠密度调查，鼠密度超过控制指标的农区，应用农业防治、生物防治、物理防治和化学防治等措施，控制农区鼠害。

6.1　化学防治

6.1.1　应选用在农药管理部门登记，并在有效期内的杀鼠剂。

6.1.2　选择当地鼠类喜食的新鲜食物，如稻谷（或大米）、玉米、小麦、甘薯等或其他易于被鼠类采食的物质作为毒饵的基饵。

6.1.3　配制毒饵执行 NY/T 1276。常用杀鼠剂品种及毒饵配制浓度见附录表 A。

6.1.4　投饵方法

6.1.4.1　无遮盖投饵

6.1.4.1.1　农田：将毒饵投放在田埂、沟渠边、鼠洞等鼠类经常活动的场所，每 10 m 投饵 1 堆，每堆 5 g～10 g，每 667 m² 投饵量 150 g～200 g。在鼠密度高的地方增加投饵堆数和投饵量。

6.1.4.1.2　农舍：将毒饵投放在居室、厨房、粮仓及畜禽圈旁等鼠类经常活动的角落或隐蔽处，每 15 m² 投饵 2 堆，每堆 5 g～10 g。

6.1.4.2 毒饵站投饵

6.1.4.2.1 选材：选用竹筒、PVC 管、饮料瓶、花盆、瓦筒等材料，口径≥5 cm。

6.1.4.2.2 制作：毒饵站制作方法及适用范围见附录 B。

6.1.4.2.3 使用：农田每 667 m² 放置毒饵站 1 个，将毒饵站固定于田埂或沟渠边，离地面 3 cm 左右。农舍每户投放毒饵站 2 个，重点放置在房前屋后、厨房、粮仓、畜禽圈等鼠类经常活动的地方，将其固定。每个毒饵站内放置毒饵 20 g～30 g，放置 3 d 后根据害鼠取食情况补充毒饵。毒饵站可长期放置。

6.1.5 安全措施

6.1.5.1 杀鼠剂及毒饵应由经过专业培训的人员负责保管、发放，与其他物品分开存放，所用灭鼠工具、容器及投药器材均注明"有毒"字样，使用后及时清洗，投饵后剩余的毒饵应及时回收。

6.1.5.2 投放毒饵后，应设立警示标志，5 d～10 d 内禁止放养禽畜。投饵后及时搜寻、清理死鼠，作无害化处理。

6.1.5.3 使用抗凝血类杀鼠剂投饵期间应配备解毒药剂，如发现误食中毒，就近送医。抗凝血杀鼠剂配备维生素 K_1。

6.2 农业防治

结合农田基本建设、调整耕作制度、灌溉、整治农舍环境卫生和其他农事活动等措施，恶化害鼠生存环境，以达到降低鼠密度的目的。大规模开展此类防治应取得当地相关管理部门同意。

6.3 物理防治

采用捕鼠夹、捕鼠笼、粘鼠板、弓箭（地箭）等装置或人工设置陷阱捕杀害鼠。捕杀工具应避免造成对人、畜的严重伤害。

电捕鼠器应经过农业植保器械管理部门登记。使用者应经过技术与安全操作的培训。在使用范围应有显著的标志。

6.4 生物防治

利用猫、猛禽、蛇类、鼬类等鼠类天敌降低鼠类数量，或应用对人、畜安全而对害鼠有致病力的生物制剂控制害鼠数量。应鼓励实施保护天敌的措施。可通过营建天敌窝巢、栖息地等措施招引天敌。

引入天敌或生物制剂前应经过专家论证，并建立应急预案。实施过程一旦发现对人、畜或环境有害应立即停止。

7 防治效果调查

7.1 夹夜法

适用于农田或农舍区鼠害防治效果调查，在投放毒饵前 1 d 及投放毒饵后 15 d～30 d，采用夹夜法调查鼠密度（捕获率），调查方法及计算方法见《农区鼠害监测技术规范》（NY/T 1481—2007），根据投放毒饵前和投放毒饵后鼠密度，按公式（1）计算防治效果，结果填入附录表 C-1。

$$C = \frac{B-A}{B} \times 100\% \quad \cdots\cdots\cdots\cdots\cdots\cdots\cdots\cdots\cdots \quad (1)$$

式中：

C——防治效果（%）；

B——投放毒饵前鼠密度（%）；

A——投放毒饵后鼠密度（%）。

7.2　粉迹法

适用于农舍区鼠害防治效果调查，采用 20 cm×20 cm 滑石粉块，厚度 1 mm，沿墙基、楼道等鼠类经常活动的地方布放，每 15 m² 房间布放 2 块，共布放粉块 100 块以上，晚放早查，统计有鼠迹粉块数（阳性粉块数）和有效粉块数，按公式（2）、（3）计算粉块阳性率和防治效果，结果填入附录表 C-2。

$$I = \frac{N}{M} \times 100\% \quad \cdots\cdots\cdots\cdots\cdots\cdots\cdots\cdots\cdots \quad (2)$$

式中：

I——粉块阳性率（%）；

N——阳性粉块数（块）；

M——有效粉块数（块）。

$$C_1 = \frac{I_1 - I_2}{I_1} \times 100\% \quad \cdots\cdots\cdots\cdots\cdots\cdots\cdots\cdots \quad (3)$$

式中：

C_1——防治效果（%）；

I_1——投放毒饵前粉块阳性率（%）；

I_2——投放毒饵后粉块阳性率（%）。

7.3　弓箭（地箭）法

适用于鼢鼠等地下生活鼠种的防治效果调查。

在新土堆（鼠丘）附近挖开鼠道，安装弓箭（地箭），次日统计捕获鼠数量，按公式（4）、（5）计算鼠密度（捕获率）和计算防治效果，结果填入附录表 C-3。

$$R = \frac{M}{N} \times 100\% \quad \cdots\cdots\cdots\cdots\cdots\cdots\cdots\cdots\cdots \quad (4)$$

式中：

R——鼠密度（捕获率）（%）；

M——捕获鼠数（只）；

N——安放弓箭数（个）。

$$C_2 = \frac{R_1 - R_2}{R_1} \times 100\% \quad\cdots\cdots\cdots\cdots\cdots\cdots\quad (5)$$

式中：

C_2——防治效果（%）；

R_1——投放毒饵前鼠密度（%）；

R_2——投放毒饵后鼠密度（%）。

附　录　A

（规范性附录）

表 A.1　常用杀鼠剂毒饵配制浓度

杀鼠剂（通用名）	毒饵配制浓度
杀鼠醚	0.037 5%
敌鼠钠盐	0.02%～0.05%
杀鼠灵	0.025%
氯鼠酮	0.02%～0.05%
溴鼠灵	0.005%
溴敌隆	0.005%
氟鼠灵	0.005%

附 录 B
（规范性附录）

表 B.1 毒饵站制作方法及适用范围

毒饵站类型	制 作 方 法	适用范围
竹筒毒饵站	将竹子锯成 40 cm 长的竹筒，把竹节中间打通，竹筒两头各留 5 cm 长防雨檐，用铁丝做两个固定脚作支架，将铁丝脚架插入田埂，离地面 3 cm（见附录图 B.1）	农田
竹筒毒饵站	将竹子锯成 30 cm 长的竹筒，打通竹节即可（见附录图 B.2）	农舍
PVC 管毒饵站	形状与竹筒相同（见附录图 B.1、图 B.2），材料为 PVC 管	农田、农舍
饮料瓶毒饵站	用矿泉水、可口可乐等饮料瓶把两端去掉，用铁丝把两端固定，铁丝留 15 cm 用于插于地下，饮料瓶距地面 3 cm	农田、农舍
花钵毒饵站	将口径为 20 cm 左右各种花钵的上端开一个缺口，缺口口径在 5 cm～6 cm，翻过来扣在地面即可（见附录图 B.3）	农舍
筒瓦毒饵站	用普通瓦片或筒瓦二片合起来用铁丝扎紧即可	农舍
瓦筒毒饵站	用黏土制成长度 40 cm、内径 10 cm、内呈圆柱形，经窑高温烧制而成	农田、农舍

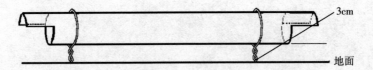

图 B.1 农田区竹筒（PVC 管）毒饵站示意图

图 B.2 农舍区竹筒（PVC 管）毒饵站示意图

缺口

图 B.3　农舍区花钵毒饵站示意图

附 录 C

(规范性附录)

表 C.1 夹夜法防治效果调查表

调查时间	调查地点	调查面积或户数	毒饵名称	投放毒饵前			投放毒饵后			防治效果（%）
				置夹数（个）	捕鼠数（只）	捕获率（%）	置夹数（个）	捕鼠数（只）	捕获率（%）	

表 C.2 粉迹法防治效果调查表

调查时间	调查地点	调查户数	毒饵名称	投放毒饵前			投放毒饵后			防治效果（%）
				有效粉块数	阳性粉块数	阳性率（%）	有效粉块数	阳性粉块数	阳性率（%）	

表 C.3 弓箭（地箭）法防治效果调查表

调查时间	调查地点	调查面积	弓箭数（个）	捕鼠数（只）	捕获率（%）	防治效果（%）

图书在版编目（CIP）数据

农业鼠害防控技术及杀鼠剂科学使用指南 / 全国农业技术推广服务中心编 . —北京：中国农业出版社，2017.8
ISBN 978-7-109-23251-8

Ⅰ.①农… Ⅱ.①全… Ⅲ.①农业－鼠害－防治－指南②杀鼠剂－使用方法－指南 Ⅳ.①S443-62②TQ456-62

中国版本图书馆 CIP 数据核字（2017）第 185572 号

中国农业出版社出版
（北京市朝阳区麦子店街 18 号楼）
（邮政编码 100125）
责任编辑　张洪光　阎莎莎

中国农业出版社印刷厂印刷　新华书店北京发行所发行
2017 年 8 月第 1 版　2017 年 8 月北京第 1 次印刷

开本：720mm×960mm　1/16　印张：17　插页：6
字数：293 千字
定价：56.00 元
（凡本版图书出现印刷、装订错误，请向出版社发行部调换）

褐家鼠

小家鼠

黄胸鼠

达乌尔黄鼠

黑线仓鼠

大仓鼠

灰仓鼠

长尾仓鼠

东方田鼠

布氏田鼠

棕色田鼠

白尾松田鼠

莫氏田鼠

社田鼠

林睡鼠

长爪沙鼠

子午沙鼠

红尾沙鼠

黑线姬鼠

板齿鼠

黑腹绒鼠

社　鼠

针毛鼠

黄毛鼠

巢　鼠

五趾跳鼠

三趾跳鼠

高山姬鼠

大足鼠

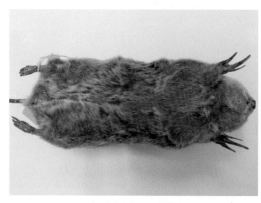
东北鼢鼠　腹部

东北鼢鼠

中华鼢鼠

草原鼢鼠

罗氏鼢鼠

秦岭鼢鼠

高原鼠兔

喜马拉雅旱獭

花　鼠

臭　鼩

岩松鼠

短尾鼩

长尾黄鼠

短尾仓鼠

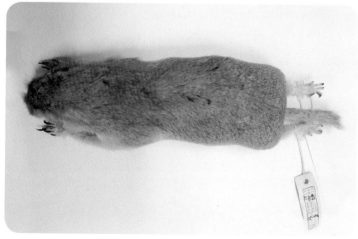

淡尾黄鼠

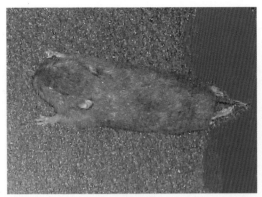

昭通绒鼠

根田鼠

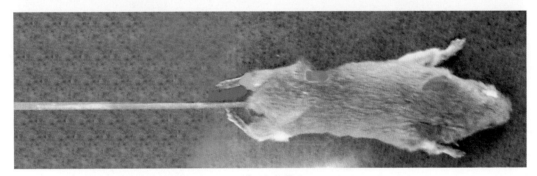

卡氏小鼠

红背鮃

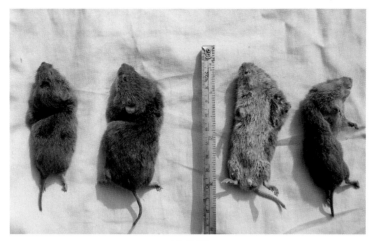

棕背䶂

鼹形田鼠

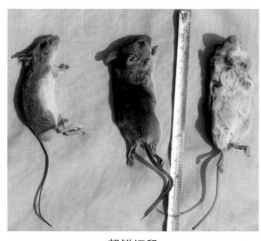

朝鲜姬鼠

灰麝鼩

大绒鼠

藏仓鼠

鼢鼠

中国鼹鼠